U0181509

乡土·建筑

李秋香 主编

闽西客家古村落——培田

李秋香 著

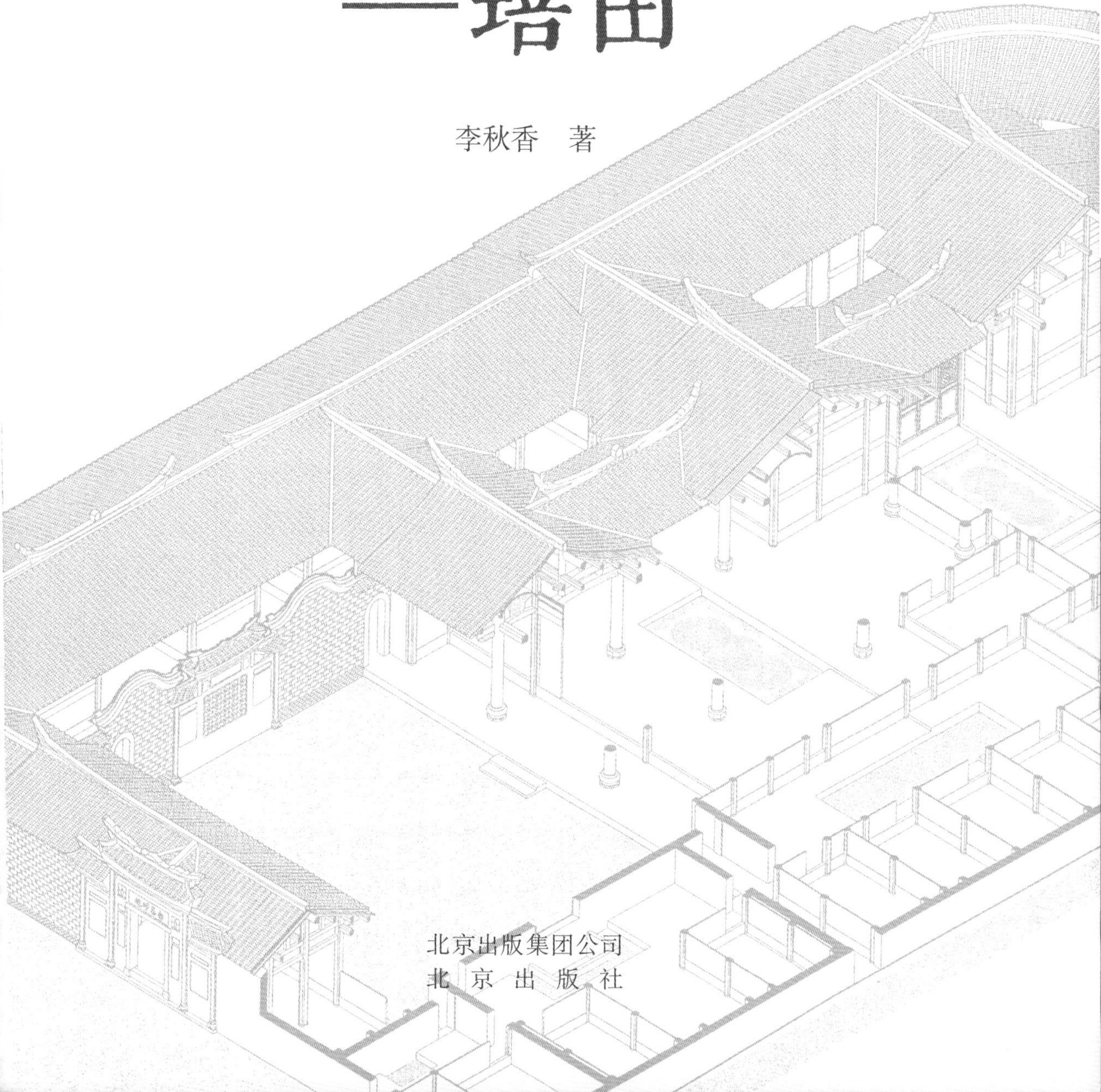

北京出版集团公司
北 京 出 版 社

图书在版编目（CIP）数据

闽西客家古村落——培田 / 李秋香著 . — 北京 ：
北京出版社，2020.2
（乡土 · 建筑 / 李秋香主编）
ISBN 978-7-200-13404-9

Ⅰ . ①闽… Ⅱ . ①李… Ⅲ . ①村落—古建筑—研究
—连城县 Ⅳ . ① TU-092.2

中国版本图书馆 CIP 数据核字（2017）第 266545 号

地图审图号：闽S [2019] 75号；GS（2019）2289号

责任编辑：王忠波　　责任印制：陈冬梅　　整体设计：苗　洁

乡土 · 建筑　李秋香主编

闽西客家古村落——培田
MINXI KEJIA GUCUNLUO———PEITIAN
李秋香　著

出　　版　北京出版集团公司
　　　　　北京出版社
地　　址　北京北三环中路6号
邮　　编　100120
网　　址　www.bph.com.cn
总 发 行　北京出版集团公司
印　　刷　北京雅昌艺术印刷有限公司
经　　销　新华书店
开　　本　787毫米×1092毫米　1/16
印　　张　28
字　　数　244千字
版　　次　2020年2月第1版
印　　次　2020年2月第1次印刷
书　　号　ISBN 978-7-200-13404-9
定　　价　198.00 元

质量监督电话：010-58572393
如有印装质量问题，由本社负责调换

目 录

1 总 序

1 序 文

1 第一章 客家祖地——闽西
4 第一节 特殊的地理环境
15 第二节 独特的文化背景

25 第二章 崇山峻岭中的培田村
29 第一节 避乱定居
36 第二节 培田村落的建设史

53 第三章 培田村文明发展史
55 第一节 文武并重　教育为先
64 第二节 商贸致富　缙绅世家
74 第三节 乡间生活　文雅情致
78 第四节 培田与历史名人

83 第四章 村落环境与风水堪舆
85 第一节 培田的山与水
94 第二节 选址与堪舆
110 第三节 外围环境的建设

123 **第五章 村落结构布局**

125 第一节 村落发展与演进

129 第二节 水圳、水井和水塘

138 第三节 村内街巷体系

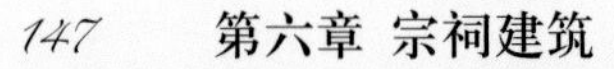

147 **第六章 宗祠建筑**

149 第一节 宗祠制度与渊源

153 第二节 培田宗祠的发展历程

159 第三节 宗祠类别与层次

176 第四节 宗祠建筑的形制

205 第五节 宗祠的基本功能

215 第六节 宗族组织及管理措施

233 **第七章 居住建筑**

235 第一节 居住建筑类型的演变

238 第二节 居住建筑的形制

279 第三节 住宅主要部分的组成及使用

293 第四节 别业及花园式住宅

301 **第八章 文教建筑**

303 第一节 学塾、学堂和书院

324 第二节 各类专业学堂

331 **第九章 商业与商业建筑**
335 第一节 义和圩集
337 第二节 村中商业街
340 第三节 商业建筑类型

355 **第十章 各类公共建筑**
357 第一节 公益性建筑
361 第二节 庙宇及道堂
373 第三节 其他公共建筑

383 **第十一章 建筑装修及装饰**
385 第一节 大木装饰
396 第二节 小木装修雕饰
412 第三节 砖木门楼
417 第四节 部分砖石作装饰
423 第五节 地面装饰

425 **后 记**

总序

中国有一个非常漫长的自然农业的历史，中国的农民至今还占着人口的绝大多数。五千年的中华文明，基本上是农业文明。农业文明的基础是乡村的社会生活。在广阔的乡土社会里，以农民为主，加上小手工业者、在乡知识分子和明末清初从农村兴起的各行各业的商人，一起创造了像海洋般深厚瑰丽的乡土文化。庙堂文化、士大夫文化和市井文化，虽然给乡土文化以巨大的影响，但它们的根扎在乡土文化里。比起庙堂文化、士大夫文化和市井文化来，乡土文化是最大多数人创造的文化，为最大多数人服务。它最朴实、最真率、最生活化，因此最富有人情味。乡土文化依赖于土地，是一种地域性文化，它不像庙堂文化、士大夫文化和市井文化那样有强烈的趋同性，它千变万化，更丰富多彩。乡土文化是中华民族文化遗产中至今还没有被充分开发的宝藏，没有乡土文化的中国文化史是残缺不全的，不研究乡土文化就不能真正了解我们这个民族。

乡土建筑是乡土生活的舞台和物质环境，它也是乡土文化最普遍存在的、信息含量最大的组成部分。它的综合度最高，紧密联系着许多其他乡土文化要素或者甚至是它们重要的载体。不研究乡土建筑就不能完整地认识乡土文化。甚至可以说，乡土建筑研究是乡土文化系统研究的基础。

乡土建筑当然也是中国传统建筑最朴实、最真率、最生活化、最富有人情味的一部分。它们不仅有很高的历史文化的认识价值，对建筑工作者来说，还可能有一些直接的借鉴价值。没有乡土建筑的中国建筑史也是残缺不全的。

但是，乡土建筑优秀遗产的价值远远没有被正确而充分地认识。

一个物种的灭绝是巨大的损失，一种文化的灭绝岂不是更大的损失？大熊猫、金丝猴的保护已经是全人类关注的大事，乡土建筑却在以极快的速度、极大的规模被愚昧而专横地破坏着，我们正无可奈何地失去它们。

我们无力回天。但我们决心用全部的精力立即抢救性地做些乡土建筑的研究工作。

我们的乡土建筑研究从聚落下手。这是因为，绝大多数的乡民生活在特定的封建家长制的社区中，所以，乡土建筑的基本存在方式是形成聚落。和乡民们社会生活的各个侧面相对应，作为它们的物质条件，乡土建筑包含着许多种类，有居住建筑，有礼制建筑，有崇祀建筑，有商业建筑，有公益建筑，也有文教建筑，等等。每一种建筑都是一个系统。例如宗庙，有总祠、房祠、支祠、香火堂和祖屋；例如文教建筑，有家塾、义塾、私塾、书院、文馆、文庙、文昌（奎星）阁、文峰塔、文笔、进士牌楼，等等。这些建筑系统在聚落中形成一个有机的大系统，这个大系统规定着聚落的结构，使它成为功能完备的整体，满足一定社会历史条件下乡民们物质的、文化的和精神的生活需求，以及社会的制度性需求。打个比方，聚落好像物质的分子，分子是具备了某种物质的全部性质的最小的单元，聚落是社会的这种最小单元。而个体建筑则是构成聚落的原子。个体建筑只有形成聚落才能充分获得它们的意义和价值。聚落失去了个体建筑便不能形成功能和形态齐全的整体。我们因此以完整的聚落作为研究乡土建筑的对象。

乡土生活赋予乡土建筑丰富的文化内涵，我们力求把乡土建筑与乡土生活联系起来研究，因此便是把乡土建筑当作乡土文化的基本部分来研究。聚落的建筑大系统是一个有机整体，我们力求把研究的重点放在聚落的整体上，放在各种建筑与整体的关系以及它们之间的相互关系上，放在聚落整体以及它的各个部分与自然环境和历史环境的关系上。乡土文化不是孤立的，它是庙堂文化、士大夫文化、市井文化的共同基础，和它们都有千丝万缕的关系。乡土生活也不是完全封闭的，它和一个时代整个社会的各个生活领域也都有千丝万缕的关系。我们力求在这些关系中研究乡土建筑。例如明代初年"九边"的乡土建筑随军事形势的张弛而变化，例如江南和晋中的乡土建筑在明代末年随着商品经济的发展所发生的变化历历可见，等等。聚落是在一个比较长的时期里定型的，这个定型过程蕴含着丰富的历史文化内容，我们也希望有足够的资料可以让我们对聚落做动态的研究。总之，我们的研究方法综合了建筑学的、历史学的、民俗学的、社会学的、文化人类学的各种方法。方法的综合性是由乡土固有的复杂性和外部联系的多方位性决定的。

从一个系列化的研究来说，我们希望选作研究课题的聚落在各个层次上都有类型性的变化：有纯农业村，有从农业向商业、手工业转化的村；有窑洞村，有雕梁画栋的村；有山村，有海滨村；有马头墙参差的，也有吊脚楼错落的，还有不同地区不同民族的，等等。这样才能一步步接近中国乡土建筑的全貌，虽然这个路程非常漫长。在区分乡土聚落在各个层次上的类别和选择典型的时候，我们使用了细致的比较法。就是要找出各个聚落的特征性因子，这些因子相互之间要有可比性，要在聚落内部有本质性，要在类型之间或类型内部有普遍性。

因为我们的研究是抢救性的，所以我们不选已经闻名天下的聚落作研究课题，而去发掘一些默默无闻但很有价值的聚落。这样的选题很难：聚落要发育得成熟一些，建筑类型比较完全，建筑质量好，有家谱、碑铭之类的文献资料。当然聚落还得保存得相当完整，老的没有太大的损坏，新的又没有太多。但是，近半个世纪来许多极精致的或者极具典型性的村子都已经被破坏，而且我们选择的自由度很小，有经费原因，有交通原因，甚至还会遇到一些有意的阻挠。我们只能尽心竭力而已。

因为是丛书，我们尽量避免各

本之间的重复，很注意每本的特色。特色主要来自聚落本身，在选题的时候，我们加意留心它们的特色，在研究过程中，我们再加深发掘。其次来自我们的写法，不仅尽可能选取不同的角度和重点，甚至变换文字的体裁风格。有些一般性的概括，我们放在某一本书里，其他几本里就不再反复多写。至于究竟在哪一本书里写，还要看各种条件。条件之一，虽然并不是主要条件，便是篇幅。有一些已经屡屡见于过去的民居调查报告或者研究论文里的描述、分析、议论，例如“因地制宜”“就地取材”之类，大多读者早就很熟悉，我们便不再啰唆。我们追求的是写出每个聚落的特殊性，而不是去把它纳入一般化的模子里。只有写题材的特殊性，才能多少写出一点点中国乡土建筑的丰富性和多样性。所以，挖掘题材的特殊性，是我们着手研究的切入点，必须下比较大的功夫。类型性特殊性和个体性特殊性的挖掘，也都要靠细致运用比较的方法。

这套丛书里每一本的写作时间都很短，因为我们不敢在一个题材里多耽搁，怕的是这里花工夫精雕细刻，那里已拆毁了多少个极有价值的村子。为了和拆毁比速度，我们只好贪快贪多，抢一个是一个，好在调查研究永远只能嫌少而不会嫌多。工作有点浅简，但我们还是认真地做了工作的，我们决不草率从事。

虽然我们只能从汪洋大海中取得小小一勺水，这勺水毕竟带着海洋的全部滋味。希望我们的这套丛书能够引起读者们对乡土建筑的兴趣，有更多的人乐于也来研究它们，进而能有选择地保护其中最有价值的一部分，使它们免于彻底干净地毁灭。

陈志华　2005年12月2日

序文

2000年3月，我们在福建省永安市进行乡土建筑调研时，当地文物局干部告诉我们：福建省连城山清水秀，那儿有个培田古村，环境优美，至今保存很好，你们真该去看看。当时因工作时间有限，没来得及去培田村就返回了学校。有一天，三联书店一位摄影师来到学校，他带来了一些幻灯片。大家一边欣赏，一边询问保存这么完好的古村落在哪儿时，这位摄影师认真地告诉我们：“不错吧？这就是我想推荐给你们去做研究的——连城培田村。”大家顿时兴奋起来。以后又有不少朋友向我们推荐培田，报纸杂志上也陆续见到了一些介绍培田古村的小文和照片。从此，培田村的名字深深地印在我的心里，并被我列入到乡土建筑研究的计划中。然而，由于经费问题，时隔三年之后，培田古村的研究工作才在连城县冠豸山风景旅游管理中心的支持下开始。

2003年3月2日傍晚，我和学生一行11人下了火车，到达连城冠豸山脚下。当地风景旅游管理中心罗主任建议我们第二天先参观连城著名的冠豸山风景区，然后再去培田。但我们的心早已飞到那个惦念已久的古村，我们谢绝了主任的建议，第二天一大早，就在副主任揭业民的陪同下，驱车赶往培田。

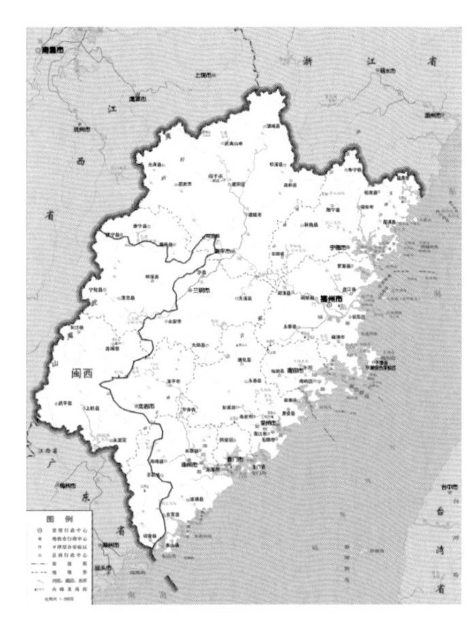

福建省闽西区域示意图　地理底图来源：福建省测绘地理信息局网站 审图号：闽S[2019]75号

连城县位于福建省西部山区，县城坐落在一个高山环绕的小盆地中，盆地中有著名的冠豸山。车子出了县城，向西上了319国道（闽西境内319国道的前身，是1934年开通的龙岩至瑞金的龙汀公路）进入山间。连城到培田村约四十多公里路程。在公路未开通之前，从连城到培田村，须走汀（汀州）连（连城）古驿道。虽然距离不足二十公里，但山势陡峻，令人望而生畏。明代徐日都曾慕名到培田一游，晚上在《宿吴家坊书怀》中描写了长途跋涉历尽坎坷，却又荡然心胸的情景：

> 晨入宣河里[1]，到眼望山重。
> 肩舆坐未暖，仆夫苦巃嵸。
> 徒步蹑层蹬，褰裳攀数峰。
> 山腰憩危石，崖角扶孤筇。
> 蹬顿足已战，喘吁势难终。
> ……
> 黾勉下山去，楼台隐隐通。
> 桥渡水泉白，村连枫柏红。
> 鼓声震佛地，灯影摇神宫。
> 劳人州县耳，此语千古同。
> 镇日疲筋骨，何当荡心胸。
> 延陵有弟子，侯门执礼恭。
> 坐我青云馆，遂令尘念空。[2]

而培田村至今能完好地保存下来，正是与它深居崇山峻岭、交通不便有着很大的关系，也因此得到了“令尘念空”的超然感觉。

我们的车子在319国道上沿山谷蜿蜒而行，忽左忽右，忽上忽下，仿佛漂浮在汹涌的海涛之中。公路两边古树参天，茂密葱茏，一幅丛林莽莽、峻峭弥望的画面，不禁使人想起几百年前，客家先民初到这“獉狉如是，几非人所居”的荒蛮之地时的艰难境遇。

车子转过山口，进入一个小镇，揭副局长指着赫然写着“文亨乡”的一块大牌子说，文亨乡以罗姓为主，属连城县的大姓，在闽西客家中也算人数最多的姓氏之一。连城一带罗姓的村庄最多，大都是由文亨罗姓分支出去的。除了罗姓之外，

① 培田村位于宣河乡，明清时称宣和里、宣河里等。

② 引自《培田吴氏宗谱》。

朋口溪曾是闽西汀江水系中最大的一条支流，水源充沛。自1934年开通了龙岩至瑞金的龙汀公路后，运输则转向公路，朋口溪不再通航走伐。1960年以后，由于上游生态环境的破坏，河床淤阻严重，水量减少，已不能通船走筏了。

连城客家吴姓也算是大姓，主要集中在河源溪一带，多数吴姓村落都是由培田的吴姓分支而来。

过了文亨乡，我们到了多次谈及的连城重要的水运码头朋口镇。这是河源溪与朋口溪交汇之处，从河源溪上溯约十来里就是培田村。旧时培田村的山货、竹木等就是从河源溪顺流漂至朋口镇出售，或再扎成大排通过朋口溪转销到下游的新泉、上杭等地。朋口溪在上杭县九洲村汇入“客家的母亲河”汀江，竹木及山货在此经集散，再销往广东潮州等地。当年培田村的吴姓就是靠着朋口溪和汀江这两条水路，走出了这深深的大山，登科入仕，贸易南北，最终仕宦继美，富甲一方，成为享誉汀州、连城一带的大家族，大村落。①

① 竹木水运，使朋口溪西岸慢慢形成了码头，有了一些商铺、住宅，现在的朋口镇主街道就是在这个码头的基础上形成的。但20世纪60年代以后，朋口溪上游生态破坏严重，河床淤堵，水量减少，已不能通船走筏了。朋口溪是汀江最大的一条支流，1949年以前，朋口镇是连城以西最重要的水陆码头之一。

培田村吴姓始祖于元代末年到河源里定居，至今已有七百多年的历史，繁衍了二十七代，是个有三百多户人家、一千四百多人口的客家血缘村落。

定居之初，培田村吴氏家族以客家身份进入到野兽出没、畲族聚居的深山中，历经磨难，不断壮大。创业的艰辛，兴盛的喜悦，战争的洗劫，再到繁荣的辉煌，他们靠着自己的勤劳和智慧，最终创建了一个适于人们生产生活的理想家园。至今，培田村落的格局、路网、水系均保存完好，居住区域及功能划分清晰，建筑类型多样而丰富，建筑艺术精湛独特。村内不但保留着三十余栋明清时期各具特色的居住建筑，还保留着同一时期内建造的大量公共建筑：有大小宗祠十几座，学堂书院（包括妇女学堂）、武馆等文教建筑若干座。最兴盛时培田村有书院、私塾十八座，另有文武庙、拯婴社、石牌坊、桥梁、水陂、水碓等。清末时村子中部的商业街上已有四五十家店铺。村内还分布着轿行、客栈、棺材铺等其他门类的服务业。在最繁荣时，培田村公共建筑数量的总和要超出居住建筑总和的近三倍，即“十户一书院，五户一祠堂，三户一店铺”，建筑的类别、形制的丰富性基本上囊括了封建社会自然经济条件下的所有内容，呈现出家族建设和村落发育的完善成熟，反映出吴氏宗族势力和经济实力的强盛，是一个封建宗法制社会的缩影。

在培田古村村口，碧树遮掩中赫然矗立着一座高大的四柱五楼古牌坊，青石构件的表面斑斑驳驳，但匾额上“恩荣”两个擘窠大字依旧清晰夺目，似在讲述发生在这个古村的悠远的往事。牌坊是古村落的大门，进入这个大门，就像进入一座文化宝库。那么，就让我们一起走进去，一同探寻那瑰丽丰富的建筑历史与文化宝藏吧！

第一章 客家祖地——闽西

第一节　特殊的地理环境

第二节　独特的文化背景

培田村位于福建省连城县西部，旧属长汀县管辖。古汀州府所辖的闽西八县，又称古汀州八县，范围包括明溪（归化）、宁化、清流、长汀、连城、武平、上杭和永定，也就是现在龙岩地区的大部分和三明市的西南部，今人惯称这个范围为“闽西”。闽西之所以特殊，是因为这里居住着一个特殊的汉族民系，即“客家人”。

长久以来，客家人集中居住的范围主要是赣、闽、粤三省交界的区域，即赣南、闽西、粤东三个地区，学者们称它们为“客家基本住地”或“客家大本营”。

为何称之为“客家”？长期从事研究客家学的谢重光先生说：“客家是一个文化的概念，它是客家文化的载体。而客家文化形成的前提，是某一特定地区，社会发展落后，在某一特定时期迁入了大量的具有较高经济文化水平的汉族移民，这些汉民凭其人数和经济、文化上的优势，在与土著民的斗争和融合中占据了主导地位，在基本保持自己固有的语言和习俗的前提下同化了土著民，同时也吸收了土著民的若干经济、文化特点，丰富了自己的文化体系；土著民则在冲突斗争中或被驱逐出自己原有的居住地，或被同化成为新民系的一个组成部分，同时也把自身固有的优秀文化成分融进外来移民的文化体系中。在

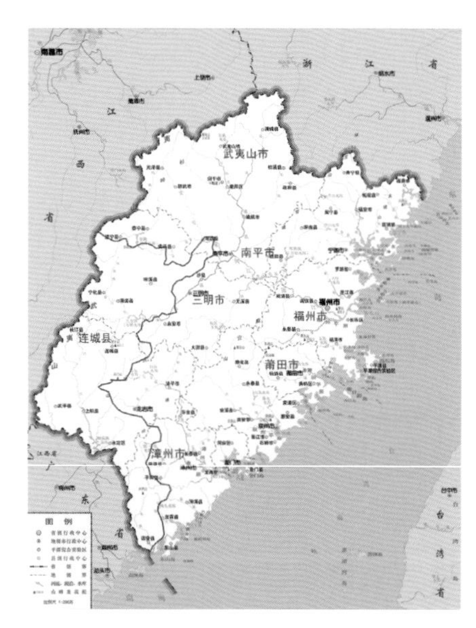

福建省区域示意图　地理底图来源：福建省测绘地理信息局网站 审图号：闽S[2019]75号

这种既冲突又互相融合的长期过程中，一种客家文化就在该地区诞生了。”[①]南宋人陈一新说：“闽有八郡，然风声气习颇类中州。”[②]这是由于客家先民的主体部分是原黄河流域和淮河流域的汉人，历史上因战乱、灾荒而背井离乡，辗转迁徙到赣、闽、粤接合部的大山区，他们在漫长的不断迁徙中，每到一地都如同过客或外方来客，当地土著民称他们为“客”，他们自己也以“客”自居，久而久之就有了“客家”的称呼。

第一节　特殊的地理环境

1.僻处一隅

闽西是福建“客家人”居住最为集中的区域，孕育形成这一区域的重要因素是山峦重叠、环境闭塞和恶劣的自然地理环境。

闽西“环境皆山也”，地处“闽粤西南徼，崇岗复岭，深溪窈谷。山联脉于章贡，水趋赴于潮阳。千山腾陵余五百里，然后融结为卧虎山；四水渊汇几数百折，然后环绕而流丁（汀江）”[③]。武夷山脉是福建最重要的大山脉，它犹如一条巨龙从东北向西南纵贯福建省的西部，在西侧形成了一道天然屏障，成为福建、江西、广东三省

① 引自《客家源流新探》，谢重光著，福建教育出版社1995年10月出版。

② 引自《舆地纪胜》卷131。

③ 引自《汀江志·桥梁》。

的天然地界。武夷山脉中段的西侧为赣南，东侧为闽西；山脉南端，西侧为粤东，南侧为闽西。闽西与赣南、粤东的共同特点是山脉重峦叠嶂，环境闭塞。但在唐宋时期，闽西的自然条件比起赣南和粤东更加恶劣，除了高耸的武夷山，境内还有包括位于武夷山东南，东北至西南走向的玳瑁山脉、彩眉山脉、博平岭山脉，还有近于东西走向的松毛岭山脉以及穿插在其间的不同走向的小山脉。这些山脉簇拥相接，起伏绵延，山高谷深，整个地势东北高而西南低，是僻处一隅的独特地域。清《汀州府志》中形容唐代时僻远荒凉的闽西："郡距江、广，复岭重岗，旧传为山都所居。[1]率多岚瘴，故燥淫杂揉，寒燠靡常。大都恒燠鲜寒，冰雪罕见。……'日中常有四时天'是也，二、八月为甚。每岁正月即多阴雨，春夏之交，霉雨蒸郁，琴书衣珮，淫润易斑。时复大雨，溪河暴涨，为田园陂坝害；时或终风不雨，或苦雨弥旬，或日中骤雨骤止。七、八月亦多阴雨，重阳以后，各以其风雨占冬及来岁所宜。其风有应时发者……若风雨不叶候，多损禾稼，而种山畬者不嫌雨多，此通郡之气候也。……若郡邑各在万山之中，秋后岚气尤盛，虽朝食时，犹霏烟蔽空，草树尽溟蒙色；或有微霜，朝凉昼燠……"清代杨澜《临汀汇考》中也形容闽西为"天远地荒"。《舆地纪胜》云：闽西"又多怪兽，猱狉如是，几疑非人所居"。

闽西地区林菁深幽，瘴疠横行，交通阻隔不便，安定时期从不为人看中，甚至嗤为蛮獠之所。而一遇到战争，偏居一隅，恶劣的自然地理环境却转化为远

① 引自《汀州府志·气候》："《舆地纪胜》云：造治初，砍大树千余，其树皆山都所居，有三种，下曰猪都，中曰人都，其高者为鸟都。即如人形而卑小，男妇自为配偶。猪都皆身如猪；鸟都人首能言，闻其声不见其形；人都或时见形。当伐木时，有术者周元大，能禹步为厉术，以左合赤索围木而砍之。树仆，剖其中，山都皆不能化，执而煮之于镬内。"

离战火的最安全的避难地。这里就像陶渊明笔下的世外桃源，与外界隔绝，“不知有汉，无论魏晋”，兵连祸结中，自然成为避乱求生的“安居乐土”。

正由于闽西农业生产的自然条件很差，交通闭塞，客家先民迁入的时间，比福建的其他民系相对要迟一些。从目前福建的考古资料看，这里尚未发现汉代与两晋时期的汉人文化遗址，只发现唐时的一些汉人坟墓（长汀县有三座）。随着唐代经济重心的南移和福建其他地区的逐渐开发，北方汉人进入闽西落户的人数开始增加。唐代开元二十二年（734年），中央政府在闽西设立了长汀县和宁化县，入迁闽西的汉人（“客家”）已初具规模。据《唐书·地理志》统计：唐代中叶设置汀州时，汀州只有四千多户，一万多人，其中还包括后来划出汀州府的沙县在内，“开元汀州户口密度在福建居倒数第一位”[①]。可以说，唐代的汀州是当时福建地区开发最迟、经济最落后、最荒僻的一个州。唐宋以后，随着大量汉民涌入闽西，人口的迁入迁出十分频繁，变动剧烈，人口聚居区形成了五方杂处的状态。至元代，闽西人口相对稳定，汀州划出沙县之后还拥有四万多户，二十三万多人，[②]此时户数比五百年前唐代中叶增加了九倍，人口翻了二十番。这时福建沿海、沿江地区已得到极大的开发，区域内自然条件得到改善，生活环境较为优越，人口逐渐膨胀，后迁入的汉民不得不向地广人稀“几疑非人所居”的闽西山区再度回迁拓展。因此，闽西不断有移民迁入，真正得到开发是在元代以后。而属汀州府长汀县管辖的培田村，其吴姓始迁祖也正是在元末人口大迁移大开发时期，以“客家”的身份避乱迁至闽西深山河源峒（培田村）的。

① 引自《客家源流新探》，谢重光著，福建教育出版社1995年10月出版。

② 引自《元史·地理志》。

2.武夷之重要隘口

赣南与闽西之间，自北而南纵贯着高耸的武夷山脉。民人由赣入闽，必须选择翻越比较平缓的隘口。闽西地段上有隘口多处，清康熙《宁化县志·山川志上》记载：宁化“山由西而北，水自西流东南，溯其源远自庾岭而至火星岽，则左会昌、右武平，是为江、闽之界。至桃源岽，则左瑞金，右出黄竹岭为长汀,亦江、闽界也。……由萝山至池家岽，西趋而状列如屏者曰马龙寨，是为南条山之干，中出而作邑者也。由马龙而右出者曰狐栖岭,自此腾踊而南，则皆邑之宾位矣。由马龙左趋迢递而突竖者曰三峰寨，嵯峨而立，木石同坛，蟠虬攫猛，殊特甚也。由寨逶迤中出而转大江头，是有站岭隘，则师城之分界也”。可见较为重要的隘口大致有三个，从南向北为火星岽隘、桃源岽隘和站岭隘。

火星岽隘　火星岽位于武夷山南部，山之西侧是江西会昌县，东侧是闽西的西南角。这里本是个大象成群、蒿莱未辟之地。因有火星岽隘口之便，唐末以来，一批批移民越岽进入山区，胼手胝足，艰苦创业。至北宋淳化年间，在这里同时设立了武平和上杭两县。火星岽隘口由于位于汀江下游，多数移民都从汀江顺流迁往粤东一带，很少返身迁往闽西腹地的河源峒的。

桃源岽隘　桃源岽位于火星岽和站岭隘之间，西侧是江西的瑞金县，东侧属福建省。移民由江西瑞金县越桃源岽进入福建，聚集到一个叫光龙峒的大山谷及其周边的小谷地内。唐开元年间，在此检出了大批避役的移民（官府称为逃户）驻留，为此设立了长汀县进行管理。这个隘口距河源峒较近，由于高山复岭，道路艰险，万不得已时，人们才从这里进入闽西腹地。当年培田吴氏的始迁祖八四公官仕浙江，元代至正年间，因战乱由浙江迁徙至宁化，再由宁化到汀州。八四公很可能就是穿越光龙峒，到达河源峒的。因为这条路虽然难行，却最安全，距离最近。尽管已是元代末年，河源峒尚未完全开发。据1987年福建省地县文物工作组考古普查，在现宣和乡，古时的河源峒的河源里，多处发现新石器时代和商周时期遗存的陶片及石器，证明当地一直是畲族土著的聚居地。直至清初，河源峒一带仍居住着大量被称为“田禾人”的畲族人，再次证明通过这一关隘进入闽西地区的客家人不仅少，而且时间较晚。

站岭隘 宁化在武夷山脉南段，与江西石城县交界。“北部的站岭隘，其东侧是一片山间盆地。隋唐之际，宁化县尚未建立，这里已辟为闽西连接江西乃至三吴的信道。当时，黄连（宁化古称）人巫罗俊曾把大批的木材，经由站岭隘取水路泛筏入吴，销到繁华的扬州等地，再凭日益壮大的经济实力，鸠众辟土。经过多年的经营，站岭隘东侧的一片盆地得到了初步的开发，人口大幅度增加，于是，唐高宗时在这里设立了黄连镇，唐玄宗时又升级为宁化县。”[①]

此后，宁化附近几个县的民众出省往江西、长江中下游或京城，都要通过这里，使之成为闽西众人皆知的一个隘口。至今，由江西通往福州和广东的公路干线依旧是横贯宁化石壁村后才分支路。宋元时期，站岭隘已较为通畅，但移民们多半顺山谷河溪而行。宁化属闽江水系，闽江上游宁化段称“沙溪”，下游称“闽江”，距汀江水系不远，移民来到宁化石壁后，可通过向南的闽江和向西南的汀江两条水路顺流而下，到达闽中、闽南、粤东等地。而要想到达闽西腹地，无顺便之路，只有翻越野兽出没、高耸难行的松毛岭。因此，在福建、广东沿海地区还有可开发的余地时，很少有人冒险翻越高山峡谷，进入闽西腹地的河源

① 引自《闽西客家》，谢重光著，生活·读书·新知三联书店2002年9月出版。

峒即现培田村一带。

在培田村近八百年的历史长河中，长汀和连城两县城多次遭到兵祸、战乱，培田村落却因四周高山环绕，道路阻隔，很少受到战争的侵扰，仅在清咸丰年间，遭到太平天国农民军的洗劫。1931年，闽西成为中央苏区，为安全起见，苏区政府临时办公地曾一度设在培田村。国民党围剿红军，但不敢进入深山密林中，尤其是培田，地形复杂，山道难行，他们只好派飞机不断轰炸，村中建筑遭到一定程度的破坏，但整体基本完好。

3.汀州、连城与培田村

汀州　古汀州的设立，是由于闽西崇山峻岭，难以防范和管辖的地理因素所决定的。汀州未设县之前归闽南的漳州府管辖，但行政管理鞭长莫及，管理十分薄弱，“开元二十一年（733年），福州长史唐循中，于潮州北、广东东、福建西光龙峒，检责得诸州避役百姓，共三千余户，奏置州，因长汀溪以为名”[1]。明嘉靖《汀州府志》载：“唐开元二十四年（736年），福州长吏唐循中招诱逃户三千余，开福、抚二州山洞，置汀州，领县三：长汀、黄连（宁化）、龙岩。”唐开元二十四年设置汀州府，长汀县与汀州府同时设立，府县一地。县境内有自北向南流的溪水。《图经》云：“水际平沙曰汀。”又云：“南，丁位也”。在八卦中，南方属丁，故这条溪水古时称“丁水”，后来改“丁”为“汀”字，故有了“汀江”之名。州和县均以江名，称“汀州府”和“长汀县”。

汀州被称为“客家首府”，踞汀江上游。[2]汀江发源于宁化，是福建省内的第四条大河，是客家移民进入最早、人数流动最多的一条江，所以汀江被称为

① 引自《客家源流新探》，谢重光著，福建教育出版社，1995年10月出版。

② 汀江的上游俗称“长汀溪”，下游福建一段称为“汀江”，汀江进入广东后称为“韩江”。

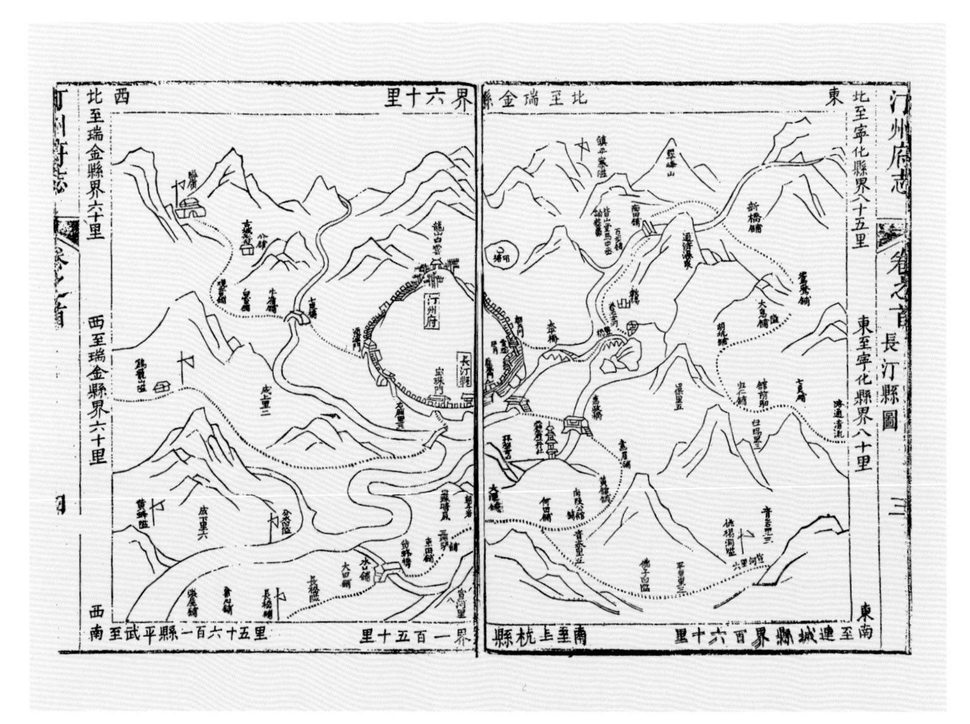

长汀县图　清光绪《汀州府志》载　审图号：GS（2019）2289 号

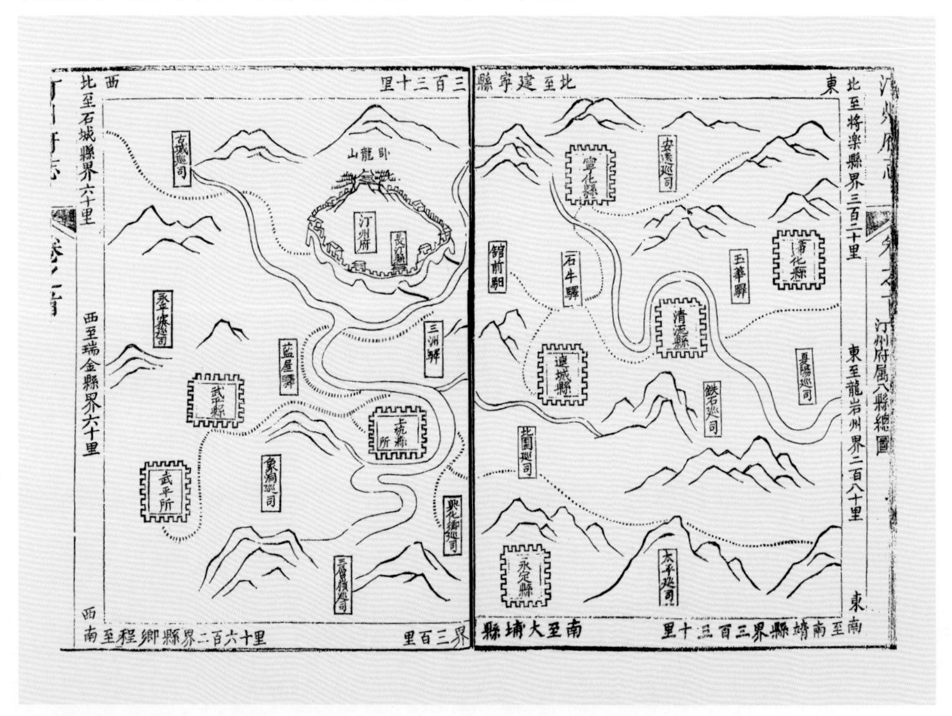

汀州府属八县总图　清光绪《汀州府志》载　审图号：GS（2019）2289 号

“客家母亲河”。汀州所辖地区较大，除沿江地区有些小块平坦地段外，其他地域山高谷深，百姓形容是“舟车不通而商贾窒”的地方。当时的培田村所属的河源峒，就是长汀县管辖的东南深山最边远的区域，它没有直接可通县城的河流，只有一条河源溪从河源峒流出，汇入朋口溪后，再从朋口溪绕道进入汀江逆流而上到达县城。虽然水路比山路要增加近一倍的距离，但比起山路要好走得多。

北宋时，出于对闽西迁入汉人较集中地带的管理需要，于元符元年（1098年），从长汀、宁化两县划出一部分地段设立清流县；南宋绍兴三年（1133年）又将长汀县东部割出一块地段设为连城县。此时的河源峒仍属长汀县管辖，依旧十分荒蛮，但位置处在长汀县的最东部，紧邻连城县西部边界，是长汀与连城两县的交界地。培田村就在两县山路交通往来的中间点。凡走山路，从汀州到连城，或从连城到汀州、清流等地，都需在此歇脚、就餐，甚至过夜，因此自培田吴姓始祖在此定居后，培田村就成为两县往来的必经之地，至清代已形成一条远近闻名的汀、连古道，为汀州、连城两县，偏僻的河源峒周边地区的经济发展，以及闽西腹地的开发，提供了良好的条件。

明中叶由于过境路的需要，培田村边形成了一个辐射周边二十里的圩集。到清代时，培田已是连城、宁化、永安、清流、归化（现明溪县）等县官、商、民往返汀州府城的通衢集镇和重要的歇脚之地，过境古道升格为“官道”。村内商业、服务业日渐增多，形成一条门类齐全的、拥有大小几十家商铺的近千米的商业街，比当时清流县城的街道还长，还热闹。当时有人编了个顺口溜：“小小清流县，有家豆腐店，街头卖豆腐，街尾听得见。”以挖苦清流县城之小，反衬培田村之大。如今培田古街老店铺门上仍保留着“庭中兰蕙

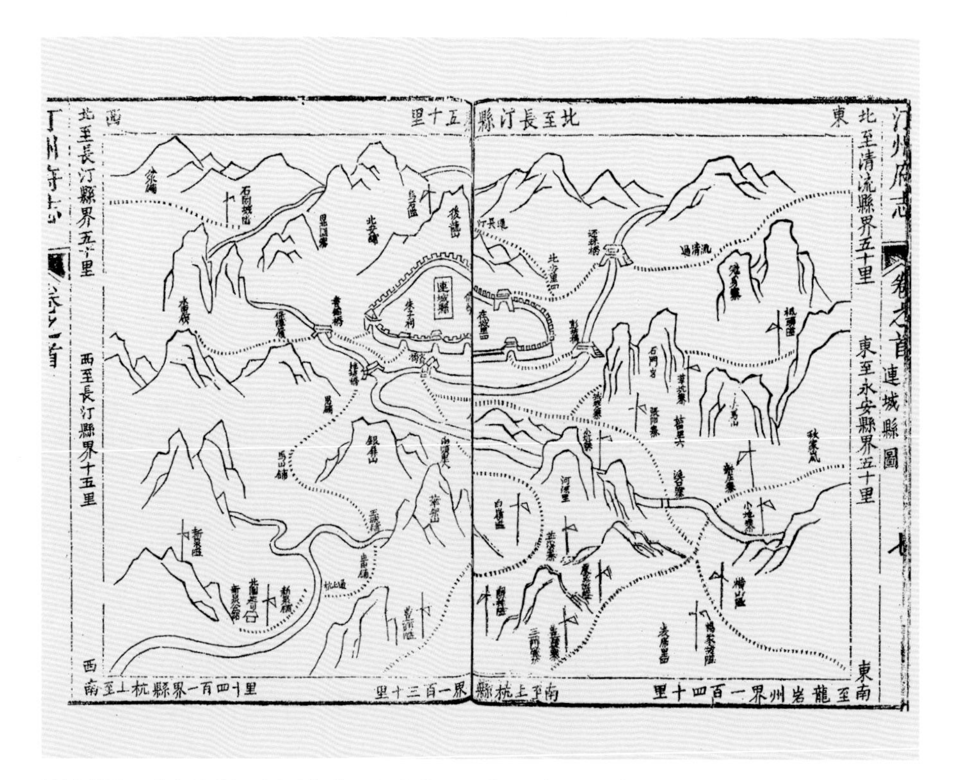

连城县图　清光绪《汀州府志》载　审图号：GS（2019）2289 号

秀，户外市尘嚣”的对联，人们可以想见当年培田村商业的繁华热闹的程度。

河源峒在清代仍属长汀县管辖，但已改称“河源里”。培田村距长汀县城有六十公里之遥，距连城县仅十七公里，到连城办事比去长汀更方便，因此，历史上河源里与连城的关系更密切，受连城的经济、文化、风俗的影响更深。1956年，河源里划归连城管辖，改称为“宣和乡”。

连城　连城县城建在一片南北向平坦的山谷盆地中，东西两侧突起的山脉，以独特的丹霞地貌形成“三三秀水清如玉，六六奇峰翠插天”的自然景观。县城中部地势比汀州开阔得多，站在培田东边的高坊岭上向下眺望，可清晰地看到连城县城内的房舍、道路及周边的山形水势。

在县城东二公里处，有一座秀丽的峰峦，即现在著名的冠豸山，原名为东田石，因巨大而突出的山岩酷似一朵盛开的莲花，故又称为“莲峰山”，位于山上的小村取名“莲城村”。南宋绍兴元年（1131年）以莲城村为基础建起莲城堡，绍兴三年（1133年）升堡为县，即莲城县。每逢战乱、匪患，莲城人便聚于山上，凭险据守。元至正六年（1346年），原为县衙兵士的连城县人罗天麟联合陈积万等起兵反元，攻取长汀、宁化、清流、将乐、顺昌等县，人数发展到两万多。起义被镇压之后，政府将莲城的“莲”字的草字头去掉，寓意斩除草寇，“莲城”改为“连城”。

元至正二十四年（1364年），代署理县尹马周卿为增加连城的人文气息，在开辟周边十三处景点时，正式改“东田石”为“莲峰山”。文人们在游赏之际发现莲峰山的滴珠岩形似古代御史戴的獬豸冠，便将“莲峰山”改称“冠豸山”，并沿用至今。

旧时汀州有民谣：“长汀人的口，上杭人的笔，连城人的拳。”意思是长汀文风盛，人多口才好，上杭人能写会算，而连城人多习武，拳脚好。由于历史上为盗寇渊薮，连城一带“气习劲毅而狷介”，尚武之风很盛，民众骁勇好斗，武馆遍布，四处可见。清康熙四年（1665年），县令杜士晋还曾在连城县北门外一公里的彭坊桥侧，建起一座演武亭，亭左还有讲武榭小亭，供民众练武和切磋技艺。数百年来，当地尚武之风不断，以武艺求取功名者甚多。明清两代，连城就有武举人一百四十四人，武进士八人。仅清乾隆一朝（1736—1795年）武举人就多达四十四人。风格独特的“连城拳”远近闻名。培田村深受尚武之风的影响，清代出了一名武进士，三名武状元，受军功者六人。

连城县的冠豸山峰奇石秀，景色清丽。元末明初时，文人墨客在此游赏之际发现莲峰山的滴水岩形似古代御史戴的獬豸冠，便将其山峰称为"冠豸山"

冠豸山山形奇诡，景色怡然

第二节　独特的文化背景

闽西的历史是伴随着大移民而发展的，移民的进入、定居和发展使它形成了一个地理上相对独立的客家区域，同时也逐渐形成了独特的、不同于其相邻地区的文化。经过长期的多种文化间的争斗、融合，汉族移民在斗争中最终以强势的华夏文化，同化了闽越土著、蛮獠等弱势文化，但闽越土著乃至蛮獠的弱势文化并不是完全被摒弃，而是被有选择地吸纳，与强势文化融合成为一种全新的文化，这就是客家文化。培田村即是在这种文化大背景中发展并辉煌的。在它的发展过程中，我们时时处处能体会到这种文化带来的力量。

清代末年，培田人吴拔桢因武功高强，取中武进士后，殿试钦点三甲第八名蓝翎侍卫。清光绪乙巳年（1905年），吴拔桢告老还乡。现村口矗立的恩荣石牌坊，讲述着他和培田的故事

1.客、土融合与同化

客家文化在兼容并蓄中形成，由于客、土错居杂处，常因争夺生存空间、争夺生产、生活资料和各自的利益而发生矛盾、冲突或械斗。南宋时，“黄连峒

蛮獠围汀州”的事件，就是客家人与土著蛮獠的一次大规模的冲突。

尽管矛盾冲突经常出现，但在这个过程中双方通过彼此的接触和交流，逐渐达到了相互理解，相互合作，相互同化。这种合作与同化渗入到政治、经济、军事、文化各个领域，最初表现在共同抗敌。如元灭宋以后，客家先民和畲民同被列为最下等的南人，饱受凌辱和苦难，元世祖至元十五年（1278年），闽北、闽西及浙江括苍汉畲人民共同抗元，以汀州畲族女英雄许夫人为旗帜相号召，即所谓“建宁政和县人黄华，集盐夫，联络建宁、括苍及畲民妇自称许夫人为乱”[①]。通过长期的接触了解，畲、汉做到了和平相处，取长补短，共同发展。

培田村吴氏元末落脚河源峒时，这里居住的大多是姓钟、蓝、盘等被称为“田禾人”的畲族[②]。经过上百年的互相融合和同化，至今周边仍留下不少畲族的地名和痕迹。而培田吴氏也在这个过程中融进了许多土著人的习性。正如谢重光先生在《闽西客家》中写道：“从饮食方面来看，客家饮食的特点是素、野、粗、杂。‘素’指客家人地处山区，生活艰苦，过去粗粝难继，没油吃是常事，吃肉一年中难得有几回，所以不想吃素也得吃素。‘野’主要指野菜、野果、野味。‘粗’主要指制作粗糙。‘杂’一是指多吃杂粮，二是指喜吃动物内杂，即内脏，哪怕又腥又臊，也要弄来吃，做到物尽其用。这些特点的成因，主要是受环境制约，同时也受到畲族饮食文化的影响。……

“其中‘吃野’一项受畲人

① 引自《元史》卷10《世祖纪七》。

② 畲族的“畲”字原是“火种田”的意思，即刀耕火种的原始耕作方式。唐刘禹锡《竹枝词》云：“山上层层桃李花，云间烟火是人家。银钏金钗来负水，长刀短笠去烧畲。”宋范成大《劳畲耕》道：“畲田，峡中刀耕火种之地也。”

影响最为突出，闽西著名土产‘汀州八干’中有一项是宁化老鼠干。唐代人张文成《朝野佥载》记载：‘岭南獠民好为蜜唧，即鼠胎未瞬，通体赤蠕者，饲之以蜜，钉之筵上，嗫嗫而行，以箸夹取啖之，唧唧作声，故曰蜜唧。’苏东坡流放惠州时对‘蜜唧’也做过类似的介绍。可见唐宋时期岭南‘獠民’喜食而且善食幼鼠是出了名的。简单地说，吃‘蜜唧’就是茹毛饮血，生吞尚未开眼而喂饱了蜜的小老鼠，这是被文献记载下来的古代蛮獠吃老鼠的方法之一。宁化蛮獠渊薮，地多田鼠，从广义上来说，也处在唐宋人所谓岭表的范围，吃‘蜜唧’或用其他方法吃老鼠的历史一定很悠久。宁化客家人继承当地原住民蛮獠吃老鼠的传统，并不断改进，就发展成今日作为客家美食之一的宁化老鼠干。”

由于客家先民身居深山，与外界交往甚少，具有相对静态的特征，这就为保存原有文化的独立性和完整性提供了有利的条件。南宋人陈一新说：“闽有八郡，汀邻五岭，然风声气习颇类中州。”[①]汀州“地势西连广，方音北异闽”。这说明尽管客家先民不同程度地融合吸收了土著少数民族的习俗，但文化的主体还是中原古文化。有一个客、土之间既融合又独立的特别有趣的现象：宁化一带的客家妇女从小缠足，其他地区的客家妇女则为天足。在培田这样一个小小的村落中，也包容了两种现象，一部分妇女接受了蛮獠文化的传统保持着天足，另一部分却始终恪守中原文化传统习俗，妇女从小缠足。村民对同时存在的两种现象，没有任何褒贬，而是听其自然。

2.兴教崇文　家弦户诵

客家人一向重视教育，“人

① 引自《舆地纪胜》。

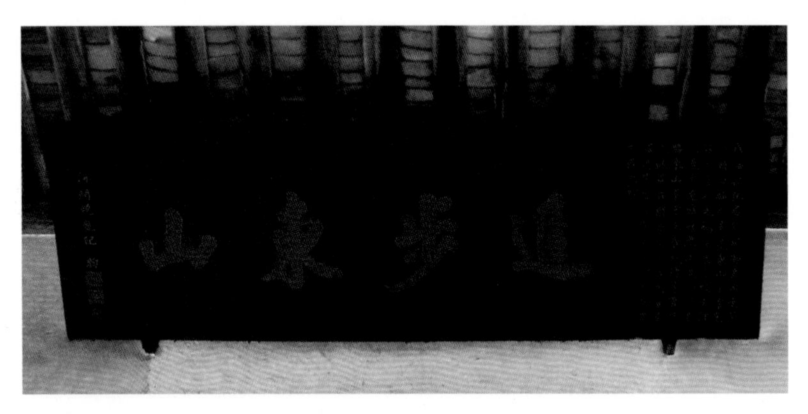

清乾隆年间,《四库全书》总编纂纪晓岚在游览冠豸山的东山草堂时，为谢邦基、谢凝道父子二人先后中进士而题写的"追步东山"

敦愿悫，户习诗书"[1]。从中原迁徙到闽、粤、赣等地的客家人中，有不少人原为中原仕宦，他们接受的是中原正统文化、封建礼教的儒家观念，讲究的是门第等级，这些观念成为客家社会中占支配地位的主导思想。在长期迁徙和与当地土著相互融合、同化过程中，他们以这种观念时时去督促自己，衡量他人。他们深知，在这种艰苦的环境中，要生存，只有勤耕稼，要发展，只有读书入仕。耕读传家的风尚不但存在于汉人中，也影响了一些被融合、同化了的土著民，使整个客家住区内逐渐形成了"弦诵相闻，有不读书者，舆台笑之"的风尚。老百姓会使用朴素的语言告诫子孙："养子不读书，如同养头猪。""送子千金，不如教子一字。""一等人忠臣孝子，两件事读书耕田。"

汀州府设立之后，很快便开科取士，汀州城内陆续建起十几座书院，至今城内仍保留着文庙、书院、试院、文会堂、名宦祠、乡贤祠、稽古阁等众多文化建筑。清《长汀县志》云："汀

① 引自《培田吴氏族谱·万安桥记》。

清道光年间，林则徐为谢邦基、谢凝道父子二人先后中进士而题写的“江左风流”

在万山中，踞汀江上游，波石廉悍，峰岭崎岖，士生其间，性多兀傲……敬教劝学，邑士从风，黜华崇实，率为有本之学，五经四子性理史鉴诸编，皆吟背成诵。子弟一隶学官，父兄相期以远大，不肯修曳裾扫门之行……”[①]文教繁荣兴盛。

连城由于自然景观秀美，成为文人墨客们游赏、读书、绘画之地。明《连城县志》云：连城“土壤瘠硗，人民贫啬。士知读书尚礼，俗重登科取名。男务勤劳，女安俭朴”[②]。文教渐兴，为此建起了东山、丘氏、竹径、五贤等一批书院，也涌现出一批彪炳史册的人物。

清乾隆年间，连城人谢邦基、谢凝道父子二人先后中进士，他们与《四库全书》总编纂纪晓岚交往甚笃。纪晓岚慕冠豸山之风光，到此游览，有感于谢家人才辈出，于是在谢邦基、谢凝道父子二人读书的东山草堂挥毫写下了“追步东山”的匾额。1824年林则徐至此题写了

① 引自《长汀县志·风俗》。

② 引自《汀州府志》。

四堡马屋的大门依旧保持完好

四堡距培田六十公里。明代时兴起雕版印刷术，清代这里成为中国南方刻书业的中心，并与苏州、杭州、福建的建阳并称为中国四大坊刻基地。四堡的马屋是当时刻版的重要作坊之一

“江左风流”，后制成匾额。匾题头：“小田年弟偕群子侄读书弦诵于东山草堂，风雅名流，不愧为乌衣之族，因题赠曰。”落款为“道光甲申清和榖旦 少穆林则徐题”，至今传为佳话。

四堡刻印博物馆展示当年所用的刻版印制工具

文教的兴盛促进了雕版印刷业的兴起。地处长汀、连城、清流、宁化四县边境统称“四堡”的一片村落里，男人大多外出谋生，或造纸打锡，或贩米贩豆，操劳在外。明成化年间，距培田北六十公里的四堡乡的马屋村，有一位马驯，官至二品，

培田村周围秀美的田园风光

被誉为〞文墨之乡〞的培田村至今保留着《四库全书》总编纂纪晓岚为培田村所写的〞渤水蜚英〞大匾

宦游全国，见多识广，告老还乡之后倡修族谱，刻印诗文，从而萌发了刻印书籍的念头。明万历八年（1580年），任杭州税科仓大使的雾阁村人邹学圣辞官归里，带回元宵灯艺和雕版印刷术，从此“镌经史以利后人”。四堡雕版印书、贩书业兴盛起来，“足迹几遍天下”，清乾隆、嘉庆年间，四堡乡成为南方书坊刻书业的中心，与苏州、杭州，以及福建的建阳并称为全国四大坊刻基地。

在浓浓的书卷气息中，培田村这个小小的村落从明代到民国的近六百年中，先后创建十几座学堂和书院。走进村落听到的是琅琅书声，看到的是文风浓郁的“户外有山堪架笔，庭中无处不堆书”，“冷署往来无俗客，寒宅谈笑有鸿儒”这样的对联。培田是河源里创办学堂最早，且聘请名师授徒的村落，被称为“开长（长汀）、连（连城）十三坊书香之祖”。[1]由于家族重视教育，在整个科举时代的二十几代人中，吴氏家族代代都有人登科入庠，出了岁进士、邑庠生、郡庠生、贡生等七十五人，

① 长（长汀）、连（连城）十三坊：由长汀、连城两县交界处一些村落自发形成，是一个地缘性的地方自治组织。1956年以前，十三坊中属长汀县管辖的有：吴家坊（吴姓、培田村、升星村）、上曹坊（曹姓）、中曹坊（曹姓）、城溪村（曹姓）、科南（黄、郑、邱姓）、洋背（巫姓、付姓）、黄沙（黄姓）、岗背（巫姓）；属连城县的有：张家营（张姓）、文坊（项姓）、朋口（付姓）、马埔（吴、项、钱姓）、洋坊尾（汤姓）。

武进士一人，举人一人，国学生若干人，[1]被誉为汀连“文墨之乡”。清乾隆二十八年（1763年），《四库全书》总编纂纪晓岚到福建汀州府巡视，闻知此事亲到培田，感受到文教之风的兴盛，挥毫写下了“渤水蜚英”四个大字。后来人们将题字制成大匾，悬挂在培田“配虞公祠”的大堂之上，直至今天。

为开阔眼界，培田祖先不断鼓励子弟外出拜师求学，读万卷书，行万里路。许多子弟在十几岁就走遍了周边的连城、汀州及四堡等地的风景名胜，谒书院古风，览山川名胜，陶冶性情，并留下许多诗文，抒发人生感悟和美好憧憬，以及对天工奇景的咏叹。吴泰均在《游历纪咏 · 游冠豸古风》中曰：

几度怀名胜，
今始快登临。
朋辈都新屐，
迷路入山深。
野老道旁讯，
指点傍高岑。
高岑高百尺，
鸟道极崎岖。
凝神惊虎尾，
缘步学蜘蛛。
缘行约数武，
豁开界一隅。
……[2]

① 《培田族谱》，2006年新修，吴有春主编，内容以1906年光绪版族谱为准。
② 引自《培田吴氏宗谱 · 游冠豸古风》。

第二章 崇山峻岭中的培田村

第一节　避乱定居

第二节　培田村落的建设史

培田村位于连城县的西部，宋绍兴三年（1133年），连城建县时，培田属汀州府长汀县管辖，处于长汀县东与连城交界的崇山峻岭中。这里宋元以前是著名的河源峒的一部分。“峒者，苗人散处之乡”①，指本土苗、畲的聚集地。河源峒人数集中，有二十多个姓氏，以畲族为主。至今培田所在宣和乡周围山坳沟谷间还有如江公畲、赖家畲、卢官畲、盘蓝岬（住盘姓和蓝姓）、葛畲（住盘、蓝、钟等姓）、雷坑（雷姓）等畲族姓氏的村落。培田附近的紫云村，原名称“卢家畲”。元代，河源峒改称“河源里”，并分属长汀、连城两县辖制，培田村归长汀县河源上里六图，明清时划归宣河（又作“和”）里六图三甲。明万历四十七年（1619年）铸造的马头山庵的古钟上，还铸有蓝、钟、雷等人的姓氏。虽然清代初年河源里一带已成为纯客家住区，但培田附近仍有不少畲人居住。民国时期培田属长汀县第九区吴上堡；1931—1934年，宣河里成立了中央苏维埃培田乡政府，1956年宣河里改为“宣和乡”，划归连城管辖，直至现在。

培田村是住宅密集型的村落，总面积为13.4平方公里，现

① 清光绪四年（1878年）杨澜《临汀汇考》。

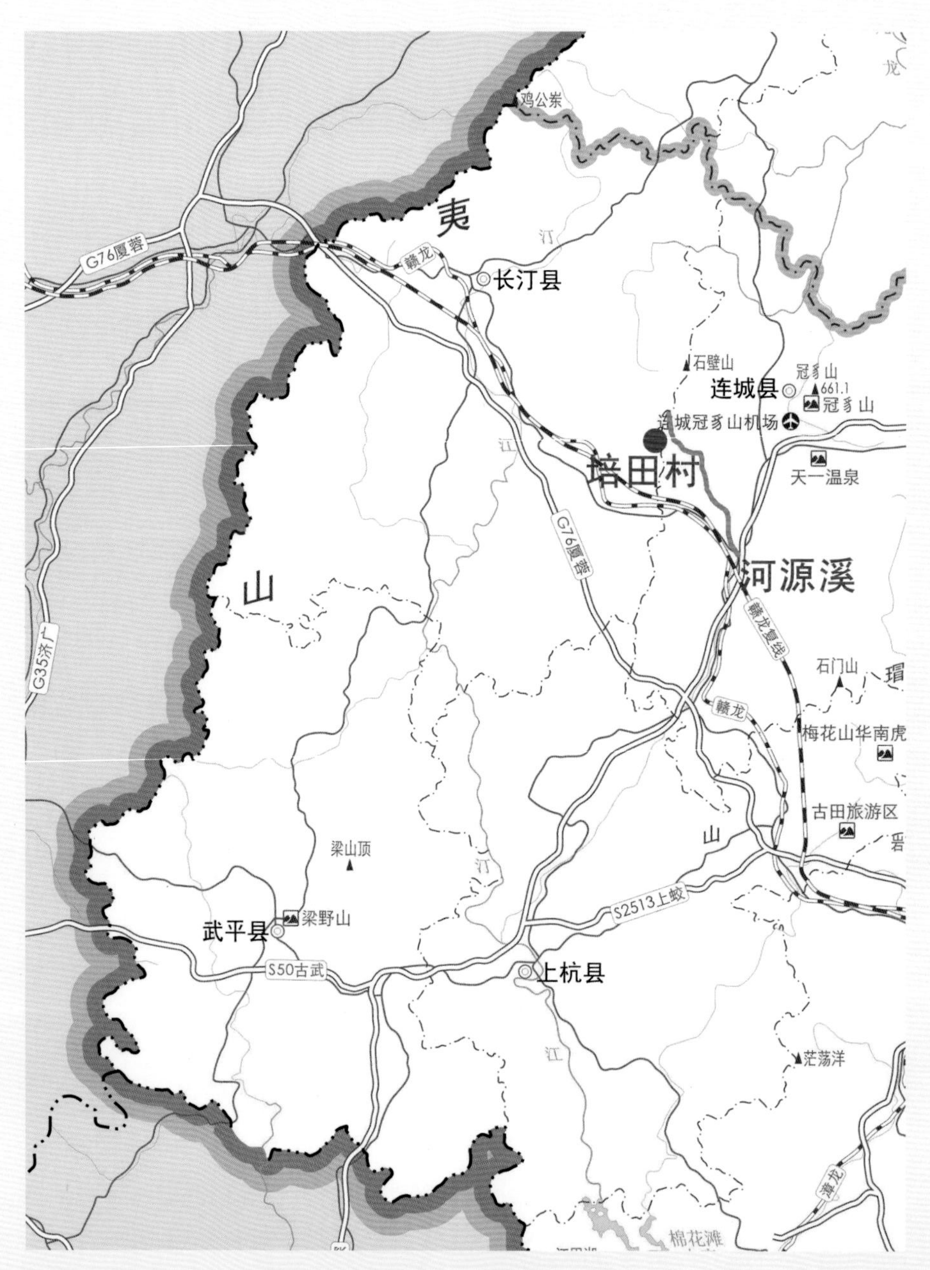

连城县及培田村区位示意图　地理底图来源：福建省测绘地理信息局网站 审图号：闽S[2019]75号

有三百二十八户，人口一千四百多人。1949年以前，培田是一个以农耕为主、耕读传家、农工商贸各业并发的血缘村落。在始迁祖元末避乱定居稳定后，培田开始了有序的村落建设，其间大致经历了形成时期、繁荣时期、鼎盛时期和动荡渐衰几个阶段。

第一节　避乱定居

元代末年，统治者对汉民长期实行残暴统治及民族压迫，长久的积怨终于伴随着各种灾异而爆发。此时，以方国珍、张士诚等领导的农民义军纷纷起兵，江南一带处处金戈铁马、硝烟四起，社会动荡混乱。为避乱，大批汉人纷纷从浙江、江西等地迁往闽西，培田村吴氏始祖八四公，就是随着元末的人口大迁移来到河源里的。

1.始迁祖与吴家坊

吴氏始迁祖八四公[①]，生于元泰定元年（1324年），卒于明洪武年间（1368—1398年）。

元代至正年间，八四公在浙江为官，此时方国珍起义占据闽浙两省称王，四处招兵买马网罗人才，便以姻亲关系笼络为官的八四公，以图为他所用。“处士吴八四郎者，于元至正戊子（1348年）三月间，见方国珍开府于闽浙，凡所荐拔，悉宠秩之，诣其门下者，肩摩踵接。处士之族，与方为姻家，竟不屑一顾，遂徙宁化，迁长邑宣河里之上篱。”[②]八四公一方面是为避战乱，另一方面是为了摆脱与方国珍之干系，才弃官而走。

八四公弃官从浙江徙宁化，又从宁化石壁徙汀、连。对于八四公的选择，人们不甚理解，当时“有人谓之曰：子韬晦自珍，

① 杨彦杰，中国闽台缘博物馆馆长。根据他的研究，明中叶以前闽西各姓祖先，大多是以数字或以某某郎为名字，这是受畲族命名习俗的影响。

② 引自清光绪三十二年《培田吴氏族谱·始祖八四公墓志铭》。

何以为子孙煊赫计？处士（八四公）辄诵庞公‘人皆遗之以危，吾独遗之以安’之语以答之。不知者讥其塞而不通”[1]。时间不长，靠投机方国珍而取得一官半职的人，不少人身败名裂，“昔之滥受名爵者莫不凶其身，墟其庐，人始服处士有先见之明”[2]。

八四公到河源里时，“先是此地居人，林、曹、马、谢、聂、赖、吴、魏并公凡九宗”[3]，他们散住在河源溪两边河谷地的冈坡及林莽之间，小地名多以姓氏称呼，如老地名张元山，张氏所居之地；赖屋地住的是赖姓人家，曹溪头为曹姓等。从《培田八景》“魏野渔樵”的诗中可看出先于吴氏定居的魏姓情况：

---

① 引自清光绪三十二年《培田吴氏族谱·始祖八四公墓志铭》。

② 引自清光绪三十二年《培田吴氏族谱·始祖八四公墓志铭》。

③ 引自清光绪三十二年《培田吴氏族谱·始祖八四公墓志铭》。

培田村位于河源溪的源头，村子围合在山水之间，宁静幽雅，犹如一处世外桃源

魏氏结庐占古先，
郁葱佳气蔼人烟。
一条白练萦南亩，
万叠青峰拥北田。
钓客绕溪投饵去，
樵夫沿岭束薪还。
吴乡自是安居地，
山水悠悠地不悭。

清人吴发滋《曹溪耕牧》诗中描写了河源里的居住环境：

前村烟火两三家，
户外渔樵笑语哗。
踏浪滩头垂柳拂，
高歌谷口白云遮。
丁丁伐木悬崖顶，
二二垂纶浅水沙。
彼此归来日正暮，
相逢各喜度生涯。

但时至清代初年，河源里苗族、畲族聚居地，既没有形成大的姓氏家族，更没有像样的村落。

河源里因有一条河源溪而得名，河源溪从源头到汇入朋口溪长约七公里，分为上河源、中河源和下河源三段。吴八四公落脚在上河源卧虎山南侧称为“上篱”的地方，即今升星村老祠堂位置，距今培田村南一华里。八四公“因居其地，自名其乡为

发源于石壁山的河源溪，滋养着河源里的万物生灵

“一条白带滚南亩，万叠青峰拥北田”说的就是河源里优越的地理环境

吴家坊”[1]，成为吴氏家族的始迁祖。

八四公定居后，娶了上河源魏家之女为妻，生有二子，长子胜轻，次子胜能。胜轻公生四子，由于上篱地段狭窄，不宜后代子孙发展，三子和四子分别迁往半溪峒的定坊（距河源里十五公里）和浙江发展。胜轻公的长子，即三世祖文贵公，念“昆季四人，公居冢嗣。诸弟俱各成立，生口日繁，力不能以合食，各为专居重室，诸户并列于内而同出于正门。居之者众。遂将上篱之屋逊让诸弟居焉”[2]。他自己则迁往上篱北一华里当时赖姓人居住的称为赖屋的地方，即现培田村卧虎山的虎头与虎爪之间的地段，并将地名改为“上屋头”。由于赖姓居住时间长，人们依旧习惯称老地名“赖屋”。而上河源的方言“赖”与“懒”

① 引自清光绪三十二年《培田吴氏族谱·始祖八四公墓志铭》。

② 引自清光绪三十二年《培田吴氏族谱·文贵公上屋记》。

是同音，听起来常常感觉不顺耳。六世祖郭隆公时，在风水师的指点下，将住宅从上屋头迁至东南约五十米的水竹潭附近，起名“培田”，以后村落人口的主体基本是郭隆公一支发枝而来，“培田”成为整个村落的名称，至今未变。二世祖胜能公居住上篱，子嗣延续发展。

培田、上篱（又称上里）两村紧邻，一兄一弟，一个祖先，合称为“吴家坊”。培田村位于上篱村的上游，称吴家坊上村，上篱村位于下游，称吴家坊下村。历史上两村许多事情都是一起做，因此培田宗谱中经常可以看到“吴家坊”和“上下两村”这样的称呼。①

1949 年以前培田村落图

2.宗谱中所记培田村的由来

赖屋由赖姓人居住而得名。胜轻公之长子三世祖文贵公从上篱分支之后，买下了赖家的宅地基，立基筑屋。据《培田吴氏

① 20世纪50年代进行农业合作化运动，上篱村成立了初级社，对这一新鲜事物政府视之为升起的一颗新星，并因此将叫了几百年的“上篱村”改为“升星村”。

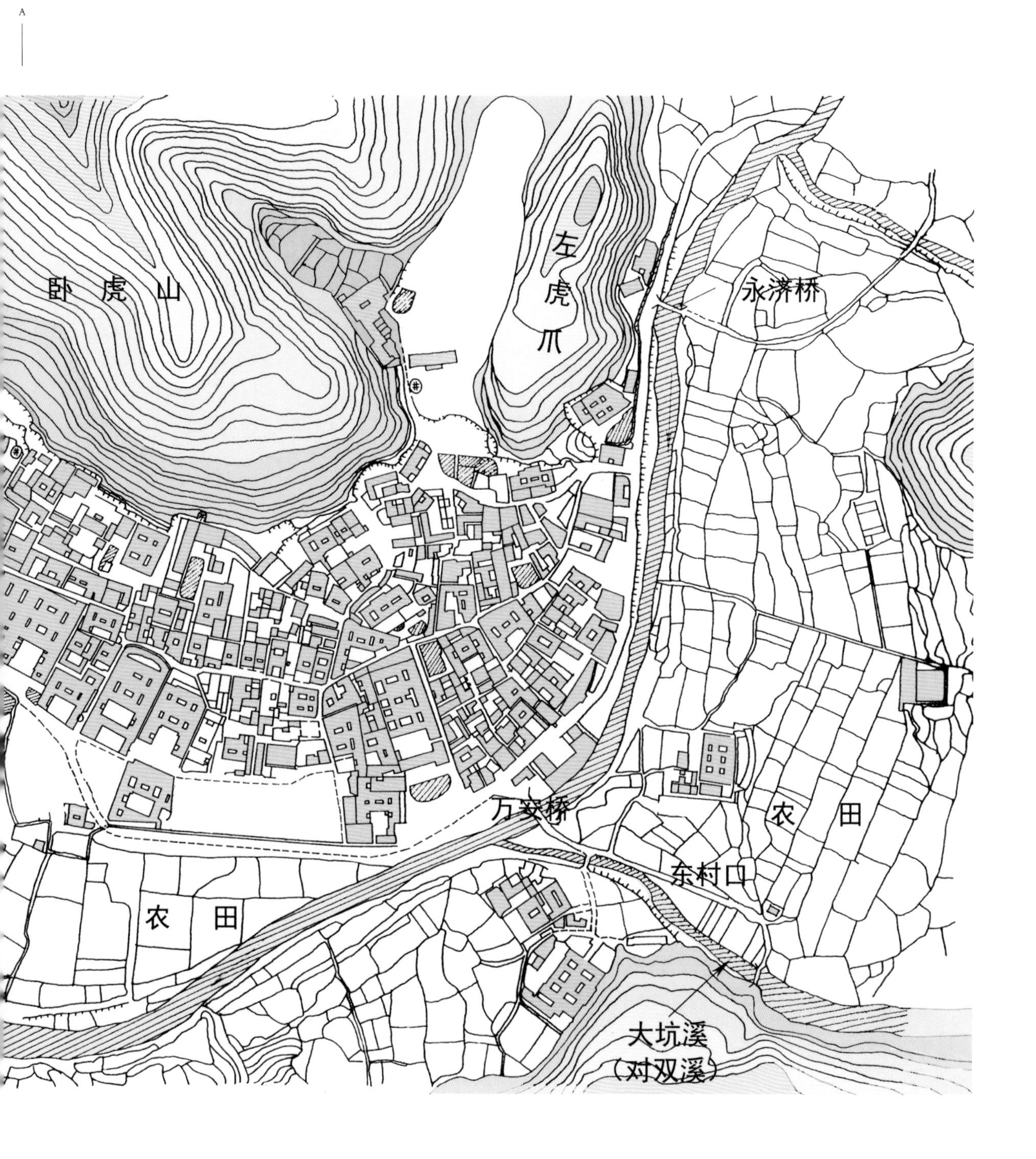
卧虎山
左虎爪
永济桥
万安桥
农田
东村口
农田
大坑溪
（对双溪）

族谱·文贵公上屋记》载：文贵公“念祖父母二茔在培田（即赖屋，后代写族谱时，村落已改为培田），隔一冈，距家半里，望之不见，乃与祖坟下之山麓（即现在南山书院的东边）构屋数楹以为别业。此上屋头之名所由来也。西北山阿左傍并刃楼三间，高出墓上。日登楼以望二墓而至思焉，匾之曰‘望思楼’”。望思楼建好后“多有名公达士揄扬以咏之”。明进士兵部主事张合在上文中赞曰：“上屋头山之屹，可以立身；山之静，可以定心；广大可以育物；崇高可以荡胸。”

《培田吴氏族谱·至德衍庆堂记》载：“吴氏之先居上篱，传三世文贵公，迁上屋头，五世有义……其（琳敏公）长子嗣郭隆君（六世祖），克承先志，迁培田。”“郭隆公培田衍庆堂开基祖也，公生明正统十一年丙寅（1446年）四月十三日时，卒正德二年丁卯（1507年）。”族谱《仁让匾额序》中载：“自六世祖郭隆公迁基培田，建以祠堂，立之宗祏，厥后别派分支。”“……譬之木焉，能培其根，则枝叶畅茂，而生意不可遏矣。譬之水焉，能浚其源，则支流派别，而浩瀚不可极矣。”[①]

第二节　培田村落的建设史

培田村的建设大致经历了四个发展阶段：

1. 形成时期：从第三世到第九世

三世祖文贵公定居后，凭借兄弟分家时得到的不多的财产，耕读为本，勤勉立业，不畏艰辛，在上屋头附近的荒坡沟坎间开辟荒地，栽种竹木。文贵公生有二子，长子吴李清，次子吴李华。兄弟俩从小边进启蒙学堂边学做农事。传说长子吴李清心灵手巧，喜爱木工技艺，长大后寻师求艺，勤学苦练，功夫不负有心人，

① 引自清光绪三十二年《培田吴氏族谱·至德衍庆堂记》。

不多年就成为河源里颇有名气的大木工匠。一次吴李清被请到距培田一百多公里的宁洋为人建房，由于手艺精湛，宁洋一带又缺少大木工匠，当地人再三恳请他留下来，吴李清便举家迁往宁洋定居。次子吴李华一心扑在田地上，从小跟父兄一起日出而作，日落而归，各种农活样样精通。辛勤的汗水换来了丰硕的成果，吴氏迁至上屋头仅两代，已是“仓有陈谷，箧有储积”[①]。

明正统年间，汀州大旱，田地龟裂，颗粒无收，许多人家断炊，饿殍甚众。五世祖琳敏公，决然空仓廪而赈饥，输谷二千多石（一石为120斤），此举得到了河源里百姓的赞颂，并得到了朝廷的表彰。吴氏族谱《东溪公墓志铭》载：“李华生琳敏，是为五世孙……正统中赈饥，敕旌其门，表为义民。”吴氏族谱《郭隆公义仓义学记》也载：“……琳敏公素称富室，乐善好施，时人号为‘怜悯’。岁欠，出谷赈饥动以千石计，奉敕旌为义民。”当时的汀州府教谕，江西鄱阳人应志科闻知此事，赞美琳敏公曰：“惟孝惟友，有猷有为，家族砥柱，乡党蓍龟，富而好礼，望重名儒，朝廷旌表，济济簪裾，我仪图之，君子人欤。”琳敏公能输出如此多的积谷，“乐善好施”，说明吴家经过几代人的努力，已成为河源里的殷实大户了。

河源谷地内的十几个村落，都是靠河源溪来滋养哺育，生产生活都离不开它。图为村妇正在溪中浣衣

① 引自清光绪三十二年《培田吴氏族谱·琳敏公行略》。

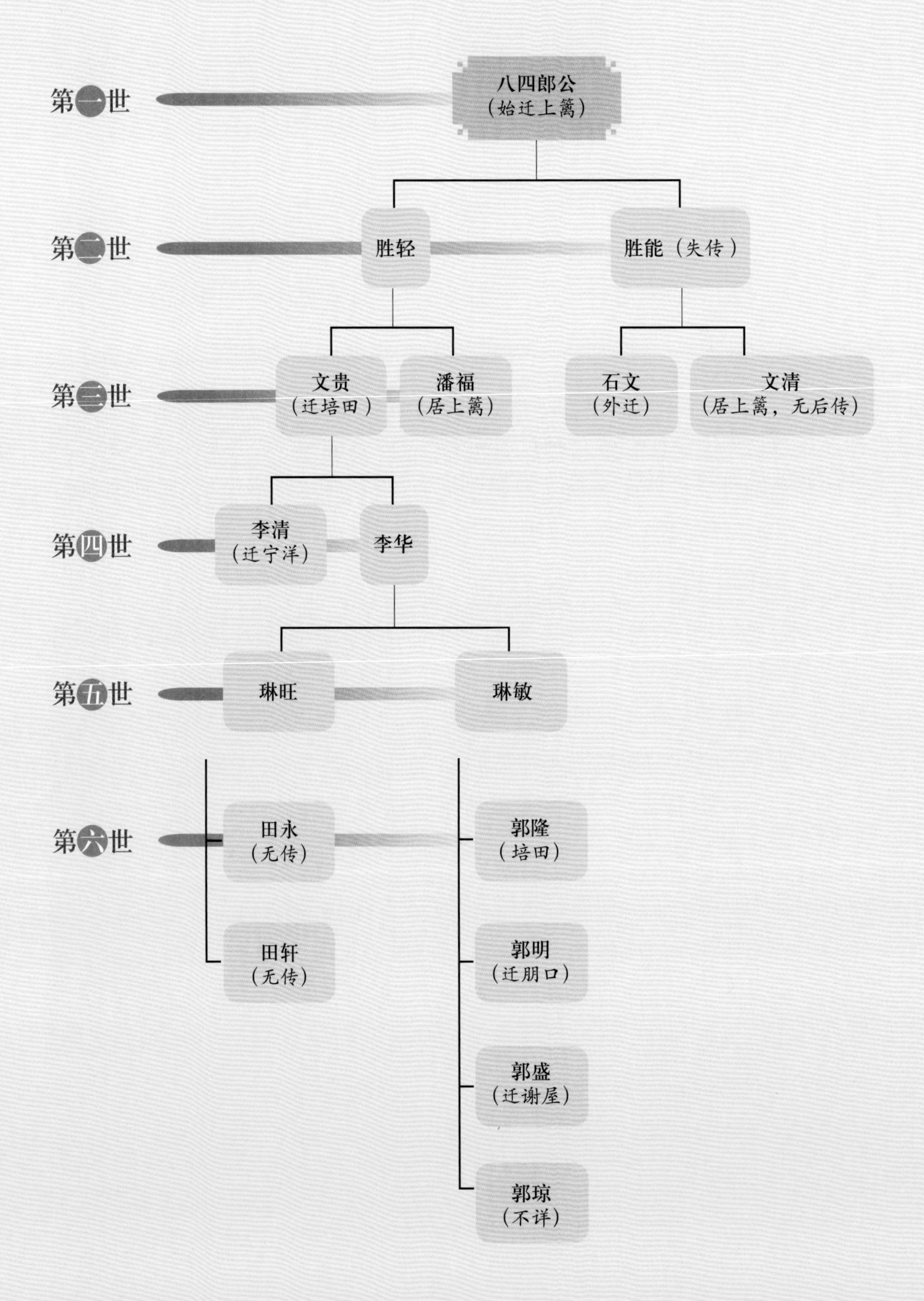

八四郎公派下世系图（一——六世）

尽管生活富裕，但总有遗憾。自文贵公定居以来，这一支脉的丁口不旺，总是单传，而上篱村已人丁兴旺。在封建的农耕社会，人口的多少，直接关系到一个家族的未来发展，甚至生死存亡问题。河源里就有不少子孙不旺的家族，在遇到天灾人祸后成为绝户。如原住赖屋的赖姓，以及住在河源溪东面的曹姓人家，都因一场瘟疫而全族灭绝，也有的姓氏仅剩下幼小孤儿，只好依靠他姓抚养。《培田吴氏族谱·琳敏公行略》中载："有乡人聂其名者，一家疫死，止遗幼稚，邻人皆畏避，公与之衣棺埋葬，抚其幼孤。"因此人们认为能找到一块有利子孙繁衍的风水宝地，是当时家族最应关注的大事。

吴家乐善好施，五世均有义举。六世祖郭隆公生于明正统十一年（1446年），卒于明正德二年（1507年），是个"以祖望于乡，以资雄于乡"的人物。明成化年间，吴郭隆得到一位资深风水先生的指点，选择了一块宅基。风水师预言，此处建宅可使"千丁出入"。他在此建起衍庆堂后人丁旺盛起来。到第九代，约清初时，吴家逐渐枝繁叶茂，大都在衍庆堂北侧建起高堂华屋，并经族众商议将六世祖祠衍庆堂升格为整个培田吴氏的总祠，慎终追远，供奉起六世祖以上的列祖列宗。培田村吴来星先生根据家谱统计，从明成化年间到清光绪重修家谱时，培田记入宗谱的男丁，整整超出一千人。衍庆堂依据村落祖山、朝山和基本朝向，确定了村中部的位置，也为培田村未来格局的形成奠定了基础。

为了严谨治家，有利家族的发展，在确定了衍庆堂为吴氏总祠后，又组建了吴家的权威机构——宗族组织，推举房长，制定出严密而周详的家训、家法，告诫吴氏子弟"家之有训，所以昭示来兹，为子孙法守也。书曰：聪听祖考之彝训。诗曰：不愆不忘，率由旧章。愿我世世子孙守之毋忘"。祖祠的确立，宗族组织的诞生，标志着吴氏宗族开始走向成熟。

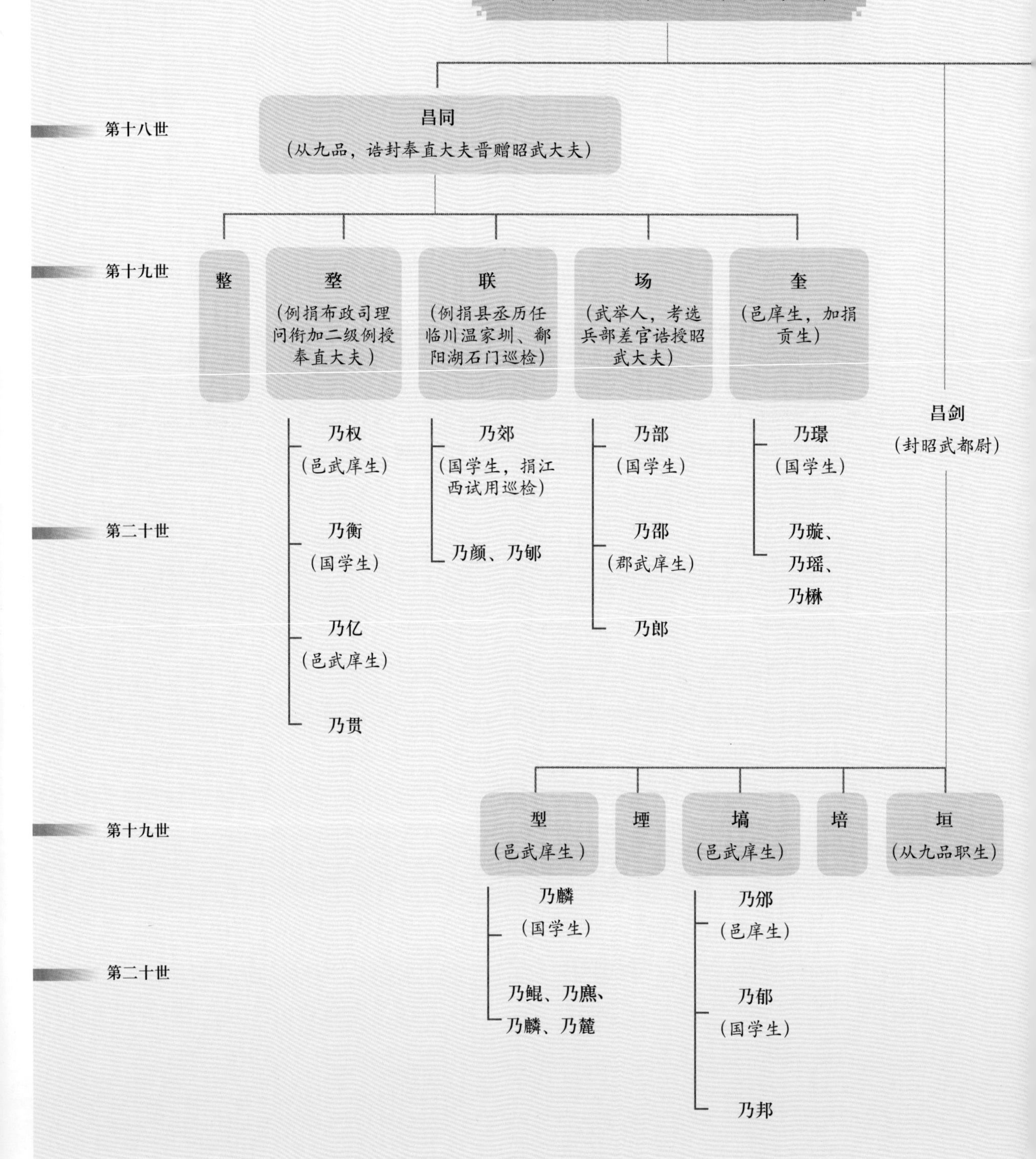

第十七世
夏林
（南郴，从九品赠奉直大夫晋赠昭武大夫）
第十八世
昌同
（从九品，诰封奉直大夫晋赠昭武大夫）
第十九世
整
埩
（例捐布政司理问衔加二级例授奉直大夫）
联
（例捐县丞历任临川温家圳、鄱阳湖石门巡检）
场
（武举人，考选兵部差官诰授昭武大夫）
奎
（邑庠生，加捐贡生）
昌剑
（封昭武都尉）
第二十世
乃权
（邑武庠生）
乃衡
（国学生）
乃亿
（邑武庠生）
乃贯
乃郊
（国学生，捐江西试用巡检）
乃颜、乃郇
乃部
（国学生）
乃邵
（郡武庠生）
乃郎
乃璟
（国学生）
乃璇、
乃瑶、
乃楙
第十九世
型
（邑武庠生）
堙
墒
（邑武庠生）
培
垣
（从九品职生）
第二十世
乃麟
（国学生）
乃鲲、乃麃、
乃麟、乃麓
乃邠
（邑庠生）
乃郁
（国学生）
乃邦

南郴派下世系表（十七——二十世）

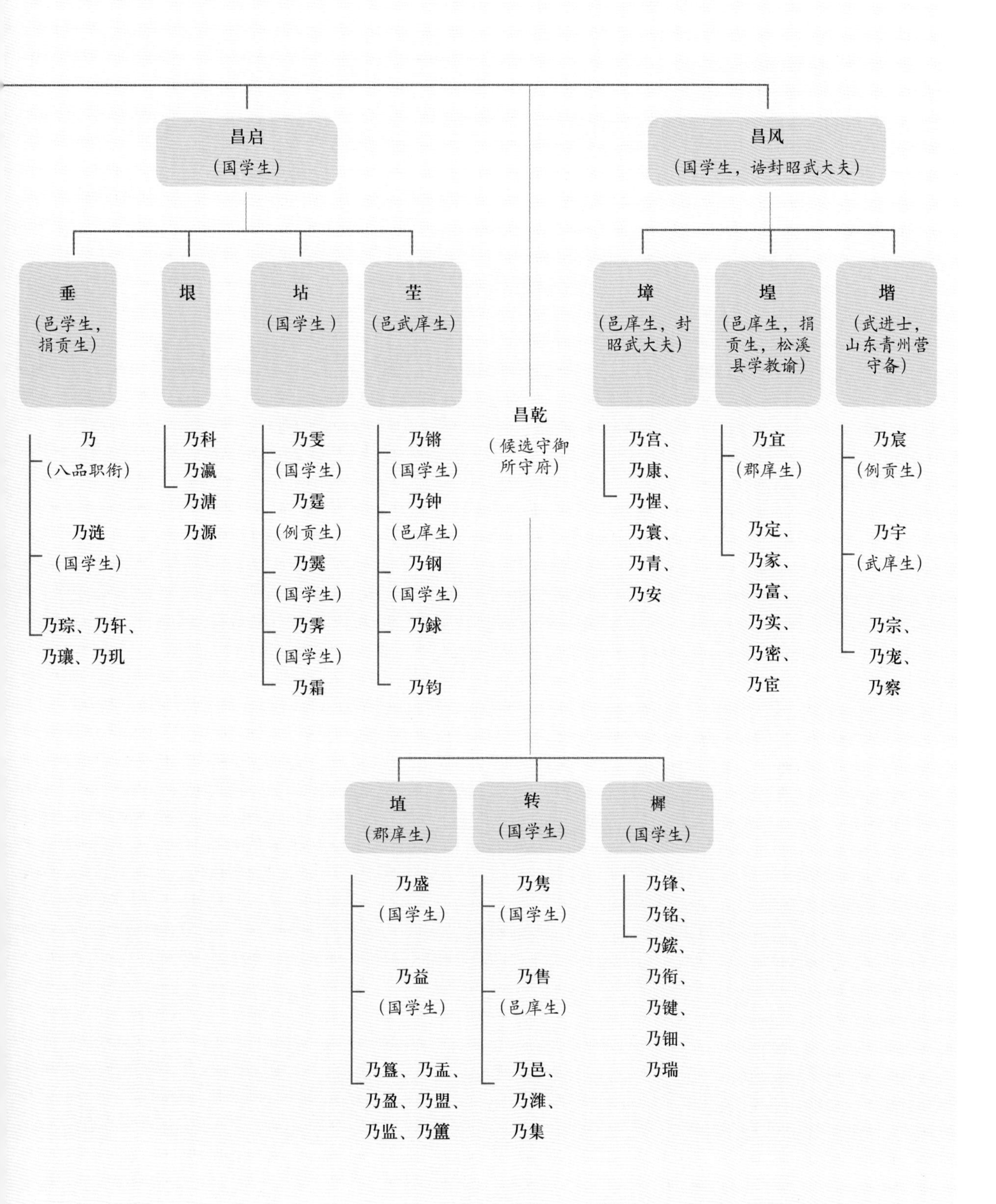

昌启
（国学生）
垂
（邑学生，捐贡生）
乃
（八品职衔）
乃涟
（国学生）
乃琮、乃轩、乃瓖、乃玑
垠
乃科
乃瀛
乃溏
乃源
坫
（国学生）
乃雯
（国学生）
乃霆
（例贡生）
乃霙
（国学生）
乃霁
（国学生）
乃霜
茔
（邑武庠生）
乃锵
（国学生）
乃钟
（邑庠生）
乃钢
（国学生）
乃錸
乃钧
昌乾
（候选守御所守府）
埴
（郡庠生）
乃盛
（国学生）
乃益
（国学生）
乃篚、乃盂、乃盈、乃盟、乃监、乃簠
转
（国学生）
乃隽
（国学生）
乃售
（邑庠生）
乃邑、乃潍、乃集
樨
（国学生）
乃锋、乃铭、乃鋐、乃衔、乃键、乃钿、乃瑞
昌风
（国学生，诰封昭武大夫）
墇
（邑庠生，封昭武大夫）
乃宫、乃康、乃惺、乃寰、乃青、乃安
埕
（邑庠生，捐贡生，松溪县学教谕）
乃宜
（郡庠生）
乃定、乃家、乃富、乃实、乃密、乃宦
堦
（武进士，山东青州营守备）
乃宸
（例贡生）
乃宇
（武庠生）
乃宗、乃宠、乃察

2. 繁荣时期：明嘉靖至清康乾年间

宗族组织的形成，各类家训、家法制度的建立，使整个家族人丁兴旺、宗亲和睦、文化发展、农商并举，一派蒸蒸日上、欣欣向荣的景象。培田村也进入了一个全面建设时期，这一时期主要发生了以下几件事：

其一，村落堪舆与规划。这一时期培田附近的小姓所剩不多。吴氏家族凭借雄厚的经济实力，购置了大量的田地、山产。尤其是上河源一带，基本成为吴氏家族上下两村（培田、上篱），即吴家坊的地盘①。为建一个理想的村落，培田村开始规划修护村落的风水：培护左、右护砂，植树，关拦水口，建水口建筑，等等。村落西面背靠卧虎山，东面朝远处的笔架山，左右有护砂，村落前一片开阔、平展的农田为村子的明堂，河源溪从西北向东南环绕村东而过，村落的风水格局日渐完善。

其二，兴修水利。河源溪上游支流多，夏季丰水期，河床常常改道，毁坏大量农田，有时还危及村落人畜。为了生产、生活和村落的安全，传说宗族在族绅十世祖在敬公的带领下，开始整修河道。在村落上游支流及下游兴建起水陂，使河水听从人的安排。这项工程不但解决了河水冲毁农田的问题，使培田大部分田地有效地实现了灌溉，还有利于有序地排泄山洪。同时利用水陂建起一条人工渠道，穿过村子中部，称“水圳”。水圳解决了村内居民的生活用水问题，也为日后水网的规划奠定了基础。此项水利工程后来又经过多次不断的整治，发展成三条大致平行、南北走向的水圳，一直沿用到三百多年后的1962年，是培田村的重

① 培田、上篱（又称上里）两村紧邻，一兄一弟，同一个祖先，合称为“吴家坊”。

要水利基础设施。[1]

其三，第一次有规模地建造住宅。培田有句谚语：“一生劳碌，讨媳妇养儿做大屋。”商人们在外经商赚了钱，回到故里后，第一个心愿就是用毕生的积蓄为自己和儿孙建造一座可遮蔽风雨的房屋，以期有一个舒适的家。在这一阶段在外做生意的培田人都做得较为成功，不少人建了住房。仅十四世祖纯熙公一人，传说就先后建起了七座大建筑（住屋及银楼），其中最大一座住宅占地六千多平方米，前后五进院，共有七十二间房，建筑的等级、规模都大大超越了此前村落中的住宅。由于衍庆堂北侧地段过于窄小，这几栋大宅就建在老村落东北部前沿平展的农田上，村落范围的覆盖面积由此扩大了将近一倍，河源溪边犹如镶嵌了一枚枚美丽的扇贝，培田村的最初规模已经形成。

其四，修桥铺路。培田村东有通往连城县城的山路，村北有通往长汀县的山路。从培田到连城县城二十公里，其中山路十五公里，且都在培田山场辖区内。这十五公里的山路是从培田到连城县林坊，人们称这段山路为“培林路”。它是宁化、清流、归化、永安、连城等县来汀州的首选之路，客商往来多，十一世祖汝厚公“时行方便，建亭修路，捐资成美，广积阴功”，在河源溪上架桥，给培田商贸的发展带来了重大的利好。

其五，设义和圩集。吴氏家族历来有经商的传统。早在始迁祖八四公定居上篱之前，就一面为官一面“隐贩汀、连”。五世祖琳敏公能在荒年输谷千石赈饥也

---

① 关于水圳的形成时间，《培田吴氏宗谱》中没有任何记载。在调查时，一部分村民说祖上有口传，水圳是村人生活的必需，如洗衣、洗菜等，自有人居住就有了水圳。水圳初建时是土岸，如同大田里的水沟，以后随着村落扩大，住宅增多，水圳被包围在中间，水圳两边逐渐砌筑石岸，修筑水陂和台阶。现在村东水圳依旧为土岸。另有一部分村民讲，水圳是由原河源溪故道由人工改造形成，现在的河源溪也是由人工将其改道到现在的位置。村里现仍流传着各种版本的修建水陂的传说。

培田村自然环境优越，竹木资源充沛，现村落周边仍有百年以上的老树上百棵

是靠经商。这一时期，培田村和上篱村各建起一个圩集。①培田的圩集称“义和圩”，规模大，逢四、九开市，上河源十三坊的人从四面八方到这里赶圩，圩场上货物品种丰富，是当时长汀县东部粮食、油盐、山货的重要集散市场。

其六，创建书院和书塾。吴氏第七代创建起第一座学堂—“石头坵草堂”，被称为“开河源十三坊书香之祖”。当时明吏部尚书裴应章来闽，听到汀州知府谈及培田称文墨之乡时，决定亲自到培田视察。当他看到小小的培田村吴氏家族竟那么重视教育，文化气息如此浓厚，称赞不已，欣然挥毫赠联：“距汀城廓虽百里，入孔门墙第一家”，给予培田以极高的评价，成为督促子弟努力进学的座右铭。“士为民首，读书最高。……各宜努力，毋惮勤劳”成为族人家训。族中文武并重，第十代以后，家族中又陆续建起云霄寨般若堂、肖泉公书馆、十倍山宏公书院、云江书院、白学堂、岩子前学堂、清宁寨书院、上业屋学堂、南山书院、紫阳书院等十几座学堂、私塾和集勋厂、化成厂两座武校。

村落建筑的类型日渐丰富，在经历了八十几年的发展后，村落结构体系日渐成熟完善，最终在清光绪年间再次出现了建设高潮。

① 培田村有不少与圩集相关的传说与故事，如“吴超五义和圩集惩戒恶牛贩”的故事，见本书第九章《商业与商业建筑》。

尽管培田村民家中现在大多都使用了煤气罐，或者煤炉，但走进村子仍然可看到街巷两边、院落空地上摆放着整齐的木柴

3. 鼎盛时期

清光绪年前后为培田村再建设时期，时间跨度不长，成效最为显著。

清康乾时期，培田、上篱两村均已发展成为单一的血缘村落，培田人口略少于上篱村，经济实力则强于上篱，被称为河源里的“巨族世家”。道光年间，太平天国战争爆发，培田遭到太平军的多次洗劫，村中不少房子被烧毁，村落建设一度中止，商业萧条，部分豪绅举家出逃。至光绪年间，时局趋于稳定，吴氏家族的豪绅们便凭借原有的雄厚经济实力，又开始了“购山田，库银钱，建豪宅”，培田村出现了第二次大规模村落建设高潮。这次大建设中，除修补战争造成的破坏，还再次适时完善了村落风水和规划格局。

其一，进一步修复培田村的风水，培冈植树，修建左、右横楼为护砂。左横楼位于衍庆

街巷景观

堂南侧，东西长七开间，宽一开间，上下两层，现已毁。右横楼为衍庆堂北侧的绳武楼和村北的一训公祠。为了多出快出人才，多出官仕，在堪舆师的指导下，祖山西侧堆起几个小山包，称“催官峰”。又建文武庙以期加强文运武功。

其二，大规模地建造住宅。以吴昌同为主的靠经商赚钱的富裕户，在村水圳东部的农田中建造大宅。吴昌同不仅建起继述堂（占地7000多平方米）、济美堂几座大宅，还沿溪边建起集勋厂和化成厂两座武学堂，又在村内商业街上建起多处店面及“早珍号”纸坊。其中继述堂住宅的规模超过了当年吴纯熙所建的大屋（官厅），为培田住宅之最。吴华年同期也建起三栋大宅。这几栋大宅的建造，使整个村落范围又向东拓展了原村落面积的近三分之一。此时百余户人家的培田，所建大小住宅接近百栋，平均一户一栋宅，居住环境宽松舒适。

其三，明末清初修建村中部水圳后，光绪年间又从村中部水圳引水入村西形成另一条西水圳，又向村东面修起一条东水圳。这东、中、西三条水圳从北向南大致平行，中间有细沟渠相连，村落道路则沿主水圳形成。至此，培田村落整体规划的格局骨架已十分明确清晰，形成“川”字形水系和三横五纵的道路网。整个村落东西宽约五百米，南北长近一千米，总占地面积五十公顷。

其四，建成繁华的商业街。培田村东住宅的建造将最早建的中水圳包在村内，沿水圳两侧建店铺，形成了培田村内的商业街市。这条商业街与万安桥大坝里的义和圩集互补，出现了一些服务性行业，如客栈、轿行、饭铺等，商业活动更行活跃。清光绪年间，吴昌同等几家大户商贸遍及长江以南的大部分省份，经营项目丰富，培田村内的商业街也货品百色，门类齐全。

培田村的竹木贸易是利用河源溪水向下漂放竹木完成的。清代以前，溪上还可以划小型粪漕船。自溪上修建了水陂，溪上不再能行船

培田村内的商业街

4. 动荡渐衰时期

民国初年到1949年前为培田建设的渐衰时期。

20世纪20年代，整个中国社会动荡不安，军阀混战，硝烟四起，吴家坊偏居一隅，仍有一段短暂的兴盛。这期间，培田虽然没再有大的村落建设，但村中已逐渐复建了一些太平天国时被破坏的住宅，商业繁荣，宗族管理更有威信。

民国八年（1919年），南方革命政府援闽粤的官员陈炯明通令，选送半官费生赴法留学，以

民国八年（1919年），南方革命政府援闽粤的官员陈炯明通令，选送半官费生赴法留学，以备日后为国效力。培田村吴氏家族积极响应，选送家族优秀青年吴乃青、吴树钧、吴暾三人赴法半公费留学，不久又送吴建德赴日本留学。这是吴暾赴法留学时的照片

备日后为国效力[①]。很多青年人纷纷参加，但当时人们不懂留学是干什么，害怕子弟一旦出了国就回不来了，竭力反对。而培田村吴氏家族却凭借世代在商场鏖战的锐利眼光，抓住了这个大好时机，积极争取，使吴乃青、吴树钧、吴暾三人被长汀县选送赴法半公费留学，不久又送吴建德赴日本留学。这四位学子七八年后学成归国，他们没有像他们的祖上那样衣锦还乡，将毕生财富倾注到大兴土木上，而是带回了新的文化观念——西学，它就像一股春风，一股新鲜血液，使培田村维持了几百年的传统教育焕然一新。据吴念民先生讲，早在1905年废科举，吴震涛就在次年（1906年）将南山书院改为现代小学，成为“开新学之第一家”。之后不久，吴氏家族的留学生荣归故里，使教育的新风尚和新局面在小山村又一次绽放出夺目的光彩。它打破了培田办学只收吴氏子弟的规矩，十三坊中许多村人都将子弟送到培田读书[②]，培田的文化教育展现出前所未有的生机。然而，这仅仅是暂时的平静与辉煌，几年之后，培田在大的社会动荡下开始走向衰落。

衰落的原因大致有三个。

其一，1931—1934年红军第五次反围剿时，闽西建立起中

① 《连城县志》，连城县地方志编纂委员会编，群众出版社1993年出版。

② 培田学校教学内容改革后的课程有国语、算术、美术、历史、音乐、体育，还增加了英语。

吴瞰在法国巴黎电工学院攻读无线电工程专业时的留影。第二排左一为吴瞰

央苏区，朱德、林彪、彭德怀、罗炳辉等红军领导人曾先后率部队驻扎在培田村，因此，宣和乡一带不免有大小战事发生。尤其是红军长征前夕的松毛岭战役，红军指挥部就设在培田的新屋里（官厅），朱德亲临指挥，国民党派飞机轰炸，村子遭到破坏，村民们纷纷躲藏到山里或远走他乡。由于战事，国民党封锁了瑞金一带，汀江、朋口溪几乎停航，无法进行正常贸易，致使培田竹木业、纸业萎缩，直至停产、停运，一切商业活动停滞。

其二，为剿灭红军，便于军需运输，1934年春，国民党修建起从龙岩至瑞金的龙汀公路，中间从文坊（距培田八公里）经朋口、长汀再到瑞金。这条路的修建，使培田失去了汀、连两地陆路交通的重要地位，不再是龙岩、上杭和长汀、连城等地往来的必经之路，也自然失去了培田作为汀、连两地区域性中心市场的作用。1935—1936年，闽西接连开通了永安至连城的永连公路，连城至宁化的连宁公路，朋口至新泉的水上运输也大都被陆路交通所取代，水运商贸萧条，培田彻底成为交通死角，往日的繁华消失殆尽。

其三，民国十四年（1925年），国民党政府为扩大军需收入，地方政府“强迫农民种植鸦片，并按户征收高昂的种子税”。民国十七年（1928年），“3月，省防军第二混成旅旅长郭凤鸣，令汀属八县种植罂粟，规定每亩应交种子费八元，县成立田亩专局，负责收取罂粟种子费”[①]。这使得汀、连一带经济整体衰退，吸食鸦片成风。培田村靠父兄遗泽生活的子弟们，此时既无所能，也无所追求，赌博、吸食鸦片之风盛行，加速了培田的衰落。

① 《连城县志》，连城县地方志编纂委员会编，群众出版社1993年出版。

第三章 培田村文明发展史

第一节 文武并重 教育为先

第二节 商贸致富 缙绅世家

第三节 乡间生活 文雅情致

第四节 培田与历史名人

始迁祖八四公读书入仕，从小接受的是中原正统的儒家观念，他明白：要生存，只有勤耕稼；要发展，只有读书入仕；要富有，只有仕贾一体。定居之后，八四公勤勉奋进，积极进取，鼓励子孙入仕为官，使家族始终处于蒸蒸日上、良性循环的发展中。正如《培田吴氏族谱·孔圣会序》中载：“吾族自三世祖迁基培田，至六世祖恢宏前业，嗣后以文行宦，绩著者代有其人，今云礽殷繁百倍于昔，求所谓甲第联翩、翔步云衢者尚属有待。”在周边其他姓氏纷纷衰落之时，吴氏家族却异军突起，成为享誉汀、连的文墨之乡，豪门望族。

第一节　文武并重　教育为先

可以说耕读之风贯穿了整个吴氏家族发展的始终。族谱中关于读书的倡导比比皆是，《培田吴氏族谱·家训十六则·勉读书》中载：“士为民首，读书最高。希贤希圣，作国俊髦。扬名显亲，宠受恩褒。各宜努力，毋惮勤劳。”

文贵公定居之时，虽实力单薄，家底不厚，但他仍省吃俭用送子弟到附近他姓私塾中学习。到第五世时，文贵公之长孙吴襄，已随做大木匠的父亲李清公迁往距培田一百公里的宁洋县，高中进士，任职翰林。传说，当时吴襄衣锦还乡，鸣锣开道，八抬大轿，鞭炮连天，热闹非凡。周边其他姓氏的人也都前来恭贺。这件事在吴家坊引起了强烈的震动，吴襄自然成为吴氏家族的楷模，激励子弟发奋学习的榜样。郭隆公时又将新住地起名为“培田”，耕与读成为了培田永恒的基业。

在吴氏家谱中，常常看到先祖们“熏陶后进，足励士风”，“凡遇后辈，戒勉惓惓”的记载。《培田吴氏族谱·企尧先生六旬加一寿》中：企尧先生“曾与子侄辈谈论诗文，津津有味，每有疑问，不耻下问。每清晨早起课督，子侄无敢迨荒。子侄辈恪尊其训，用能守厥家声，而家处富饶，衣食不靡，有古人风”。《培田吴氏族谱·涵洙公七旬加一寿序》记涵洙公“常训诸子孙：‘有曰玉堂金马之事业，岂伊异人，汝曹尤宜勉励焉。’所以令嗣长君，成均着望；仲叔贤郎，蜚声黉序。环顾四代，一堂芝兰玉树，森立瑶阶”。

由于先辈的榜样和倡导，吴氏家族父子同科、兄弟俱贵者屡见不鲜。读书之风浓郁，蔚然乡里，留下了许多刻苦攻读、激人奋进的故事。

1. 励志勤学

“先人耕读传家由来久矣，顾耕以赡家亦以裕国，读以修己亦以治民。”[①]它告诫子弟要出人头地，就要经历寒窗苦读。俗话说“梅花香自苦寒来”，正是这个道理。在乡的文人绅士还将读书要领写成文章记入家谱中，如吴国棻写的《读书五戒》中就告诫学子：“古人圆木警枕，凿壁囊萤，盖言勤也。今人于晨昼夜（原文如此）以睡为事，或倚胡床而心驰鸿鹄，或书横案而目冥然，或出户而寻幽览胜，或越席而谈笑闲情，未尝潜心考究。是戒在懒。”另外，“是戒在狂而自足”，“戒在杂而荡”，“戒在轻躁”，“戒在俗”。

① 引自清光绪三十二年《培田吴氏族谱》。

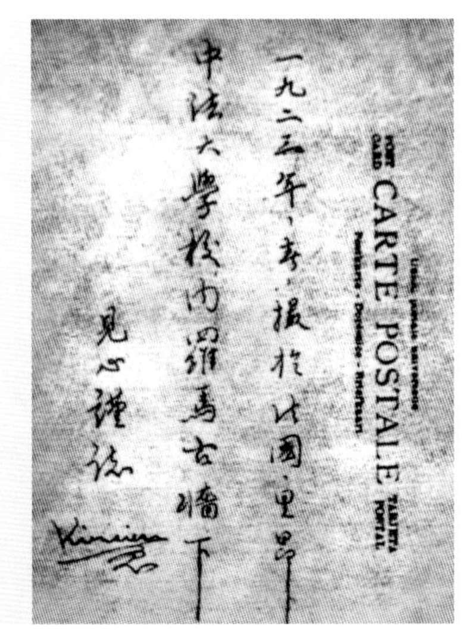

1923年吴乃青赴法国留学期间，参加过留法学生中的马克思主义研究活动。左图是他在法国里昂大学校园内罗马墙下的留影。右图是吴乃青在照片背后所题的字：“一九二三年春摄于法国里昂中法大学校内罗马古墙下，见心（吴乃青，字见心）谨志。”1927年学成归国后在做其他社会工作的同时，吴乃青又兼任当时“长汀县南宜乡区中心国校”（培田小学）校长，推动了培田及河源一带的文化教育事业的发展

培田村有个叫吴超五的，勤奋攻读达到了极致，至今仍流传着许多关于他的故事。吴超五为吴氏第十二代孙，生于明末，卒于清康熙后期。因为家贫，他十二岁才得以上学，为赶上同学的学业，他格外认真听讲，勤奋学习。他白天跟班学，晚上自己补功课。为保证晚上学习时不打瞌睡，他效仿古人躺“警枕”，“头悬梁、锥刺股”，还想出了结“辫绳”、坐“锥子凳”等法子。

所谓结“辫绳”，即用根绳子拴在房梁上，把自己的辫子与房梁垂下的绳子相扣结。目的是不让头低垂，打起精神。

坐“锥子凳”，即在板凳四周钉上锥尖。目的是不让臀部随便挪动，做到正坐专心，集中精力。

吴超五勤学苦读，不仅很快赶上了学友，而且成绩优异，不

久就成为闻名四乡的邑庠生。

族谱中不仅记载了许多吴氏先祖儿时刻苦学习的事迹，还记录了许多人耄耋之年仍不废诵读的事情。《培田吴氏族谱》载：十一代哲卿公，“生平不端事帖括，惟志子史群书，故诗赋歌调有大家风。闾里纷争一言帖服。八旬上尤喜看书，著作甚富，兼能小楷，真矍铄也”。清代明经进士吴泰均“晚益好学，口不绝吟，手不停披。丙子科犹赴乡试，仍被踬，时论惜之。公怃然曰：‘得失命也，夫复何尤？’因作《老科举行》《少达多穷解》以自嘲慰。年八十，精神矍铄，尚设帐南山，多士质疑，曲尽读解”。[①]又如缓堂先生“博学经史，善属文，工书法，《地理挨星》一书，尤细心研究。晚年豁然有悟，着《福缘》五册以阐杨公未传之秘，断人休咎，应验如神”，如此等等，不一而足。[②]

2. 苦练武功

吴氏家族重视文墨，也重视武功。家族教孩子从小习文练武，村民平时游涉林泉，爬山打猎，《培田吴氏族谱·锦江公五十寿序》载：锦江公“相貌魁梧，雅擅文武才，慨然有万里风云之志，谓功名可拾取而竟潦倒乡闱，久困诸生，遂援例膺岁荐。于是恬虑息机，耽于林泉，延访名师，教诲诸子。入则图书满架，子姓罗列，一堂雍睦。……出则与老逸民杯酒相欢，以乐太平。时或下弓矢，驰逐阪原。当怒马独出，飞禽骇兽，应弦而倒，磔磔坠坡间”。一方面强身健体，抵御山贼野兽，保卫乡里；另一方面锻炼胆略，将来不论驰骋商场还是疆场，都可建功立业。培田村历史上出了不少“智勇双全”“文韬武略”的军伍人才，吴孝林就是其中之一。

吴孝林，字梦香，培田吴

① 引自清光绪三十二年《培田吴氏族谱·明经进士缓堂老夫子行状》。

② 引自清光绪三十二年《培田吴氏族谱·明经进士缓堂老夫子行状》。

氏第十七代孙，生于乾隆十四年（1749年），卒于嘉庆十三年（1808年），十八岁被一品大员王杰录取入邑武庠，由于成绩卓著，“乾隆五十年（1785年）蒙总督雅拔补汀镇右营左部；五十四年（1789年）蒙总督觉罗伍拉纳考验，拔补汀镇中营把总，驻防连城县汛。嘉庆二年丁巳（1797年）蒙总督魁提升千总，戊午拔补台湾北路千总，庚申秩满提升台湾曲庄营守备守府”[①]。乾隆五十三年（1788年），汀西柘林藏有一只吊睛白额虎，连连食畜伤人。现存于民间的《逐虎文》[②]中这样记载：“向犹夜至，今竟日来。骚扰乡闾，咆哮不去。殃民厉物，固显悖乎王章。啸雨从风，实阴藐夫神力。使或任其恣肆，必遭吞噬之伤。从此民不聊生，神亦无主。既莫防乎祸患，谁复荐以馨香。”老百姓布药箭、设套索，想办法捕杀，甚至烧香求神，恳

培田历史上有练武的习俗，这是培田小学的孩子们在习练武术

① 引自清光绪三十二年《培田吴氏族谱·世谱》。

② 吴来星提供。

请神明驱除虎患。汀州府为此悬赏捕虎。吴孝林时任汀镇右营左部官，揭下悬榜。乾隆五十四年（1789年），吴孝林独自一人，带一把大刀，在老虎经常出没的地方蹲守，摸索老虎的习性，最终将老虎铲除。①当老虎被抬回时，百姓看见老虎的天灵盖已被打碎，脑浆四溢，遂游行庆贺。汀州府也特别嘉奖吴孝林为地方铲除虎患。后来他在台湾任职期间，凭借精湛的武艺，率领士卒，为保卫祖国海疆做出了贡献。回乡后，吴孝林组织了培田乡勇团，执刀带箭进行巡查，维护了乡里的安全。

另一位吴氏家族的英雄叫吴拔桢。他不仅武功盖世，还是吴氏定居以来获得官职最高的一位，是几百年来最高程度地实现了先祖“以文行宦”梦想的一位。吴拔桢生于清咸丰七年（1857年），光绪戊子年（1888年）乡试，中第六名举人；光绪壬辰年（1892年）会试，

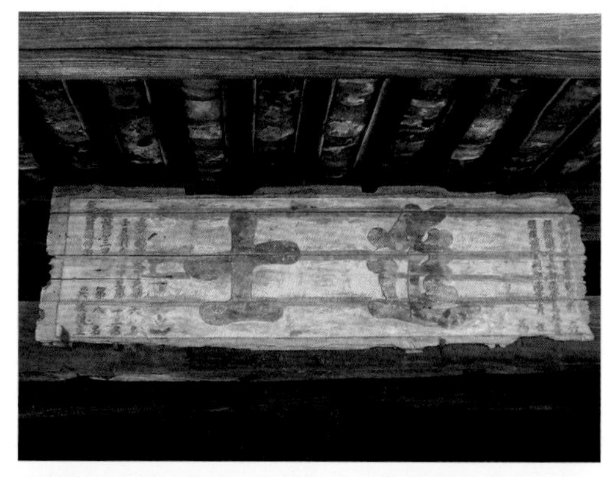

吴拔桢，名堦，字干卿，号梅川。清光绪壬辰年中进士，殿试钦点三甲第八名蓝翎侍卫。进士匾悬挂于衍庆堂中堂前檐

衍庆堂内的木板壁上至今保留着登科或荣升的捷报

① 直到1962年，培田附近山里还发现了老虎的踪迹。

吴拔祯回乡后所建的住宅——都阃府大门及进士桅杆

务本堂住宅，吴拔桢与其父兄居住。吴拔桢中武进士后，进士大匾便悬挂在下厅大门之上

中第三十六名武进士；后经殿试，被钦点为三甲第八名蓝翎侍卫，曾在光绪皇帝御前护驾，受到赏识，卒于民国十八年（1929年）。《培田吴氏族谱》中赞曰："形容魁伟，勇力超伦，小试虽屈，大试能伸。"而今，有关吴拔桢当年闻鸡起舞、三更入息、苦练武功的故事，连培田的小孩子都能娓娓道来。

吴拔桢少时投师习武，曾由于一时贪玩，被长辈狠狠训斥，当听完老师讲给他的越王勾践卧薪尝胆以及祖逖闻鸡起舞的故事后，吴拔桢深受教育，他立志成材。每天鸡鸣即起，练习棍刀剑术；夜晚睡前练功，练习手劲臂力。为了能准时起床，他特意买了只大公鸡关在自己房间门口。他用的铁杆大刀重一百二十斤，石锁重有一百六十斤、二百八十斤和三百二十斤三种，并且有要使三百斤力才能拉开的硬弓。他还严格为自己定出每日训练的目

都阃府大门楼

标。至今在吴拔桢居住过的进士第的天井内，仍存放有他当年练功用的重约三百斤的一块石锁和两个重约四十斤的圆石，圆石上还可清晰地看到长久抓摸磨蚀留下的痕迹。

1904年底吴拔桢因父亲病逝，辞官返乡。现村口矗立的恩荣石牌坊（建于1894年），及村中保留着的“都阃府”[①]大宅，都将成为吴氏家族尚武文化传统的辉煌见证。

① 都阃府的“阃”字，《辞海》释：“阃，门槛也；又，宫女内室也。”汉时朝廷在尚书省下设左、右都司，称左、右都阃，清时在武官职衔中设有游击、都司等职，都阃是四品武官。

3. 尊师重教

俗话说："好玉必经良师雕，高徒出自严师手。"培田村重视读书，更懂得教师的重要性。

明成化年间，七世祖吴祖宽在培田建起第一所学堂——"石头坵草堂"。尽管当时这仅仅是个二三子弟课读的地方，却聘请明成化丁酉（1477年）进士谢桃溪前来执教。谢桃溪先生学识渊博，治学严谨，因材施教。两年之后，祖宽及儿子平山父子连科，均考中郡秀才。一时谢桃溪老先生誉满四方。人们称赞开办石头坵草堂的吴祖宽"开河源十三坊之书香，肇河源十三村之文人"，为崇文尊师的榜样。继石头坵草堂之后，培田又建书院、学堂十几处，为师者名儒济济，不但有本村学识广博者，更多的是外乡的名人，如寿宁县学教谕举人吴茂林、福建才子邱振芳、上杭名儒袁南宫、永定孝廉温恭等。

邱振芳博学多才，少时被称为"神童"，是福建之"怪才"。"高祖延素堂邱振芳先生掌教南山，朔望冠带请安，膳饮鸡畜任取。一晚谈及瑞邑肉蔗味美。归即着往市。第三晨出供，先生谓君亦能此乎？以实告，先生叹曰：两夜一日得二百里外物，仆诚健矣。"[①]原本邱振芳准备任教三年后辞教还乡，培田吴家的一片诚心深深地打动了他，于是他又留下任教七年，为培田培养出不少人才，邱振芳之名与南山书院一样饮誉河源四乡。

第二节　商贸致富　缙绅世家

1. 贸易四方

吴姓家族倡导"士农工商"，读书为第一位，但并不死读书。一方面通过读书考取功名入仕为官；另一方面在家训中提倡："民生在勤，勤则不匮……

① 引自《培田吴氏族谱·耿光公赞》。

农工商贾，勉励乃事。”因此，并不太在乎朝廷倡导的“士、农、工、商”的等级差异，更不避讳家族经商的经历。《培田吴氏族谱》载，平冈公曰：“予私念家口益增，用度不给，赴闱一次，弃而习商”，“两赴省试，又被黜，乃弃而学贾，数年致赀巨万”。[①]又《培田吴氏族谱·务本堂记》中载：五亭公“自揣产业无几，读书不得志，终作老蠹鱼，遂纳粟入监，弃儒经商，在连邑开张布号”。以经商所获，不仅可资助家族文化事业、公益事业，维护村落的风水、村落建设，更可改善自己的生活。族人生意兴隆之日，便是培田村掀起建设高潮之时。住宅越盖越大，公共建筑越建越多，建筑质量越来越高，培田村妈祖庙的对联写道：“工贾士农尽是神州赤子，津梁舟楫咸瞻海岛英灵。”这种夸耀的口吻正体现了人们对耕读为本，商贸各业齐发的理解。

在夸耀的同时，族谱中还大书特书吴氏子弟在经商致富、致赀巨万后是如何捐资倡学、乐善好施、襄助公益的。如一亭公“已故四品封职吴昌同，居心诚朴，立品端方，亲族共号仁人，乡里交推长者。衿孤恤寡，悯无告之穷人；砌路修桥，任独擎之义举。加以作人养士，增膏火而助多金；仗义急公，广题捐而输巨款。……所尤难者，悯学士文人之艰，讲敬宗睦族之谊，购试馆于闽桥，万贯囊倾；联宗系于吴山，千间厦建”[②]。《培田吴氏族谱·久亭公墓表》载：久亭公“急公忘私，好施乐善。观其历扩祖尝，四胙颁而献惠优黎；屡丰社产，一期届而欢洽神人。楼存绳武，永赖翼庇；桥构万安，无穷利济。古道首修，十里羊肠如砥；亭茶继煮，千秋露泽长甘。念赈饥而义仓权设，廑反始则宗祐重新。理汀公局，两庠桃李叨培；创祖肄租，奕代衣冠仰止”。

① 引自《培田吴氏族谱·邑武庠生显考平冈公吴府君行述》。
② 引自《培田吴氏族谱·一亭公牌坊呈稿》。

连城建县后，经济发展较快，明末已有较为繁华的商业活动。培田村吴氏族人除了在汀州城里经营商铺外，因距连城近，往来更便利，也开始在连城有了自己的店铺和买卖。生意从附近的府县，发展到福州、漳州、泉州，远至湖南、江西、浙江、广东，甚至出洋贸易。族谱中记载，康熙年间，吴光廷出海出洋贸易，往来于海南岛与菲律宾一带，不欺不诈，守正不阿。一次乘大船往琼岛，“漂洋遇飓浪，淹死无数，公幸免，亦厚德所致”。吴光廷在幻觉中见到天妃，得救后，返乡建起了一座天后宫。

《培田吴氏族谱》中还曾记载了这样一件事。明代末年，吴良辅往浦城贸易，“公是时偶缺资本，向浦城朱富室称贷三百金。朱与公生平未识面，一见公器宇，遂欣然假之。时吾乡岗下人问朱曰：‘其人资本尚薄，公竟假之，不虞其负逋耶？’朱曰：‘吾见吴翼明赋质魁梧，气概英伟，虽数千金，断不负我，公果于明年冬，子母一足偿清”。“公怀资尚多盈余，于是束装言旋，投旧馆入住。有贼三五成群，亦同住其店。馆人素感公惠，私语公曰：‘此三五成群辈欲劫公财耳！今晚可思善脱之方。’公会其意，即命随人有贵置酒肴，与贼尽饮，深相结欢而睡。遂命有贵负其行囊，星夜而行。及贼觉已不见公矣。”[①]

明天启年间，状元潘同途经浦城，闻人交相称赞吴良辅，潘同为邑里同乡有此诚信者甚感高兴，感叹一番后，即呈文向朝廷推荐吴良辅为吏备人选。

诚实为本，但机敏也很重要。客家有谚曰：“秀者为读，朴者为耕，敏者为商。”经商会有各种机遇，只有善于发现和把握机遇的人才能获得成功，这正是“敏者为商”的道理。培田

① 引自《培田吴氏族谱·翼明公行略》。

村还流传着一个真实的故事。吴昌同，号一亭，嘉庆、同治年间人。咸丰时，他开设了很多店铺，不但在汀州、连城，仅广东潮汕就曾拥有十二家商号。据说一年夏天，吴昌同在汀州雇一木船，从水东街码头发运宣纸到了潮州东门水埠。次日清晨，吴昌同独自一人上街用餐。来到第一间“饭铺”，昌同用官话打问：“有饭吗？”伙计听不懂官话，就用潮汕话问道：“希密？”（“什么”）吴昌同首次到潮州，听不懂潮汕话，以为此店正在洗米，只好再找饭店。同样，一连几家饭店主人都听不懂官话，只懂得反问“希密”。昌同便以为潮州的饭店是不煮早饭的，只好找酒馆饮几盅充饥。吴昌同信步走到小西湖边，只见一酒楼飞檐翘角，户净窗明。菜柜中摆着各种山珍海味，还有一盘灰色笋干。昌同心想，鱼翅海参肯定昂贵，炒盘笋干下酒经济实惠。于是，他呼来店里的伙计，炒盘笋干下酒。伙计立即应诺。几分钟后，一盘炒笋干、一壶梅县米酒便端至昌同桌上。食毕，到账房结算，笋干一盘纹银一两，米酒一壶纹银三钱。昌同一听暗吃一惊，心中不快，只好向酒楼老板打听笋价。酒楼老板见他身穿蓝长衫，肩搭马哨袋，既有几分商人风度，又有几分豪侠之气，连忙解释说：“笋是山珍之一。何谓山珍？就是笋干、香菇、木耳。但笋也像三七、田七一样有好坏之分。闽笋最上乘，是贡品，不称笋干，在御膳则称‘仙淡脯’……”昌同立即想到家乡盛产笋干，贩笋干定可获取厚利。从此，昌同四处奔波，大量收购汀州府各县笋干、香菇、木耳，以及三州红糖、贡川草席等，运往潮汕，再从潮汕运回海味、洋油、洋火、食盐、潮绣、瓷器等，批发到汀州各县销售，还在潮汕一带开了“昌同号”大店铺，批零兼营闽西山珍特产，利如泉涌。

说起商人的机敏和胆量，培田还有一个更有趣的故事，并非完全真实，仅借故事来夸耀吴氏族人的机智。吴镗从小身体瘦弱，被人戏称“三两鸡”。吴镗不服，决心游历闽粤，一方面锻炼身体，一方面学习陶朱之术。数年后吴镗结识了一位技艺精湛、颇有学识的陈铁匠，学得打铁技艺，打制的刀具既锋利又好看，成为抢手货，为此两人赚了不少钱。那时正赶上马尾炮台改造，两人便揭榜顺利地修好了火炮，得到了军门提督的重赏。

吴、陈二人有了钱，引得一伙歹徒眼红，企图伺机抢夺。看到这种情势，二人只好把金子熔铸成铁锤形，外加铁色，把银票缀缝进毡帽里，银圆、金条放进竹筒中，伺机逃离危险之地。几经商量，二人决定以吵架相打的方式逃离。

一天夜晚，那伙歹徒在隔壁喝酒潜守。池塘里蛙声一片，吴、陈二人借机进行了一场有趣的问答。

吴问：那是什么叫？

陈答：那是青蛙叫。

吴问：青蛙为什么会叫？

陈答：因为青蛙的口大。

吴问：粪箕的口大为什么不会叫？

陈答：因为粪箕是竹做的。

吴问：那箫是竹做的，为什么可以吹响？

陈答：因为箫的洞孔多。

吴问：那米筛的洞孔也多，为什么吹不响？

陈答：因为米筛做了圆圈沿。

吴问：那铜锣也有圆圈沿，为什么可以打响？

陈答：因为铜锣是铜做的。

吴问：那铜锁也是铜做的，为什么打不响？

陈答：因为铜锁有须。

吴问：那山羊也有须，它为什么会叫？

陈答：因为山羊是四条腿。

吴问：那凳子也是四条腿，为什么不会叫？

陈答：因为凳子是木造的。

吴问：那木鱼也是木造的，为什么可以敲响？

陈答：因为木鱼肚是空的。

吴问：那木船的肚也是空的，为什么不会叫？

陈答：因为木船在水里浮。

吴问：那鸭子也在水里浮，它为什么会叫？

陈答：因为鸭子嘴扁。

吴问：那犁头也嘴扁，为什么不会叫？

陈答：因为犁头是铁铸的。

吴问：那钟是铁铸的，为什么可以敲响？

陈答：因为钟是铃铛吊。

吴问：那我裤裆里的家伙也是铃铛吊，为什么敲不响？

陈铁匠听了此问，即破口大骂吴镗下流，有辱斯文，假装勃然大怒，抄起那铁锤要砸吴镗，吴镗则顺手拿起那竹筒棍，假装边抵挡，边往外跑，陈铁匠紧追不舍，两人借机逃离了险地。[1]尽管戏说的成分过多，但从培田人的幽默和机智中，人们看到了要做好、做大生意并非一件容易的事情。

2. 仕宦继美

读书为了入仕，而培田村的学子们，真正能够历经十年寒窗苦读而享受到朝廷俸禄的毕竟还是少数，大多数子弟无法忍耐长久的清寒、寂寞和苦读，或屡试不中，或长久停留在庠序之间，心灰意冷，决意到商海中一搏。商海虽然凶险，但相对于登科入仕，比较容易且见效快些。在经济利益的驱使下，不少子弟纷纷以各种理由弃学经商，尤其是有些子弟经商不几年就成了富翁，更刺激了清贫苦读的子弟们弃文从商的决心。

到清代中期，商业对读书人的冲击和诱惑越来越大，能静心苦读的子弟越来越少，宗族为此十分焦急，族绅吴爱仁还特地写了一篇《苦才坑经蒙田说》刊刻在家谱中，呼吁子弟们要立志成才，苦修苦读。他写道："天生才日见其多，而人成才日觉其少者，何哉？曰：不苦故也。有才

---

① 《培田辉煌的客家庄园》，陈日源主编，国际文化出版公司2001年出版。

而不苦，姑无论才本庸庸也，即令天命以聪明隽伟之才，而中以昏耗偷惰之气，将精神靡而志气衰，志气衰而人品下，卒至皓首寒窗，一无成就，辜负上天诞降之衷、祖宗培植之意，而虚生天地，嗟何及矣！有志之士，不亟亟成其名，惟孳孳苦其学。学已苦而才自成，才已成而名自成。此理之有必然者。”另一方面，家族中采取措施，设立苦才坑学田，提高对登科入庠者的各种优惠待遇及奖励，并告诫子弟们：“乡之北境有地名曰苦才坑，中有良田数亩，盖太祖母手置产也，以为经蒙田。噫！是举也，乃太祖母苦才之深心也。后之读书而食是苦才坑之粟者，宜何如仰念也？顾名思义，饮水知源，始不敢自弃其才，终不敢自足其才，殷殷焉以求至于成才。由是采芹折桂，宴杏簪花，答上天生才之心。”[①]尽管如此，经商仍成为吴氏家族的主导，并以富甲

培田小学的学生们在南山书院前晨读

① 引自《培田吴氏族谱·苦才坑经蒙田说》。

一方为荣。

虽然富甲一方，衣锦还乡，加以家训中又明文“农工商贾，勉励乃事”，但也不能完全抹去传统的“士农工商”社会品级观念在他们心里留下的影响。于是经商赚钱之后，培田人仍大力倡教兴学，建书院、文庙，家族设置学田、义学仓，还创办了孔圣会、朱子惜字社，同时用救灾助赈，或其他各种名义出钱捐官买爵，纷纷步入仕途，以代替十年寒窗的苦功。如：十二世祖良辅公“万历四十二年，遂往本省布司捐吏，拔汀州卫所”[①]，十二世祖国桀公“长子光宸由庠序而国学，考援例州司马”，“五男天锡援例而任江南池州郡佐，治民善政，阖郡士庶咸作诗以歌咏之”[②]。《培田吴氏族谱·鹤亭公纪略》也载：公“中年贸易，刻苦自励，虽未读书，能知大义，家稍裕，援例入太学”。

在培田吴氏家族中，明清两代任官吏职衔的人有三十几位，“……裔孙有初泉者，官历三朝（嘉靖、隆庆、万历），绩著两省（湖南、广东），人丁繁衍”[③]。做文书、吏员者约有一百余人，诚可谓代不乏人的缙绅世家。无论做官或为吏员，在官府中做事总是有方便之处，为此家族长辈时时告诫子弟“官职虽有尊卑，体裁虽有烦简，要之，亲民爱养之寄则一也”[④]。琳敏公身为掌管一方赋税的官吏，有独立处理赈济事务的权力，因此在河源一带闹饥荒时“公掌国赋，或贫乏不能输者，捐己赀代输”，或减免税收，得到了百姓的拥戴。以后宗族子弟凡有为官者均遵循“莅官不可不慎也，则严翼自持；政治不可不勤也，则夙夜匪懈；宅心不可不公也，则偏执不

① 引自《培田吴氏族谱·翼明公行略》。
② 引自《培田吴氏族谱·国桀公行略》。
③ 引自《培田吴氏族谱·文贵公祠记》。
④ 引自《培田吴氏族谱·石泉公入觐序》。

存；守身不可不廉也，则苞苴不事；待民不可不慈也，则抚政有方；治寇不可不严也，则捍御有法”[①]的遗训。培田确实出了不少恩泽惠及乡里的好官、清官。有关这方面的记载，族谱中不乏典型。九世祖东溪公“屡应童试不售，遂弃举子业，乃学萧曹之策，委身为郡掾”[②]，被汀州府太爷聘为知府衙门的吏员，掌管文书档案、公文往来。传说，有一年大旱，距河源里不远的半溪峒里一带苗禾干枯，颗粒无收，而地主却强行要佃农交纳租谷，交不起的就将家产抄没，连口锅都不给留。谢姓农民冲进财主家抢回了锅，反被财主一纸诉状告到衙门。该农民想起与自己相识的吴东溪在府衙做文吏，便找到吴东溪将情况告知。吴东溪与县衙的师爷相熟，平时又常到师爷那里聊天。他寻机在师爷房里找到财主的状纸，趁师爷不在，悄悄在状纸上点了一个点儿。几天后，县令升堂，财主以诬告良民罪被打二十大板。原来财主状纸上写的是“明火执仗，大门而入”。吴东溪在“大”字右上角加了一点，“大”字成为“犬”字，大门变成了犬门。“明火执仗”，却“犬门而入”，财主成了无理取闹。财主不但挨了二十大板，名声大损，还规规矩矩地将抢走的东西全部归还谢姓农民。东溪公声名播八方，人们赞曰：“吁嗟若人，行修厥躬；以儒就吏，萧曹继宗。雄才杰出，不利遭逢。虽啬其寿，亦获令终。乌纱角带，叨膺荣封。允矣君子，百世可风。”[③]

另有吴氏十三世祖德庵公，幼习举业，聪颖异常，挥毫成文，博学善书，因“世昌公捐馆，家务自支，慨然叹曰：‘大丈夫各行其志，自有显扬，何事寻章摘句作老蠹鱼为？’于是谨

① 引自《培田吴氏族谱·石泉公入觐序》。
② 引自《培田吴氏族谱·东溪公墓志铭》。
③ 引自《培田吴氏族谱·东溪公墓志铭》。

在南山书院里还有读学前班的

身节度，产益丰饶，增田园，恢堂构，效能于吏掾”。康熙年间，德庵公以“志气不凡，丰仪楚楚，有才干出类”[1]，受任给事府，“六邑中有烦剧之狱，一一委君治理。池洲（县）之绅士与舆情咸歌功颂德载之诗篇。……至丙申岁，藩司张公讳圣佐旌以匾额‘敬慎厥职’，委君兼治石埭贵池两县事”。不料他在回乡省亲途中病倒去世。“池洲（县）人皆流泪悲君之忧劳过度所致。是君之为国为民大可见矣”。德庵公去世后，池贵（池县、贵县）等地的绅衿士民称颂他“廉明德政”，并赠联数副：“善运权衡化理宏，德威互用振蜚英；是非即剖无偏倚，朗鉴当空皓月明。”“明如皓月覆苍生，厘剔残邪孰与京；刑措无

① 引自《培田吴氏族谱·德庵公墓志铭》。

舛被德远（原文如此），家弦户诵不胜情。”[1]

经商致富，倡教兴学，实现了吴氏家族生活中的儒、仕、贾并举，这大概就是吴氏家族兴旺、发展、不断壮大的秘诀吧。

第三节　乡间生活　文雅情致

1. 寄情山水

明进士徐日都游历培田，有感于那里山水林泉之美，题诗赞道：

问俗宣河里，
延陵族最先。
熟闻佳子弟，
饱看好林泉。

培田吴氏生活在这样幽雅的林泉之中，受着热爱自然的民族文化的陶冶，他们不但对家乡的山川草木有很亲切的感情，还有很精致的审美意识。这种意识和感情，深深地渗透到他们的生活方式中。如涵洙公“古稀之年，矍铄俨如少壮时，而徜徉山水，花木怡情，偃仰户庭，图书乐志”[2]。又如崇让公“家固素封，自奉俭约，先业藉以恢宏，因构大屋，筑书斋，日以寻花问树为事，其幽光冷韵，倘所谓烟霞经济者非耶”。乡绅们也常“闲步松冈里，松风解抚弦。何须寻海上，即此是汀连”。他们聚在一起诗画自娱，寄寓情怀，吴梦庚《自题双照》诗中曰：

阶前兰桂门前柳，
乐境当知随处有。
如鼓瑟琴真好合，
传神妙有写生手。

村中还有“明月清风人无有，抚琴作赋自足乐”，“花露澹笼秋夜月，茶烟轻飏午晴风”等门联。抚琴、赏月的兴致无疑体现了乡村知识分子的文雅情致。

① 引自《培田吴氏族谱·德庵公墓志铭》。
② 引自《培田吴氏族谱·涵洙公七旬加一寿序》。

培田吴氏至十五代时，人丁兴旺，文风鼎盛，读书入庠者仅这一代就有十几人。文化人聚在一起，便自发地组织起文化性的会社，如诗友会、孔圣会、朱子社，平时以诗文会友，逢春秋佳日赛诗作对，常以松、竹、梅、菊为题，寓意寄情，咏叹人生，如吴任道诗：

本是群芳却拔群，
岁寒觉此独森森。
若无梅竹同为侣，
谁共幽人守此盟？

又如吴梦庚所作《秋夜玩月》：

彻夜光辉满眼秋，
一轮皓魄伴余游。
男儿到此襟怀爽，
俯仰乾坤万象幽。

优秀的作品常载入家谱，流传后辈。家谱中记载的培田新老八景诗，就是子弟们以竞诗的形式创作留下的。“每岁孔子诞辰，恪恭祭祀，又按月聚族中之能文者而课之，并请正于名公鉅儒，品其甲乙，稍示媿厉，一以昭圣功，一以育人才”[①]。无论是诗是文，都体现了文人们对家乡深深的爱恋，也反映出他们风雅的品性和文化底蕴的深厚。

这样的生活态度和浓浓的文人气质，深深地启发着、激励着人们对村落建设和村落环境的自觉培护。培田四周，满山遍野都长满了竹子，竹子不但可以作建筑材料，还可以造纸，竹笋可食用，吴昌同就因贩笋干而发了财。成竹又可以美化环境，人常说“竹因虚受益，松以静延年”，“修竹有节长呼君”，“红梅绿竹称佳友”。宅子周围有竹相伴，更显得幽雅清宁、澹泊高远。培田人对竹子情有独钟，人们喜欢栽竹，山上栽，坑垄里栽，宅子周边也栽。村子

① 引自《培田吴氏族谱·孔圣会序》。

里有竹林，竹园中有住宅。人们把竹人格化，与梅、兰、菊一起称为“四君子”。竹子就是具有多种用途的君子之才，并具有虚怀若谷、高风亮节的君子之德。《培田吴氏族谱·汝清命名记》载：乐庵公“……雅爱竹，后山左园皆植之，当暑辄枕簟其下，因取坡仙‘苍雪纷纷落夏簟’之句，名其园曰‘竹雪园’，盖以旌其清也”。晚清时扩建竹雪园改称“修竹楼”，下层作谷仓，上层成为文人雅士们重要的聚会娱乐之所。园内曾有水塘，置有湖石，有可乘二人游玩的小舟。园内还有成片婆娑竹影，泠泠碧水，清幽恬静。

2. 游历山川 陶冶身心

儒雅文化的熏陶，经商拓展的经历，又有富足的经济实力作后盾，使子弟们的思维和眼界不再局限于家乡这小块土地上。他们要寻求更广阔的天地，去认知世界，磨炼自己，增长知识，陶冶性情。读万卷书，更要行万里路。明万历年间，吴溟卿成为培田村第一位走出去游览名山大川的人。光绪《培田吴氏族谱》载：吴溟卿“清正洒脱，常游苏杭，与名士相往来”，是一位善吟诗作赋，又善舞剑使棍的文武全才。当年他独自一人，骑一匹马，带一个小包袱，拜访了许多名士，游览了众多名胜古迹，三四年才得以返乡。他的游历给培田带来了新鲜空气，使吴氏子弟感悟到大千世界的奇妙。

继吴溟卿之后，吴超北是第二位出游者。他是君选和淑敏夫妇的长子，溟卿公的侄孙，少时就有出游的喜好。在父母的理解和支持下，他对周围的名胜——八仙岩、冠豸山、笔架山、平原山等均登临游览并撰写游记。但他并不满足，决心到更广大的世界去，《培田吴氏族谱》称他胸襟阔大，壮游十省。

吴超北第一次出游就顺汀江而下，到广东潮汕去看大海。平生第一次看见大海的吴超北，见大海浩瀚无边，海天一色，浪高波涌，心胸不禁豁然开朗。后至广州，游览了羊城八景，领略了南方大都市山水风景之美，在商埠码头还看见了红头发蓝眼睛的外国人，感到天下之大，人世百态，出游真能增长见识。吴超北又来到山水甲天下之桂林，饱览秀山丽水，继而到湘南重镇衡阳回雁峰等处游览，接着就到南岳衡山，游完衡山，再顺湘江、长江下到九江。

吴超北第二次出游是沿着叔祖溟卿公的路线走，先取道浦城，经浙江的江山、衢州，到杭州、苏州、南京，再到安徽的黄山、河南嵩山、洛阳古城，还特地到“天下第一关”山海关一游，再到北京。这次他游历了广东、广西、湖南、湖北、江西、浙江、江苏、安徽、河南、河北的山水名胜，花费了十几年的时间，尽情饱览各地风物。旧时骑马或徒步游历，百般艰难，吴超北游历十省，行程万里，可称一大壮举，如果没有一定的文化根基，没有家族经商带来的强大经济作后盾，恐怕也难以实现。

子弟中更多者是商贸与游历相结合，游乐其间也获利其中，“如徐霞客游览名山大川，似陶朱公经营赢利”，大有先祖八四公“隐贩”游历之风。

3. 打平伙

据吴来星先生讲，培田旧时有“打平伙”之俗。它是从古代社日会饮、散胙演化而来，是参加者平均承担费用、馂余平均分配的一种会餐形式（即今天常见的AA制），在闽西客家地区十分盛行。培田文风很盛，以吴光宇为首的一伙年轻的读书人品位相投，常常在一起评论文章，议论时政，趣谈古今，吟诗作赋，有时已饥肠辘辘，却谈兴正浓不愿离去，于是人们将“打平伙”的方式引入文人的聚会中。

据汪毅夫《客家民间信仰》[1]

① 《客家民间信仰》，汪毅夫著，福建教育出版社1995年出版。

载：“为了平均分配肉食，掌厨者在厨下时已按参加的人数将肉均分好。席上，不分长幼尊卑，同时举箸，同时举杯。聚餐时每人可带一只小碗，每次夹起的肉食都可以放在碗中，宴毕端回家中孝敬老人或让妻子儿女分享。”培田的“打平伙”每次都要买狗，或鸡，或鸭，或牛肉，还有山珍野味，精心烹饪，共同享用。

“打平伙”有“平伙头”，参加者轮值负责，但要公正，不拖欠货账，还要有一定的人缘，否则会邀而不集，成不了伙，吃不成“平伙”。据吴来星先生讲，培田有一个平伙头在一次平伙中盈余二分钱，他即买一盒火柴，平分给伙友，所以人们都喜欢参加以他为头的平伙。

这种文人相聚的平伙是家族富有的标志，那时普通百姓的生活十分简朴，日常以素食为主，鸡、鸭、牛、狗肉等只有逢年过节才能吃到，而“打平伙”每次都离不开肉，尤其是炆狗肉，费用之高是一般百姓不敢想的。《培田吴氏族谱·风俗志》中记载，清代“平民耽于安逸，服食颇尚奢华。犹幸老成硕彦黜华崇实，整躬率物，是以奢佚者尚少，勤俭者居多”。

“打平伙”从社日会饮、散胙发展成文人相聚的特殊形式，是生活中的一种乐趣，增进了家族内人与人之间的感情，促进了文化的交流与沟通，还创造出了名闻全县的美食“炆狗肉”“雪花鱼糕”及各种培田特色小吃。

第四节　培田与历史名人

培田村吴氏宗族在一派浓郁的书卷气中发展，吸引了不少文人才子前来，或感受其耕读文化之气息，或体味其强势家族力量，也有慕名到此拜师求学及探讨研习者，还有慕林泉之胜来享田园之乐的。到过培田的名人有明吏部尚书裴应章和清代《四库全书》总编纂纪晓岚。还有一位名叫曾瑞春，虽不是名流泰斗，却由于他特殊的经历给培田留下了传之久远的佳话。

1. 裴应章赠联

明正德年间，吏部尚书裴应章受命巡视闽浙。他先到汀州府，听知府谈及培田乃文墨之乡，但一了解，培田只不过是汀、连交界处一百叶小村（百叶，即百世，言其年代久远），而不以为意。

裴应章到连城县后，一大帮文人墨客陪同游览冠豸山。他深感山水秀丽，但文气似嫌不足。众多才子议论要寻文墨根底，不妨到培田村走走。从府到县，都听到人们盛赞培田文墨之风，裴应章有些心动。知县赶忙引驾出西门，经林坊，来到五磜岭下。迎面千级"楼梯岭"，徒步尚碰鼻，不要说乘轿了，尚书大人委屈下轿，辛苦了一帮随从，半扶半推，挨到半岭，其时日当中天，只好在亭中歇脚。吏部尚书裴应章毕竟是历经疆场，半天劳顿，仍痛饮山川秀色，抬头看"望云亭"匾，书法行云流水，心里暗赞好功底，信步往里走，入目一联"览山醉泮飞腾，望云价值连城"，文句称不上精致，胸襟却甚宽阔，落款却是培田吴氏，便知已踏入培田地界。尔后，大队人马过五磜，攀千寻小坡，来到东包坳香枫亭。裴应章环山四顾，眼前自北向南，三脉逶迤而下；三龙落穴，南方孤山一座，如一人左腿稍曲，右腿前伸，双手抱头；山梁自然盘曲，一鞭状山冈天工造就，好一处风水宝地。裴应章赞曰：此乃藏龙卧虎之地，根在南山，日后必腾达也。太阳西斜，裴应章入村，众乡亲村口恭迎，吴郭隆父子由宣和贤达陪同，恭请裴应章至衍庆堂宴息。裴应章居首席，后坐卧虎，前朝笔架，玉带水绕村而过，映入眼帘的山水与厅堂中的联对自然融会。席间，裴应章听闻吴郭隆恭亲睦族，乐善好施，不徇私情，状告贪官吴潜，又闻他运筹帷幄，不带一兵，智平为患百年之海寇，辞官不仕，诰授尚义大夫，务本耕读，心中肃然起敬。

第二天，郭隆公陪裴应章游览。裴应章来到三岔路口，见一浑身绿苔的大石卧于田中，道旁一座三开间的茅草房舍，门前悬“草堂别墅”匾额，室内书声琅琅。一老翁迎出拜见，裴应章双手相扶，连称“先生免礼”。吴郭隆上前介绍：先生姓谢名桃溪，进士出身，曾任知府，现屈尊聘为西席。裴应章盛赞吴郭隆父子立教兴村之举。再深谈，方知郭隆公之子祖宽十三岁精剑术，三十岁中秀才，不仕而致力于教，聘名师课子弟读诗书。裴应章望着村前笔架山云峰秀丽，欣然挥毫为学堂书联：“距汀城廓虽百里，入孔门墙第一家”①。这副对联一题，震动了汀州、连城两县。

2. 纪晓岚书匾

传说清乾隆二十八年（1763年），《四库全书》总编纂纪晓岚受命到福建汀州府巡视，征集民间藏书，闻悉宣和培田村以“文墨之乡”享誉汀、连，料此地会有不少珍贵藏书，本想明察，但考虑到小小山村可能并非像传闻那样出色，甚至徒有虚名，于是决定暗访。

这年农历十一月初的一天，纪晓岚以县教谕装扮坐轿翻山越岭来到培田村，直达新屋里（官斤）。下轿抬头，见门前一对石雕雄狮，形态威严，门楣横书“业绩治平”，纪晓岚感到百户小村声势不小，区区草民，志气不凡。待踏进前院，只见第一进大门的门额写着“斗山并峙”四个大字，大门左右各竖着一根木桅杆，桅杆石座上雕刻有字。纪晓岚走近细看，原来是乾隆九年（1744年）吴镛、吴鉴两位“岁进士”所立。进入一进院大堂，正堂上悬挂的一块“声扬天府”金匾映入眼帘。歇息一晚，纪晓岚困倦全消，神清气爽。次日清

① 《培田辉煌的客家庄园》，陈日源主编，国际文化出版公司2001年出版。

培田书院，后改为培田小学

晨，他凭栏四顾，村前山云峰耸秀，村后山青龙卧虎，门前一溪碧水绕村而过，直慨叹此地钟灵毓秀！

喝过早茶，纪晓岚在乡绅陪同下，先后巡视郭隆公祠、南山书院，亲见钦赐吴郭隆“尚义大夫”之敕书及明吏部尚书裴应章为南山书院所书对联，一股敬意油然而生。再看书院内悬挂的雍正十一年（1733年）的“蛟腾凤起”匾额，徒有虚名的忧虑顿然全消。

当纪晓岚游览过容庵公祠、水云草堂、畏岩公祠、思敬堂、锦公堂、双善堂、文贵公祠等建筑后，他对这些建筑的工艺赞叹不已，并对培田人敬宗睦族的精神也大加赞赏。

下午，乡里的举人、秀才陪同纪晓岚考察自明成化以来创建的石头坵草堂、锄经别墅、紫阳书院等六所学堂。纪晓岚从中得知培田人祖辈们以耕读为本，传承中原遗风，又看到吴光宇祖孙三代七名监生、贡生、岁进士，整个家族笼罩着一片浓郁的书香之气，十分高兴，挥毫写下“渤水蜚英”。众人见其落款为纪晓岚，又惊又喜。

事后，族长等人立即将纪晓岚的题词制成匾，以激励子孙。如今，此匾依旧完好，悬挂在配虞公祠的正堂上。

3. 曾瑞春留碑

乾隆末年，培田创办南山书院，遍请名士执教，福州才子邱振芳、永定贤士袁南宫、宁化才子曾瑞春先后应聘。

曾瑞春，号杏林先生，为人朴实，满腹经纶，但家贫无力深造，在培田任教十年，精心教习子弟，一手楷书，端庄厚重。隐士邱振芳十分敬重他的才德，亦时加指导。曾瑞春在教习之间，不断自修，辞赋策论大为长进。其时，曾瑞春经济上稍有积累，遂赴京一试，高中进士，荣任翰林院编修。荣归故里时，他没有忘记培田的这段经历，重回教书故地南山书院，思前励后，赠联曰：“十年前讲贯斯庭绿野当轩宝树滋培齐竞爽；百里外潜修此地青云得路玉堂清洁待相随。”并应乡耆之约，欣然撰题《南山书院记》（碑刻），全文约千字，隽秀流畅。他不仅为培田留下了可贵的墨宝，也为培田子弟树立了一个榜样。南山书院多次遭劫，此碑却保留了下来，真是万幸。[①]

至今培田村还保存着明尚书裴应章、《四库全书》总编纂纪晓岚、清御史江春霖等四十多位名人书赠的联匾。通过这些联匾，我们不难感受到这个小山村当年浓郁的翰墨香味和上乘的文化品位。

① 《培田辉煌的客家庄园》，陈日源主编，国际文化出版公司2001年出版。

第四章 | 村落环境与风水堪舆

第一节　培田的山与水

第二节　选址与堪舆

第三节　外围环境的建设

第一节　培田的山与水

武夷山脉南段，闽西的东部以玳瑁山为主体，山势绵延高耸，盘亘绞结。由于连城一带支脉密集，山峰耸峙，岭高沟深，地形变化较大。培田村的西北侧是武夷山支脉石壁山，主峰高一千四百一十七米。石壁山支脉从罗坊延至宣和、朋口，由枕头寨山和金华山等组成，平均海拔九百到一千米，总称为松毛岭。培田村则位于枕头寨山和金华山东侧山脚下，坐西朝东，以松毛岭大山脉为祖山，枕头寨山和金华山脚下的卧虎山为少祖山。松毛岭西面就是长汀县城，距培田村山路五十八公里。村子东北是羊角寨山，海拔九百九十米；正东是笔架山，它与羊角寨山南部相连，海拔一千一百米，为培田村的前朝山。翻过羊角寨山，距培田村二十公里的东北就是连城县城。在大山围合环抱之中，有沿河溪的丘陵自北向南渐次下倾，形成一条狭长的珠串状小盆地，直到朋口镇，盆地内平均海拔为三百到五百米，培田村就在这串小盆地的西北缘，背靠松毛岭大山，南面则对着较开阔平坦的山谷盆地。一户门联："千峰环野立，一水抱村流"，正是对培田村周围环境的描述。在这块谷地里，"春天，南来的暖流自南面的水口注入，驱走残冬遗留的寒气，使万物复苏，竞相成长；夏季，来自沿

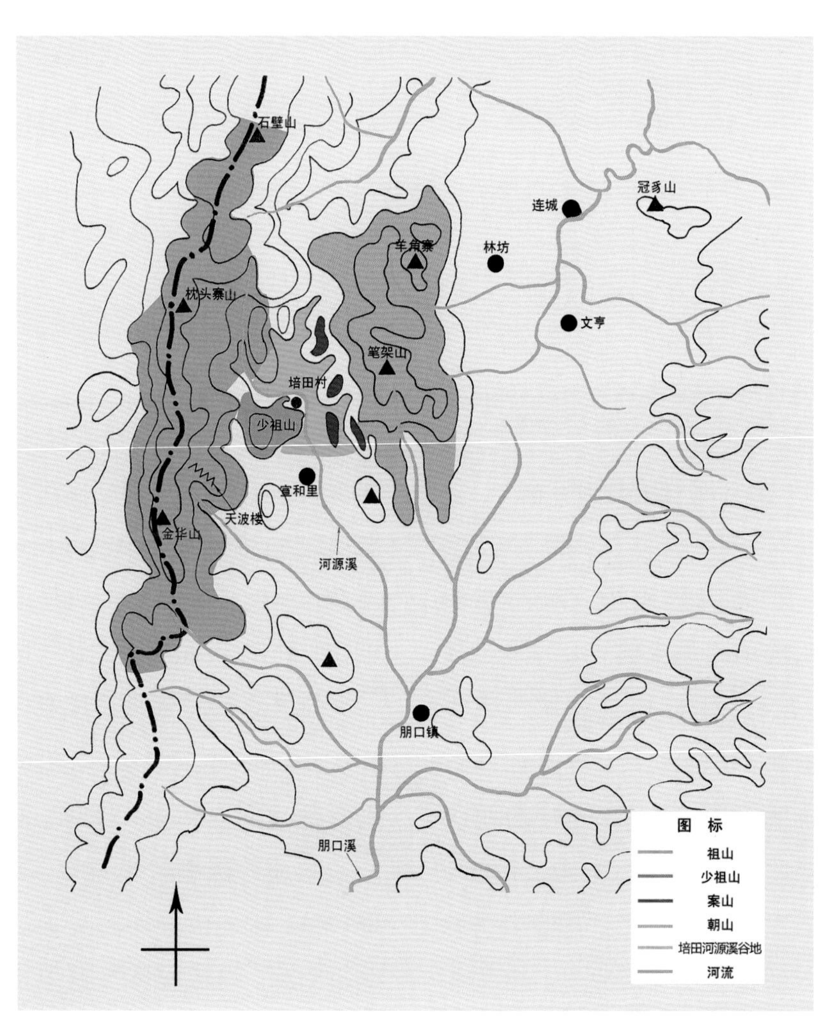

村落风水示意图

海的台风，经历了千山阻挡和过滤，逐渐减弱，到培田成了及时雨，并为门前的溪流补充血液；秋天，郁郁葱葱的树荫竹影，使人们避开了剩余的暑气，各色果熟，也呈一派丰收景象；冬季，北枕的群山，屏障般阻隔了寒冷的西北风，迎来暖暖的冬日”[①]。这里

① 《八百年的村落——培田纪行》，吴国平著，海潮摄影艺术出版社2002年出版。

既无严寒又无酷暑，气候温和，雨量充沛。培田村所在的上河源一带，明、清两代五百多年间，仅出现过十来次旱涝灾害，而下游相距十几公里的朋口及下河源一带，旱涝灾害要远比上河源一带多几倍。

“吴乡自是安居地，山水悠悠地不悭。”[①]培田能够旱涝保收，正是得益于小环境自然生态的优越，当然还有赖家族对水土保护的有力措施。

1. 山产丰饶

培田村东、西、北三面有大山环抱，松毛岭、屏风山、云霄山从北向南直落河源谷地，如同三条巨龙，松毛岭山脚下的卧虎山、清宁寨、青龙山、石背山、担干山等五座小山环绕村落，犹如五虎雄踞。山上植被茂盛，物产丰饶，野生动物很多。《培田吴氏族谱·物产说》中夸耀道：培田“地之所生，所以备物而致用也。故土地有肥硗，物产不无丰

① 引自《培田吴氏族谱·物产说》。

从东南案山俯瞰培田村落

啬。吾乡僻处偏隅，虽无方物之贡，而日用所需尚堪自给，未尝尽取于他方。观夫产于山林者，有杉竹之植物，而松柏杂木无论矣；产于川泽者，有鱼鳖之潜物，而鳅鳝鳞属无论矣。且纸则有大汀大包之名，油则有茶籽桐籽之分，茗则有青汤红汤之异。纵田不宜麦而稻可一岁再收，地不宜蚕而苎可纴缕成布。此数者虽非吾乡独有之利，而较诸他乡，其利实加倍蓰也。他如蔬之属，有金豆焉，其色青而翠；有苦笋焉，其味辛而甘；更有菰之号为猪鼻须者，生于雨旸之际，产自荟蔚之间，气味鲜爽异常。虽曰为物甚微，不过以适口腹，然不产于他乡而独产于吾乡，土地之肥见焉，物产之丰著焉”。

山的高处是阔叶树、针叶树混交林，山下是成片的竹子及灌木。村人说，1950年前后，附近山上树木参天，灌木杂生，沟垄里常有野猪出没，直到1980年还有卖野猪肉的，仅四角钱一斤。

大山前靠近村落的地方是

山上竹木资源丰富，人们利用竹子编制各种生活用品、农具等。图为正在编竹席

些不太高的丘陵，种植着各种经济作物。春夏之间，村落四周，苍翠欲滴，烟雨空蒙，益增佳致。清代中期吴爱仁有一首《西山树色》诗，描写山间绿色葱茏的景象：

雨中春树绿阴初，
苍翠龙山画不如。
柳荫常依彭泽屋，
桑阴时罩武侯庐。
老松终不青苍改，

新竹频将翠黛舒。
最爱登高闲一望，
郁葱佳气满乡闾。

在靠天吃饭的年代，仅靠农耕的收入只能满足人们的一般需求，如遇天灾人祸，温饱就很难保障了。而有了满山的竹木，培田就如同积攒了一大笔资产，有了一个聚宝盆。《培田吴氏族谱·物产说》中载："利之大宗，尤在杉竹。"正是靠这个聚宝盆，一面大力经营木材生意，"丁丁伐木悬崖顶"，一面利用大量竹子资源发展造纸业。清道光年间，培田的竹木业、造纸业产量达到了鼎盛，周围山垄间大小纸坊就有三百多座，年产土纸上万担，利润上万金。

山上还盛产油茶、油桐和漆树，培田的大财主吴昌同除了做笋干生意外，还收购、批发茶籽油和桐油、生漆。

蓝靛和苎麻也是培田的传统经济作物，旧时村里家家都有织布机，"妇任馈馌之劳，女勤纺绩之业，虽尊富家，类皆如是"[①]。至清代中晚期，培田有了织布厂，光绪年间最多时厂里有十几架织布机。布织得细密，颜色清纯，是学子做衣衫的中档布料，市场销售极好。俗话说，一业促百业。谁家染布，谁家种蓝，布料生意好了，不少人干脆以种蓝为业。培田各处坑垄山坳，凡能种蓝之地，都开垦种植。不少外地人也携家带口，来到山里种蓝制蓝。这不仅为纺织业提供了大量的染料，也促进了培田周边地区的经济发展。

培田人很早就懂得开发山场资源，如鲜笋、笋干、山菇、草药、茶叶等，将它们销售到潮汕、福州、漳州、泉州，再带回食盐、洋布、洋油、洋火、丝绸、海味、潮绣、瓷器等，物资的互换带来了培田生活的舒适和丰富。

① 引自《培田吴氏族谱·物产说》。

2. 土地与粮食

培田村坐落在盆地的西部，坐西朝东，紧靠称为卧虎山的少祖山，东边一片平坦开阔的河滩农田，宽约五百米，是村落的明堂，约有三百亩[①]农田。明堂东跨过河源溪是村落的前朝山——笔架山。村落向北约一千米是松毛岭的支脉——东西走向的寨寨岭。寨寨岭将小山谷的北侧环抱起来，培田就是这个狭长盆地北端的一个村子。这小谷地的坑垄里大约有八百多亩水田，是培田重要的农业区。

由于村落位于溪水源头，培田的农作条件比邻村好。首先，村落北部的几条溪河从山间发源而长期冲刷淤积，形成许多较平坦的河滩地，土壤肥沃。溪水有落差，便于人们在不同地段筑陂开圳，引水进田，山上的农地大都能够灌溉。其次，即使是大旱之年，除少数望天田外，依靠山间众多的小溪流，都无须忧虑缺水，一些地处背阴的冷田还越旱越丰收。民谚云，“田晒裂，谷辘辘”，正是这个道理。最后，即使暴雨滂沱，对于培田也无大碍，因为山上植被茂密，能及时吸收雨水，仅是崩掉一点田坎，一涨一退的山溪冲一下溪坝而已。由于地理条件好，水利条件佳，历史上培田农人一直以种植水稻为主，“稻可一岁再收”，可种双季稻，粮食丰足，生活较为富有。培田八景中“古寨观耕”描写了培田田亩纵横、丰饶可喜的农耕景象：

闲登古寨事观游，
俯览平原绣陌稠。
叱犊一声春雨歇，
鸣莺百啭夏云收。
秋风露冷农登谷，
冬雪冰寒牧放牛。
兴尽归来闲默坐，
丰穰笑语耳边留。
（吴爱仁诗）

① 1亩≈666.7平方米。

尽管如此，培田人在经营山场获利后，仍不断购买周边地区的土地，如汀州、连城、清流、沙县，最多时周边属培田吴姓的土地有一千三百多亩。周边许多村庄的农人以耕种培田的土地为生，如《邑武庠显考平冈公吴府君行述》中载：“青岩里坪上、富地二乡，年终待其举火者数百家，然收息极宽，人到于今称之。”[1]周边土地不多了，就到更远的地方去买，传说最远的田地可到二三百里以外的广东的梅县、潮州。[2]大多数地主每年只在收割、收租时才乘着轿子到远离培田的土地上看几趟，平时则在当地建起粮仓，雇佣长工守护，粮食买卖则有管家经营。因此培田的粮食储备十分丰富。村中老辈人说，如果发生地域性战争，全村几百口人即使被围困两三年，也不会没粮吃。

村落的前朝山有些低矮如平案的小冈，是村子的案山。冈上种植一些经济作物，如蓝靛、苎麻、草药，也栽种柑橘树、梨树、桃树等果树，以及可制作土蜡的柏子树等。培田有句谚语：“穷在有闲地，富在无荒坡。”在有限的水田之外，村人还开垦一些村边丘陵小冈上的旱地，兼种地瓜、薯芋、黄豆、绿豆、蚕豆、豌豆及各色蔬菜，以满足生活所需。

3. 溪水源流

水是农业的命脉，没有水就不能进行农业生产，人也无法生存。培田村在山谷盆地的最北

① “青岩里”在现连城罗坊乡。“坪上”和“富地”为罗坊乡的两个村落，它们距培田村东北十六七公里。据吴来星先生讲，清代以前“坪上”和“富地”周边大多为培田富户的山林和土地，而村里的人大多是培田富户的佃农和佃山者。旧时章法，年终时，佃农、佃山者要交清租金租谷，否则债主上门讨债时可牵牛拉猪，取走年货，甚至将佃农、佃山者的子女带走作人质。因此一些贫困的人家，为躲年终逼债，不敢开灶生火，一直熬到大年初一（旧俗大年初一至元宵节，债主不上门讨债）。平冈公在年终时，施仁德不逼债，有时还资助借贷给那些贫困户。

② 在广东梅县、潮州购买土地之说在族谱中没有记载，均系村人传说。也有人认为家族从来没有在广东梅县、潮州买过地。

河源溪从西北至东南环抱着村落，给村民的生产生活带来了便利，同时美化了村落环境

端，北部山上植物茂盛，水源蓄养充沛。山垄间发源的小溪主要有三条。一条发源于距培田村西北六公里的田源村，称为连屋田溪；一条发源于距培田村北三公里的金藏坪，称为洋利坝溪。两条溪在培田村北一点五公里处相汇，然后转向东南流淌约一公里，与第三条发源于寨寨岭的五磜坑溪（俗称大坑溪）相汇。除此之外，周边山上从北向东再向南，还有一些山泉涓涓流出，形成小山溪。这些溪水的流量不大，但流经地段均可筑陂引灌，还蓄积了河源溪的水量，使河源溪向南贯穿整个珠串状的小盆地，陆续灌溉下游近十公里谷地的农田，最终流入朋口溪。

由于培田是这条溪的源头，整条溪谷被称为河源里[1]，溪水

[1] 宋绍兴三年（1133年）建连城县前，称“河源峒”。“峒”者本指原土著居住的聚落，河源峒就是他们的居所，土著民曾与南迁的汉人有过长期激烈的争斗，元代以后，争斗双方才相互同化。

称为河源溪。培田村位于河源溪的上游，称为上河源，现宣和乡一带称为中河源，朋口镇称为下河源。《培田吴氏族谱·八景诗·魏野渔樵》中有：“一条白练潆南亩，万叠青峰拥北田。钓客绕溪投饵去，樵夫沿岭束薪还。”（吴正道）正是培田村山水优势的写照。

河源溪上游水量不大，河床浅而宽，但在落差较大的地方，水流会在河溪中冲刷出一些较深的水潭。人们利用这些落差设水碓、筑水陂，在陂的一侧修建水圳，引水入村，供村民生活之用。

形成深潭的地方“有鱼鳖之潜物，而鳅鳝鳞属无论矣”。家谱中也有不少“垂钓溪头”的诗。直到20世纪60年代，河源溪仍有大量的鱼鳖虾蟹，村人说，20世纪60年代以前河源溪中常能捕到三四斤重的大鱼。有粮，有鱼，有山珍，有野味，培田人的餐桌自然十分丰盛。

田园山野自然植被繁茂，河溪景观十分秀美。夏季沿溪树木荫翳，远远地看不见河溪，只见蓬蓬浓绿，浓绿之下是水清见底的溪流。村里男性常在此“踏浪滩头”，洗澡纳凉，是村落难得的景观之一。培田八景中形容：“蛟潭离吾乡三里许，树木阴翕，溪声如雷，披襟游玩，盛夏犹寒。”清代进士郑克明赞曰：“其山耸拔如笔，其水弯环如带，其地膏腴之厚，其人松柏之寿。”有了这样的好环境，培田确实出了不少长寿者，据族谱统计截止到1949年前，上寿即八十岁以上者就有二百七十八人。

清康乾以前，每年农历七月至九月丰水期，村民利用溪水散放竹排或木排到下游朋口码头，再组成大排放到新泉镇，或转入汀江到潮汕。乾隆年以前，溪中还可放两人乘坐的小舟，因常用此船运粪肥到下游的田里，所以称为粪漕船。一些山货、土纸等也可利用粪漕船运至河源溪下游，再用担挑到朋口码头，省去了许多辛劳。清中叶以后，河源溪下游村庄不断筑陂灌溉农田，河源溪不能再走小舟，只能放些竹木到下游。

河源溪为培田村带来了各方面的便利，整个河源溪流域的村落，如上篱、曹坊、科南、洋背等的农业和商贸也都是依靠这条溪流而兴盛发展。可以说，河源溪是整个河源里的生命溪。

培田村具备了封建宗法社会农业村落的一切优点——土地、水源和山林，正如堪舆书《宅经》里所说："宅以形势为骨体，以泉水为血脉，以土地为皮肉，以草木为毛发，以舍屋为衣服，以门户为冠带。"培田正是骨体强壮，血脉丰沛，皮肉腴厚，毛发茂密的可耕、可居、可樵，又可农工商各业并举的理想之地。

第二节　选址与堪舆

一个理想的家园，除了要具备人类生存最基本的要素外，还要满足人们的社会和心理需求。在封建宗法制社会，关系家族兴旺的最重要的是两件事：其一，子孙发达；其二，登科入仕。因此，人们便将全部的愿望和追求寄托在村落的堪舆选址上，希望借助良好的风水龙脉，实现自己的理想。从吴氏先祖定居到培田村最终的形成，人们都不断选择最佳风水，并在村落建设中不断地改造和修护风水，也正是为了这一目的。堪舆风水作为一种文化现象，基本上是一种封建迷信，但它会在一些方面起规划村落格局、维护村落景观、保护生态环境的作用。

1. 三迁基址

《培田吴氏族谱》载，吴氏始迁祖八四公避乱，行至宣和里之上篱，"见水口龟蛇交其上，心窃异之"。龟蛇相交是"玄武"之象。玄武为北方之神，主水，防火灾。于是八四公定居上篱。然而上篱地段太小，周边又居住着其他姓氏的人家，到第三代时，三世祖文贵公便从上篱迁

左、右虎爪为村落的护砂，植树木使护砂效果更好。

堆山冈增加护砂的高度和延伸度，同时封口水口，使去水有情。

① 衍庆堂右侧楼房弥补右侧护砂的不足而建。
② 衍庆堂左侧楼房为绳武楼，弥补左侧护砂的不足而建。
③ 左侧楼房训一公祠，为弥补左侧护砂的不足而建。
④ 此楼房用来挡背面的煞气而建。
⑤ 此水塘起到落北面煞气的作用。
⑥ 此水塘起到落北面煞气的作用。
⑦ 小山冈起挡煞的作用。

村落风水环境的修补及风水建筑的建造示意图

至卧虎山脚下的赖屋，改地名为上屋头，并定居下来。由于上屋头的地段仍然狭窄局促，西北部又正对着一个山口，冬季风煞十分厉害，致使吴氏每代均有子孙外迁他乡，三世祖文贵公一支的丁口一直不旺。为了家族发展，培田先祖一方面积极寻找合适的定居地，另一方面则祈望能通过多做好事、积德行善、救灾赈济来造福子孙，发达家业。

明正统年间，汀州发生大面积鼠疫，并蔓延到上河源一带，不少农家因此断炊。五世祖琳敏公拿出数千石谷子赈济河源里的百姓。河源里的“曹溪头曹胡氏夫丧，三子俱幼，公养如己子。又有乡人聂姓者，一家疫死，止遗幼稚，邻人皆畏避，公与之衣棺埋葬，抚其幼孤”。河源里的百姓对琳敏公慷慨解囊、救助饥民的行为大加赞扬。古代人很讲究因果报应，也许是善有善报，时隔不久，吴家果真受一个风水先生的指点，得到了一处风水宝地。

传说，明成化年间，一年秋天，一个沙县人称陈山人的风

培田村前有腰带水，后有卧虎山，是堪舆上所称的绝佳的风水宝地

水先生，踏勘风水一路而来。到培田时染疾病倒，正好遇上热情好客的琳敏公之子吴郭隆。他见陈先生染病在身，热情款待，并悉心照顾他。陈先生对吴家坊琳敏公的善举早有耳闻，主客交谈，话很投机，时间一长两人成为好友。陈先生见郭隆公如此真诚热情，又听说吴家几代以来都人丁不旺的情况，就决定帮助吴家选择一处风水宝地。他对郭隆公说，此屋（上屋头）煞气太重，不能久住，今后即使有子孙传代，也很难发达。郭隆公一听，方知来者是个风水先生，便设宴款待，倾心相托。第二天，郭隆公便陪着陈山人在卧虎山一带开始了踏勘。《培田吴氏族谱·郭隆公行略》中详细记载了此事："山人陈姓者，沙县人，与公善，每登山少间偃息，盘桓于今所居后龙山之阿，公解发其意曰：'此处山水回合，宾主有情，其下殆可筑室。'陈山人曰：'然。我所以恋恋不舍者，为是故也。公能得是而居，则后裔何虑无富贵？'"这个地点就是现在的衍庆堂位置，这里"原名水竹潭，溪水所经处也。明初渐徙而东，湾环若带"。站在卧虎山上，可见水竹潭的地势，祖山庚龙落穴，天生虎形威严，朝山笔架峰远立，近处案山如颗颗金印，明堂前百亩肥沃的农田，一湾碧水逐渐向谷地东侧改道偏移，将来反弓水定会形成有如玉带环绕的腰带水。再看河源溪上游天门的三条来水，水源丰沛而不凶猛，村南水口处古树葱郁，卧虎山两侧护砂前伸，关锁紧凑适当，真是天公赐予的风水宝地。说起风水宝地，风水师形象地用一个"富"字作比喻，即"富"字头上的一点为少祖山，宝盖如同左右围合的青龙、白虎两山，宝盖下一短横是祠堂的位置，"口"代表祠堂前的水塘，"田"——广阔的农田，就是村落的明堂。

传说陈山人定下位置后，又对郭隆公解释说，背后这座山是只卧虎，你现在住的上屋

培田村位于河源溪的上游，四周是层峦叠嶂的山，水源丰沛，山产丰饶，土地腴厚。这是村落北部的千亩水田

头是老虎的左爪，水竹潭后突出的小山包是虎头，虎头右侧伸出的小岗是老虎的右爪，上篱村的少祖山为虎身，南侧伸出的小岗是虎尾。吴家如在水竹潭建宅后，再到南山口（望思楼背后的山坳）开一口井，卧虎就会渐渐醒来，卧虎醒来后，周边其他姓氏会逐渐迁走，你们上下两村都会发达起来，你们虎头位置的后代会很强。

郭隆公在风水先生指定的地方背靠卧虎山建起一座坐西朝东、面朝远处的笔架山的宅子，改地名“水竹潭”为“培田”。培田寓意“祖宗子孙相沿于百世，前者创焉，后者述焉，而其垂裕之泽，未尝有一脉之息者，积善之庆也”，堂名为“衍庆堂”[1]。又按照风水师的指点在南山口开了一口水井，与先祖在新福庵口上开的一口水井相对，

① 引自《培田吴氏族谱·至德衍庆堂记》。

意为一对虎眼。不知是陈山人的预测准，还是偶然巧合，果然没有几代，河源溪河道向东迁移，原来卧虎山的反弓水转而成为环抱的腰带水，地段日益宽阔，而河源溪东岸魏家成了反弓水，只好迁往他处，居住在吴家坊附近的其他姓氏也渐渐迁走或消失，培田和上篱两村逐渐兴旺发达起来。现培田村吴氏基本上是郭隆公（衍庆堂）一支的后代。自建衍庆堂以后，上篱村的人口总是多于培田村，但培田村的经济总是强于上篱。

衍庆堂建成几代后升格为祖祠，房派下的住宅大都建在其北侧宽敞地带，遵循坐西朝东的方向。明末时上河源上篱、培田周边的其他姓氏已不多。

2. 人力胜天工

家族发展到第十世，人丁虽有增长，但仍不理想。俗话说：“不孝有三，无后为大。”一向“存忠孝心，行仁义德”的培田族人对传宗接代格外重视，无后者为续烟火，常常要过继子孙。但为了宗族的利益，为了吴氏血脉的纯正，族谱中明确规定："本谱所载具系一脉支。其有抱养异姓为子者，不得混入谱内以乱我宗。""异姓之子及娶妇不满七月生子者不书，严乱宗也。奸生之子不书，防渎宗也。"在家族严格的规定下，从外姓抱养的儿子不能入家谱。一些房派因子孙繁衍不利，成为家族的忧虑。

另一方面，子孙成人后均要分家析产，除长子外，以下弟兄各自建房立基。本来不算少的祖业，留下一部分祖宗公尝外，经过子弟们的阄分，每人只有不多的资产，有的在自立门户建房之后，几乎一无所剩。在靠天吃饭，不能掌握自己命运的农业社会，面对人丁、财源两方面的不足，人们当然会迷信一些冥冥之中的力量。族人认为，是风水的欠缺影响了家族的命运，于是一方面敦促子弟们积极拓展商业渠道，一方面积极对风水进行改造和补救，以求人力胜天工。正如《培田吴氏族谱·八胜表并题词》中载，风水"胜者何？改也，夺也。补救有方曰改，造化在手曰夺。知改知夺则人而天矣。……能前人之已能，所厚望也；能前人之不能，尤厚望也"。

建大楼加强左、右护砂水口建筑群　在敬公"生平高雅，慷慨乐施，正大光明，乡闾敬服，声著乡邦"，"居林泉，喜读书，善七弦，尤精于选择堪舆。十三坊建造玲瑚公王庙，汀、连两邑公举为缘首，再三推辞不获，以公之公道服人也"。[①]在敬公考虑到原来维护衍庆堂的护砂显得过于薄弱，现在村落大，人口多，"为通族风水计，培田祖堂左边天白，公遂建大楼遮障，右边下砂欠紧，公倡建土楼为下关。自新福庵羊角头一带，逐步栽树，松树冈古树毗连二根，势若参天"。在敬公所创建的祖堂

① 引自《培田吴氏族谱·乐庵公行略》。

左边的大楼称“绳武楼”，它紧靠衍庆堂，距堂北仅二十余米，是一座七开间，二十余米长，上下两层的楼房。当年风水先生所说的左面老虎爪，又称为“青龙山”，是松毛岭下来的一条支脉向前探伸。但作为护翼，青龙山脉虽探伸却不长，冬季北部小山口的风煞很重，一旦村落范围扩大，护砂就显乏力，在左面老虎爪内侧增建绳武楼就起了延长护砂的作用。《培田吴氏族谱·乐庵公行略》载：“乐庵公吾兄也，晓天文谙地理。以祖堂左畔空旷，作绳武楼为翼。”《培田吴氏族谱八景·三胜绳武楼》中也载：“楼何为而作哉，我祖乐庵公以青龙寨缩而不伸，屏风山遮而过远，作以翼卫祖堂者也。”

培田的风水每朝每代都在不断修补完善，只要人们生活中有不顺心之事，首先想到的就是看看风水是否不利。绳武楼建成之后，衍庆堂北仍显空旷。村人又在绳武楼北二百余米处建起一座大楼，即现存的一训公祠。它坐北朝南，共有十开间，上下两层，即绳武楼护砂之外的左侧的第二层护砂。

由于原本就有一道老虎爪的天然护砂，培田人又建了一座七开间的绳武楼和一座十开间的大楼起人工护砂的作用，它们紧密排列于衍庆堂左侧，因而衍庆堂右侧就显得空旷起来。《培田吴氏族谱·建阁筑助水关》中载：“吾祖堂右手空旷，甲辛新正，予等倡筑横墙，既已同心协力，不日告成矣。”《培田吴氏族谱·培田八景·横墙》中形容道：“道光甲午新正六日，一唱百和，捐钱派丁，十二起工，十八起脚。担泥者，令之少而偏多；运石者，劝之迟而愈速，踊跃争先。”一派轰轰烈烈的施工场面。“横墙”实际上是两层楼房，五至七开间，下层作走廊，上层作谷仓。由于进深不足两米，称之为“墙”。

衍庆堂右侧即右虎爪，“曰松树冈，曰羊角坪，名不一而为

整齐的屋宇，秀美的山水

房屋座座毗邻

祖堂下砂则一。前人蓄木，每岁元宵前，约族人门前、户口、巷尾，街头砂泥瓦块各担堆垛。至清明祭祖，担人发粿奖励。昔愚公移山，我族堆砂，既除杂秽，又培风水，诚善策也”[①]。经过一番对风水的修护，祖堂左、右护砂层层收紧，村落藏风聚气。堆砂，植树，除杂秽又培风水，此风俗一直延续到1949年。

两侧护砂夹紧之后，培田的商贸渐有起色，《培田吴氏族谱·三胜绳武楼》载：“闻之父老，（绳武楼）作后丁始渐长，则斯楼之系，诚非浅鲜。道光乙未间，阄楼人已拆外截，将近毁之，通议不协。幸化成公如议购为东溪公业得存。然风霜日久，不无损坏。近来修整已经两次。后人念祖宗之手泽，子孙之根本也，其永无忽。”

水口建筑群 在封建农耕时代，人们除了关心生产、生活以及人口的繁衍之外，再关心的就是文运，也就是科举的成就。在封建传统社会，科举是普通百姓唯一有可能攀登社会阶梯的途径，科举成就不仅仅是个人的大事，也是全宗族的大事。尽管培田定居之始，家族就倍加注重文运，宗族机构办书院、义塾，还给读书的子弟各种优越待遇以资激励，但培田人在科举中并不算成功，真正能够考中举人、进士的微乎其微，因此，人们便希望借助风水的力量。据风水师分析，培田东南水口低洼，“巽位不足”，不利于科甲，需要建造一座高大的建筑来弥补。于是“乐庵公按巽方版筑，以锁水口”[②]，并利科甲——一座上下两层的方形土楼，成为培田八景之一。“崇墉秋眺”诗云：

防危有术预鸠工，
宛筑山城上界通。
数仞宫墙高突兀，
八荒窗户豁玲珑。

① 引自光绪三十二年《培田吴氏族谱·下砂》。
② 引自光绪三十二年《培田吴氏族谱·土楼场》。

粟粟黄金环旷野，
萧萧红叶缀寒枫。
凭高正可舒遥瞩，
胜概都来一望中。

现在土楼虽已倒塌，但这些诗句却让人们感受到了当年村落水口的壮观景象。十九世吴泰均曾撰文曰：“余少时，随大父钓里社背（即现文武庙东约20米处），坛阁萧森，林泉掩映，乐甚。大父语予曰：‘此名土楼场。’”“康熙间土楼冲圮，友山公倡作为收水右弼，非无益者也。”[①]土楼被水冲毁后，村人曾不止一次欲加修复，均由于各种原因而未能实现。以后，在原土楼西侧溪边建起一座关爷亭，“明明祀关帝也，何不曰庙而曰亭？原四方一层如亭然故名欤？然不知始自何时”。建庙之后，培田财源大增，但文运依旧不理想。“乾隆己亥年（1779年），鸿飞公倡建两层，上祀文帝，下祀武帝，更名文昌阁。乙巳十月十八设里社，越十四年（1799年）发文科，后踵而修之者奇验。”[②]将关爷亭改建为上供文昌帝君，下供关圣帝君的文昌阁，以此代替了原土楼的关锁水口、补巽位不足的作用，使其有利科甲，不多年，培田文运真的有了起色，到第十五代子孙辈时已有十几人入庠。人们由此更

① 引自光绪三十二年《培田吴氏族谱·土楼场》。
② 引自光绪三十二年《培田吴氏族谱·土楼场》。

吴家坊升星村落群

加相信风水的作用。

水口建庙后，培田人利用外水圳与河水的落差，在庙南修起水碓。光绪年间，吴拔桢考中武进士，因护佑皇帝有功，在告老还乡时获恩准在家乡建牌坊。石牌坊就选在村子的护砂右虎爪位置，即松树冈的入村道上，就此由文昌阁、水碓、石牌坊、水口林共同组成了一组完整的水口建筑群。它是村落的重要景观，也是南来进入培田村的重要标志。

天门 培田村上游汇入河源溪的三条溪，最长的一条发源于培田村西北六公里的田源村，称为“连屋田溪”，是培田河源溪的主要水源之一。距村三公里处，溪水从山间进入河谷盆地，风水术称之为“天门”。堪舆家认为天门不可闭锁，但要有庙宇楼阁来装饰镇守它。

早在明代，这里就建有一座亭阁，是“卢地村”的水口亭。卢地坝因住着卢姓兄弟而得名卢地村，比培田建村要早很多。传说，卢家兄弟二人与一位姓马名竹的地理先生相熟交好，在卢家兄弟的恳请下，马竹先生给他们的祖祠勘地定位。卢家祖祠建成，又在下游建起关锁水口的“卢地亭”。一切建好后，马竹先生因为卢家勘地而受地场伤害瞎了双眼，而卢家兄弟却因有了好风水的护佑都在外做了大官，发了大财。家里由原配发妻守着，初时，卢家妯娌都感恩马竹

先生，遵循夫君的吩咐善待他。但时间一长，卢家人便一改常态，怠慢了马竹先生。

旧时人们常说，一个人能封侯拜相，当官做老爷，靠的是“一命、二运、三风水、四积德、五读书”。卢家自认为有好命运，好风水，一切万事大吉，就把善待风水师的诺言抛到九霄云外，常常恶声恶气，甚至将喂猪狗的粥饭拿给马竹先生吃。风水师十分生气，便用计破了卢家的风水，卢家从此衰败，只存了一个村名和水口的卢地亭。

卢家衰败后，培田村发展起来，不断购置山场，卢地坝一带便归培田所有。清康乾以后，热情好客的吴姓乡绅、里正、地保等，常常在卢地亭迎接问候取道培田，来往于宁化、清流、归化、连城等地的官员们。时间一长，人们就把卢地亭叫成“接官亭”。每逢有县府举业报喜的报子，一到接官亭就开始边敲响锣鼓，边向村里走，高声报道：“贵府某某喜报高中……”一直走到村里中试者所在的祠堂。至今许多祠堂的板壁上还保留着张贴喜报的痕迹。人们说这个小亭的作用有似金殿传胪及第，便雅称它为“胪第亭”。后来亭子塌毁，改建为一座小庵，称为“胪第庵”。光绪年间，培田吴氏出资修缮并扩大了胪第庵的规模，又在胪第庵下建起一座胪第桥，培田的上水口——天门终于有了一个完整的建筑群。庵和桥的修建为赶路和樵采回来的人们提供歇脚、避雨之所，也使从汀州、清流等地远道而来的人对培田村产生了一股浓厚的亲切感。

催官峰与文运　培田村的朝山为东面的笔架山，海拔一千一百米。“笔架山特立云表，作二州三府之祖，力量诚大而不来正朝。”[①]从培田向笔架山望去，山体层层增高，当地称之为“三台案”。《培田吴氏族谱·二

① 引自《培田吴氏族谱·二胜三台案》。

培田村东，山峦叠嶂，一层高过一层，最高最远突起的圆锥形山峰称为“笔架山”，是林蓉的朝山，寓意人才辈出

胜三台案》载：“三台乃笔山起步处，今名食水窟，偷落一脉，由大寨而来，气势虽弱，星体却成。且三面全开，名著乡邦之象；双童迭揖，荣联父子之祥。惟右肩稍低。昔云：‘三台侧杂职格，三台平正印生’，斯言不我欺也。”三台案的第一层为村前的案山，东南是一条低矮窄长的小冈，如同一根扁担横放，称为“担干山”；东北是两块长圆形的冈子，名为“石背山”，冈顶平缓如旧时的印章，人们又称它为“金印山”，预示着后代可掌官印。第二层为寨寨岭和云霄碧山，山势起伏有如双童揖拜，风水师解释为“荣联父子之祥”。第三层最高，形如旧时文人所用的笔架，称为“笔架山”。依仗着这样的好风水，培田吴姓企盼着家族能出几个进士或大官。但在清光绪年以前，吴氏家族的文化人虽然出了不少，掌管官印的也有，就是没有中进士和做高官的。家族便组织族人“逢二三五七九，运修配左肩”，加垫右肩，以有利出官，但最终因山势过高，地形复杂，人力不足而中止。

培田东面的案山

经商、科第给培田人带来了巨大的利益，在增人丁、兴文运的同时，希望也有一个助官运的风水。培田村的祖山为松毛岭，在它东面有少祖山天波楼，再向东是卧虎山。天波楼是一条南北走向的大山，山体如巨龙翻腾，在培田与上篱西面隆起三座山峰，远望如仙山楼阁，波澜起伏，称为“天波楼”，又称“三纲寨”。据说这种三峰隆起的山脉主天、地、人，为吉祥的三元地理，在堪舆中是助官运之形。但天波楼总脉势北高南低，南侧山头低于北面山头，《培田吴氏族谱·培田八胜·天波楼》载，天波楼“一名三纲寨，本吾乡少祖龙也。出米石大支，右翼分来直树岭，前后两步；左翼分来原非正结，幸到此横展土屏。中轴降脉，至隔坳头束咽起顶，亦贵格也；但无雄踞一方之概，力量小耳”。这对出官不利。“然能于此筑高峰，所谓催官者，此也。木星入土，屏一甲辅朝廷者，此也。听天工耶？尽人事耶？而能无意耶？”至咸丰年间，绥堂公、允轩公以乐善好施闻名者，出面倡筑后龙山催官峰。《培田吴氏族谱·允轩公传》这样记载，允轩公“平日喜谈风水，倡筑后龙催官峰，虽患目疾，策杖监工，不辞劳瘁”。《培田吴氏族谱·绥堂先生墓表》也载：“先生倡作水口罗星。当时在庠者不满十人，预断二十年后可长青衣三十件。又倡筑催官峰以壮后龙气脉，谓此峰一筑，甲第可期。不数年，千卿叔果由进士钦点御前侍卫，而两门文武秀士，其数适符先生所云。”这里所说的“千卿叔”就是清光绪年间的武进士，官至四品的吴拔桢。他是吴氏家族几百年中获得最高官衔的人，给培田家族带来了最辉煌的时期。

培田村的堪舆从初始到不断完善，经历了几百年的时间，花费了大量的人力、财力，有时也不免引起一些分歧。为了整个家族的利益，宗族告慰族众：

村落水口由风水林、文武庙、水陂和牌坊共同组成建筑群，是村落入口的重要地标

"万万者幸勿怀疑贰，勿事因循，总期有志竟成，度人事至而天工可补，地灵萃而人杰无疆耳。"①清代末年，培田村的风水修护基本完成，理想家园的格局已定，人们形容它是："三龙落穴，五虎雄踞，前朝笔架，后座卧虎，两砂紧护，玉带环腰。"正如继述堂的对联所说，"水如环带山如笔，家有藏书垄有田"。

第三节　外围环境的建设

堪舆风水，表面上看纯系为人丁的繁衍，文运的昌盛，官运的发达，而实际操作中的堆山、植树、造屋、修桥、铺路、起庙，却是现实的需要并须理性地思考，起到了规划村落布局，使村子结构体系（水系、道路）日趋合理，功能日渐完善的作用。

出村西通往汀州府方向的村路，铺成卵石地面，至今保留完好

村内的街巷由河卵石铺砌，路中间铺大石块，方向性很强，耐磨又美观

① 引自《培田吴氏族谱·建阁筑取水关》。

1. 道路与路亭

村落外围环境建设中，重要的一项工程是修路。培田通往汀、连的山道原本只是普通的乡间小路。这一带因吴家势力大，周边山场又多属吴氏家族管理，毛贼土寇不敢在这地块上轻易造次，路上十分安全。自山路修建后，官家、商人往来日渐增多，尤其是官家多骑马乘轿，为此这条路破例升格为汀、连两邑的“官道”，并有了官方邮驿，驿设培田。培田人重礼仪，官家往来多了，为迎来送往，特将村中的一座称为“大屋”的大宅用来接待各方官员，大屋也从此改名为“官厅”。村里还因此有了官路上、官路下等小地名。

培田村的道路可通向三个方向。

其一，出村南的水口，沿河源溪向南顺流而下，一直可通到朋口镇。沿溪道路较为平坦，用河卵石铺成约一米宽的路面。明末时培田已有圩集，朋口、文坊、曹坊等河源下游村落的人会到培田赶圩，购置各种山货、农产品、手工产品和外来的工业产品如染料等。

其二，出村子西北的上水口，翻过松毛岭山路可到达汀州、清流、宁化等地。这条山路长，最初只有靠近村子一段是河卵石铺砌，清中期后吴氏家族中乐善好施者不断捐修此路，其中最艰难的几段路铺成碎石路面。山路艰辛遥远，途中缺少纳凉、避雨、歇脚的地方，一些从事商贸经营的乡绅十分体会其中的辛苦，便在山路上修路亭，十一世祖鹤亭公就是其中之一。《培田吴氏族谱·鹤亭公纪略》载，鹤亭公“中年贸易，刻苦自励，虽未读书，能知大义……性好善举，凡有便于人者，欣然为之，无少吝。乡之西有一岭，名曰太平，上汀钜道也。十里崎岖，息足无所，公于半岭构一亭，以便行人”。据说到清末时，这条山路上有大小路亭十来座。

其三，村落东边发源于寨寨岭的五礤坑溪，俗称“大坑溪”，从大坑溪向东翻过高坊岭，是一条通往连城林坊的山路。培田老八景“云霄风月”诗形容：“势压群山耸碧天，东西两地控汀连。”由于一头通汀州，一头接连城，培田村就成为汀州、连城两地往来必经的中间点，这段到连城的路途虽不长，却是往来商客及官员的主要官道，高险难行，人们形容它“山势接云霄，崎岖道如蜀”。明代进士徐日都，仰慕培田的人文和山水，在他做了长汀县官员后，专程访游培田，没想到山路如此崎岖艰难，以致坐在轿上仍筋骨疲惫不堪，夜晚住宿培田，写下了《宿吴家坊书怀》诗，感慨旅途之难。

道路的艰辛给人们带来了诸多不便。明隆庆年间，汝厚公凭借自己经商所得，开始修建汀、连山道。《吴氏家谱·汝厚公传赞》中载，汝厚公“赋性慷慨乐施……五磜坑头大岭，为长、连两邑要道，崎岖难行，公独捐赀砌石，卒成坦途，行人皆便之。后乃竖碑于道旁，曰汝厚公捐修之路”。山路修好后，“一日，有县主陶公讳名世者，往连邑，过斯岭，馆于培田之乡，公之族侄金锽出公行状请为文记之，其末云：‘义声载道上，仁德永传。萃善行于一门，造福基于百代’”[1]。又如汀邵总镇、粤东关振国在《培田吴氏族谱·出云亭记》中载：“届吴家坊，承吴化行等绅款接，行台谈及斯岭形胜，始悉岭之路砌自前明吴公汝厚，亭亦前明某筑，历久倾圮，行人苦之有年矣。丙辰来捐基修缮，焕然一新。新路则化行、化成、化干、化云昆玉也，新亭则节官等也。”以后又有允轩公“构林坊岭（去林坊方向的小山）下亭，修岭及松树冈路”[2]。为方便行人，路亭中还有人施茶。如引斋公“修桥平道，施茶善举，不一而足”[3]。

① 引自《培田吴氏族谱·汝厚公传赞》。
② 引自《培田吴氏族谱·允轩公传》。
③ 引自《培田吴氏族谱·引斋公传》。

村西是河源溪的上游，也有一组水口建筑，由胪第桥、胪第庙和胪第庵组成。上水口称"天门"。这是胪第桥

又如《培田吴氏家谱·久亭公墓表》载："久亭公竟公忘私，好施乐善。……古道首修，十里羊肠如砥；亭茶经煮，千秋露泽长甘。"……

2. 村口与桥梁

培田村的三个村口都十分重要。

其一，村落南面村口是村落重要的水口，又是通往朋口镇及朋口码头的大路。这里建有一套完整的护卫水口及作为村落标志的建筑群，即文武庙、社庙、水碓、石牌坊以及高大茂密的风水林，使村口十分壮观。尤其是村口的"恩荣"石牌坊，成为进入村落的重要标志。

其二，清代初期为划定村落界线，建村西寨门，位置在老虎尾东山脚下。据吴美熙先生讲，村寨门为石墙、单檐、木门楼，

胪地庵内供奉着对人们有求必应的各路神仙，是村人的福祉所在

胪地庵大门

是村西小村口的标志。出村向西是通往松毛岭、古汀州、宁化、清流、归化等地的重要道路。出村之后在距村北两公里处是村落的天门，有胪第庵（现写为“胪地庵”）[①]及石桥等建筑护卫，是西村口。

清康乾时期，培田有部分族人迁至河源溪东、大坑溪北侧地段。咸丰年间，居住在这里的分支房派始终财源不畅，地理先生说此地龙脉太弱，需将松毛岭主龙脉接过河来，才能促使本派财源兴旺。怎么才能接龙延脉呢？风水师指点在河源溪上游建石板桥（现万安桥西北的胪第桥），跨过水溪。此时正值吴家商贸频繁，官员往来较多，胪第庵下游河溪上也缺少桥梁，百姓倡议建桥也已多时。清光绪二十九年（1903年）冬，以吴灼其为董理，鸠工在胪第庵下游四十米处建起一座石拱桥，解决了往来过河问题。为此还刊刻一通石碑：“□□董理灼其颂曰：錾金凿石，矻矻成功。谋资人力，休荷神工。一湾势顺，两岸跨雄。同行策马，横架垂坔。津通瀛海，利济西东。浪平河伯，惠诵樵童。千秋巩固，万祷天工。善有余庆，可感可风。大清光绪二十九年冬胪第庵下鼎造。”

其实早从先祖郭隆公起，历代先祖就不断筹资建桥，其中五亭公修桥一次就出资贰佰柒拾圆，但山洪暴雨水患频发，桥屡建屡毁。为此，清光绪年间修桥时，特将先祖们捐资情况刊刻立碑，以为缅怀。其中有：（明）吴郭隆伍圆，吴炎德伍圆；清嘉庆年间人吴昌同伍拾圆，吴跃亭伍圆，吴久亭贰拾圆，吴三亭拾圆，吴五亭贰佰柒拾圆……共计捐资五百多圆。[②]胪第桥建好后，家族每年出资维护修缮，保障了培田到汀州往

① 1966年后，此庵无人管理，日渐破败。20世纪80年代，此庵复建并恢复香火后，人们将“胪第庵”写成了“胪地庵”。

② 培田人，吴念民提供。

来经济通道的畅通。

其三，位于村东的村口是通向连城林坊的大道。最初这里并没有作为村口建造，也没有任何标志。康乾时期，当部分族人迁至大坑溪南、北两块地段上建房后，为了解决汀、连两方向过河源溪的需要，也为壮培田之门户，“其先世辟土丕基，即造万安桥以壮一坊门户，而通长、连往来要津。高广如度，既固且宁，其所由来久矣”[1]。后正对桥头，坐西朝东建有一座妈祖庙，靠桥的西北侧临溪有大坝里的义和圩集，桥旁树木茂盛，佳境宜人，形成了东部村口建筑群。清代末年，吴昌同因捐建闽省吴氏试馆，为公益事业慷慨解囊，朝廷嘉奖并赐立“乐善好施”石牌坊。村东口商人们往来频繁，家族便将牌坊建在万安桥北两百米处，从连城到汀州去的人，在山头上就可远远地望到石牌坊，它成了培田东村口的重要标志建筑，与妈祖庙、万安桥等建筑共同组成村口建筑群。

村东口万安桥一带环境幽雅，为培田八景之一。每当暑夜月明，老少咸集，人们在桥头闲谈家常，至今村中还流传着一些与桥有关的风水故事。传说，清末一位风水师从连城到汀州路过培田，走高坊岭时放眼下望，看到偌大的村落，山环水绕，不觉叫道：“好一个天子地！”于是他兴奋地走下高坊岭，一边观赏山野景致，一边向村里走去。当他从村东口走到村北时，不觉叹了口气，摇摇头出了村。有好事者见此人神态怪异，高兴而来败兴而去，就大着胆子上前探问。风水师说，初看山环水绕，以为是个能出天子的地方，再看这溪上的几座桥，都是为了延展龙脉而造，但这窄小的板桥能接多少龙脉呢？所以，此地定出不了大

① 引自《培田吴氏族谱·万安桥记》。

官。听了这话，培田人多少有点遗憾，但在实际生活中，他们走南闯北，更看重实效，只要能解决实际问题，也就乐在其中了。一首《平桥望月》诗[①]，足以反映出村人的务实心境：

闲散溪桥步稳平，
当头秋月恰空明。
森森古木枝增色，
涌涌清溪石作声。
农叟聚谈今岁稔，
诗人却喜此宵清。
夜深露冷归来去，
魂梦心犹皓魄萦。

除了胪第桥、万安桥之外，河源溪上还有两座桥。一座在村北张元山脚下，处于胪第桥与万安桥之间的永济桥；一座是在万安桥与村下水口之间的魏屋桥。它们为实际生活而建，但在人们思想深处又有借以附会风水接龙的作用。

3. 水利工程

修水陂、建水圳是培田村外围环境建设的大工程，它们贯穿于村落建设的始终，难度很大。建设的原因有三：一是消除水患，改善农业生产条件；二是供应村内的生活用水；三是满足一定的风水要求。

河源溪上游的两条支溪，一条是连屋田溪，一条是洋利坝溪。它们发源于村北深山，在距培田村两三公里处流入河谷地时，因落差较大，日久冲成了一些深水潭。传说很久以前，一个潭里住着龙，称龙潭；一个潭里住着蛟，称蛟潭。龙潭水一向平静，蛟潭中的蛟则经常施展小计，诱惑钓鱼者、过河人，伤害百姓，还常兴风作浪，发洪水，使得河水改道，淹没庄稼，冲毁房屋。河源里的人决心治理水患，兴修水利，于是在位于培田村北一个叫雷公塘的塘口修筑水陂。但多次修筑的水陂都被蛟神

① 引自《培田吴氏族谱》中以“平桥望月”为题作有许多首诗，这是其中一首。

发水破坏了。土地爷见人们如此辛苦，自己又无力帮助，便通报天宫，由玉皇大帝派吕洞宾前去制服蛟神。

蛟神被制服后，吕洞宾正要返回，见村民为了农田灌溉，正顶着炎炎烈日在雷公塘垒石修陂，但一次次遭受失败，于是化身为名叫“定光”的孩子，亲自帮助建陂，并施展法术促使雷公塘陂堰很快建成。放荡不羁的河水终于按照人们的意愿，顺从地绕村而过。之后，村人又在雷公塘陂堰两边砌出两条水圳，一条引入河西侧农田，后来村落扩大，经改造成为村中的水圳，另一条引入河东农田。现在，河源溪中仍可看到许多大石头，人们说这就是当年定光作法时留下的。蛟潭为此成了培田八景之一，还留下了《蛟潭晚钓》诗：

翠壁苍崖树色交，
潭深古说有潜蛟。
幽溪盘曲龙蛇动，
怪石嶙峋虎豹哮。
竿影频移红蓼岸，
屐痕渐印碧苔坳。
夕阳斜照渔归去，
入画新诗手自钞。

其实，这类故事在汀州、连城乃至闽西一带非常多，被称为“龙潭”和“蛟潭”的地方也很多，它反映了闽西自然环境和生存条件的恶劣，但也同时鼓舞人们为改造环境、征服自然而奋斗。

水陂的兴建，在家谱中没有记载。村人传说从十世祖吴在敬时开始带领族人兴修水利。在敬公，“讳钦道，字在敬，乐庵其别号也，东溪公长嗣。在崇公胞兄，幼习儒业，聪颖异常，因东溪公三旬而逝，遂置笔砚而理牙筹。父母生事死葬始终尽礼，与在崇公同居，怡怡友爱，未曾少衰。及嘉靖三十五年（1556年）四月分爨，兄弟均财让产并无琐琐态”[1]。在敬

① 引自《培田吴氏族谱·乐安公行略》。

位于曹溪头的水陂至今仍为人们所用

公十七岁外出贸易，家境富足，是家族中德高望重之人。为家族的发展，他借风水之说发动大家修建水利工程。《培田吴氏族谱·乐安公行略》载："如我上下两乡水域太宽，公倡议堆砂。族人从之如林，一日夜间，遂堆数十丈之阔，一丈之高，迄今松树畅茂，皆公手植，乡人遂呼为松树墩。"在他的带领下，村人于雷公塘下游又建起两个水陂，即瀛头陂和双溪陂，于村落水口下游建起唐公陂。《培田吴氏族谱·深窟前唐公陂记》载："此陂托始前明，由来久矣。"可见培田的水利工程——水陂，明代中后期已基本建成。

明时，河源溪水道沿谷地西侧卧虎山脚下流过，距赖屋仅五十多米。由于地势低洼，溪水常年冲刷，卧虎山脚下形成一个水湾，滩边长满了水生竹，被称为"水竹潭"。由于河源溪紧逼卧虎山，衍庆堂处于反弓水位置，按风水理论不宜居住。而对处于河源溪东岸的魏屋来说，河源溪正好是最佳的腰带水。《培田吴氏族谱·郭隆公行略》

为灌溉农田，供应村落百姓生活用水，吴氏先祖从问源溪上游建造了水陂，将溪水引入人工开凿的水圳内

载："明初（河源溪）渐徙而东，湾环若带。"卧虎山脚下慢慢从反弓水转为腰带水，由于溪水向东改道，这里的地段也宽阔起来。至今人们在此建房时仍可挖出大量的河沙和贝壳。为避免河水再次改道破坏村落并保住腰带水的好格局，宗族在后来兴修水陂时，对河源溪的河岸进行了部分人工加固，一直保持至今。这项水利工程经历代不断整治，一直沿用到20世纪60年代，是造福吴氏家族的重要工程。溪水改道后，溪岸逼近魏屋家门；到清嘉庆年间，魏屋只剩下一个地名。河源溪东岸被溪水冲刷崩坎的情况，近几十年仍在继续。①

① 培田村吴树民说，河源溪的河道至今仍在向东迁移。1995年他在村北曹溪头承包了二亩水田，西侧是河源溪岸，2003年底二亩靠河源溪的田坎已被冲掉一米多宽，约二分多地。溪对岸土地宽出约二分地。吴树民还听老人说，1949年至今，村外水圳至河源溪之间的土地向东冲出十来米宽，河岸西侧土地展宽了十几米。

培田的水利工程——水圳的建造也没有文字记载，但村里人说水圳建造晚于水陂。客家人爱干净，常要洗洗涮涮，当河源溪渐渐东徙远离村落后，为了方便村人汲取生活用水，也为了浇灌河源溪西岸的农田，人们开始利用水陂，从上游修建水圳引水到村。那时村落很小，水圳沿村落东侧外围修建，既满足农田浇灌，又保证村人的生活用水，还是当时村界的重要标志。不过，那时的水圳仅是普普通通的土坎水沟。到清康乾时期，大规模的住宅建设将这条水圳夹在了中间，成为村中水圳，土坎水沟逐渐用石块砌筑了整齐的驳岸。清末时培田村已形成村西、村中、村东共三条水圳。

水圳逐步增加，功能也逐渐完善。水圳设有上水闸和下水闸。上水闸为引水闸门，下水闸控制水量，当田地不需再浇灌或水量过大时，关闭上水闸，开放下水闸，水圳的水就会回流到河源溪中，既解决了

引入村落的水圳，从河的上游引水到村内，弯弯曲曲长达三四公里

进入村子的主水圳设置了水闸门，随时开启关闭，补充其他分支水圳的用水

培田部分田地的灌溉，又解决了下游上篱，上、下曹坊，科南，洋背等村落的农田灌溉问题，山洪暴发时还利于及时宣泄。水圳至今仍在使用。

水圳遍通全村，人在家门口就可以洗洗涮涮，十分便利

水圳条条街巷有，水圳家家门前流

第五章 | 村落结构布局

第一节　村落发展与演进

第二节　水圳、水井和水塘

第三节　村内街巷体系

第一节 村落发展与演进

衍庆堂建成后，至九世祖石泉公、巽峰公一代，家族人口增多，儿孙满堂。按照“祖荫庇后”的说法，衍庆堂住宅升格为六世祖祠。由于培田人基本是郭隆公的后代，六世祖祠就成为培田村的祖堂。有了祖堂大风水的庇护，子孙的房子便沿着卧虎山的山脚，向祖堂北部空旷的地带顺势建造，一直绵延到南坑口老虎爪东侧。整个村子范围东西宽约六十米，南北长约二百米，犹如一弯新月。水圳沿村东各家门口流过，供洗涤、防火之需，并划定村界。水圳向东至河源溪之间宽一百五十到二百五十米，是一片肥沃的农田。这种格局一直保持到清乾隆以前。

清康乾时期，社会稳定，农事顺畅。培田村吴姓已繁衍了十来代，人丁兴旺，农、文、工、商全面发展，尤其是在外经商者，屡屡携财还乡，在故里大兴土木，建设豪宅，有的为子弟而立，有的以备年老落叶归根，颐养天年。其中以十四世祖吴纯熙为代表。吴纯熙生有六子——铭、锐、镗、镛、铨和铮，为了六个儿子能成家独立，吴纯熙为每个儿子盖了一幢住宅，有衡公祠背后的住宅（现已毁），河源溪东岸对双溪（大坑溪）南的下业屋，久公祠后的烂屋里宅（现已毁）、新屋里（后来的双善堂）

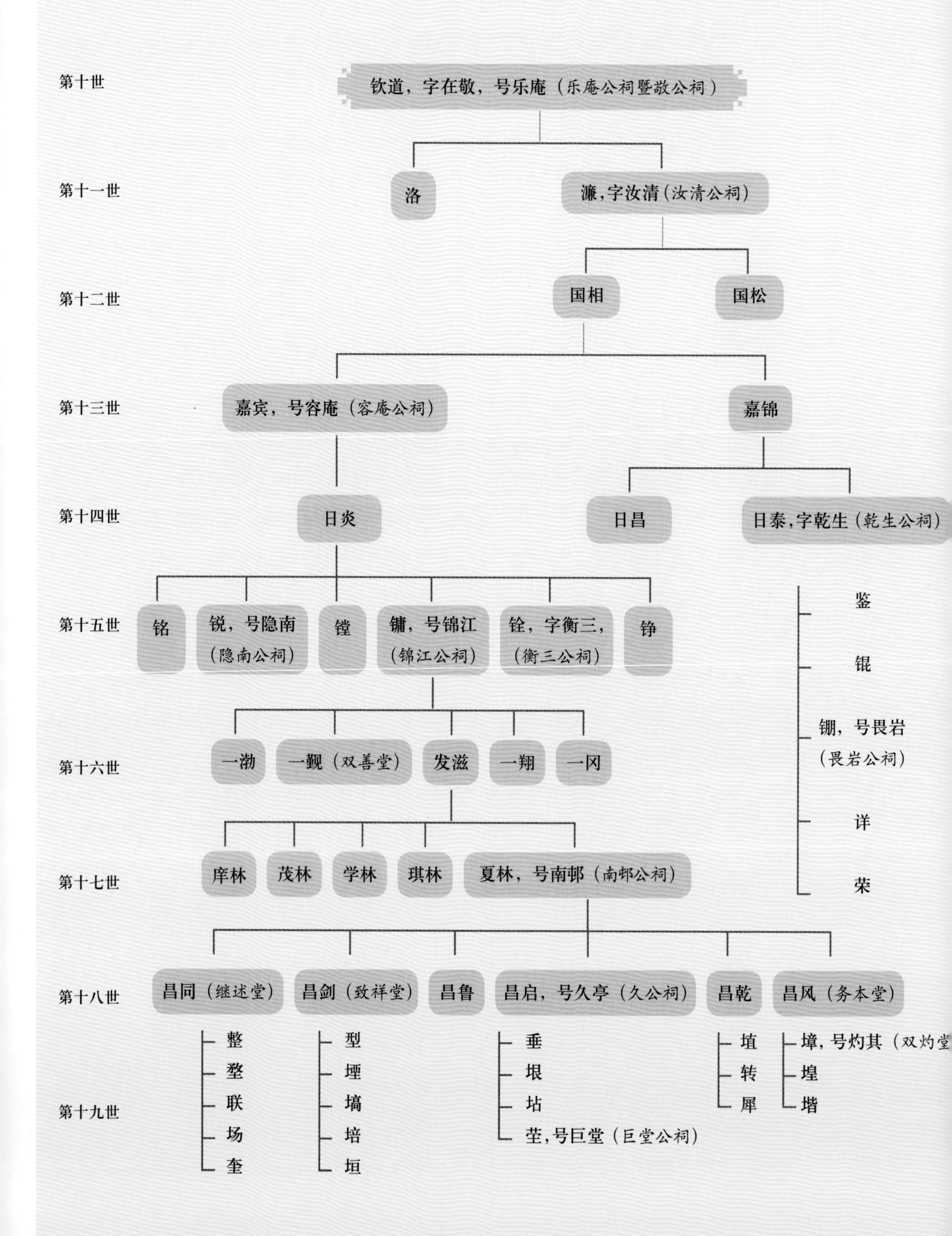

第十世
钦道，字在敬，号乐庵（乐庵公祠暨敬公祠）
第十一世
洛
濂，字汝清（汝清公祠）
第十二世
国相
国松
第十三世
嘉宾，号容庵（容庵公祠）
嘉锦
第十四世
日炎
日昌
日泰，字乾生（乾生公祠）
第十五世
铭
锐，号隐南（隐南公祠）
镗
镛，号锦江（锦江公祠）
铨，字衡三，（衡三公祠）
铮
鉴
锟
锄，号畏岩（畏岩公祠）
详
荣
第十六世
一渤
一觐（双善堂）
发滋
一翔
一冈
第十七世
庠林
茂林
学林
琪林
夏林，号南郇（南郇公祠）
第十八世
昌同（继述堂）
昌剑（致祥堂）
昌鲁
昌启，号久亭（久公祠）
昌乾
昌风（务本堂）
第十九世
整
埑
联
场
奎
型
堙
墒
培
垣
垂
垠
坫
茔，号巨堂（巨堂公祠）
埴
转
犀
嶂，号灼其（双灼堂
埕
墙

在敬房历代祠堂图（十——十九世）

和现中街锄经别墅右侧的衡公屋及大屋。这几栋大宅，一造就是几年至几十年，直到儿子辈或孙子辈时才完成。吴纯熙除为自己和儿子建住宅外，另有为本房派专门建造的一座银楼及商业铺面房。这十几幢住宅在填满了老村空地后，只好再向村北扩展。如双善堂就建在村北原上屋头的东侧，占地十亩。由于在村中插建住宅很受地段的限制，吴纯熙干脆买下村落前沿北侧水圳东最好的农田，建起住宅。其中最大的一栋住宅占地六千九百多平方米，宅子从建造到完工历经几十年。因占地面积最大，人们称它为“大屋”。这栋大屋，包括水塘在内，纵深近一百米。同时，在万安桥东南称为“对双溪”处，即大坑溪汇入河源溪处之东岸，也建起两幢大宅。它们的建造突破了最初作为村界的水圳，此时村子从原来的东西宽约六十米扩增至一百余米，南北长增至三百多米。村落的规模比明末整整扩大了一倍。

清中后期，培田再次大事建造豪宅。此时老水圳西侧已经没有可插建的房基。以吴昌同、吴华年为代表的一批富商，只能在老水圳之东的农田上兴造新屋。吴昌同的继述堂就建在祖堂衍庆堂正东，中隔一条水圳，规模很大，占地也在十亩之上。其他几座大宅，从继述堂往北至吴纯熙所建的大屋之间，有继述堂的工房屋、敦朴堂、双灼堂、灼其堂、如松堂、济美堂、致祥堂等依次排列。原有的水圳被这些住宅夹在村中，水圳与村内道路并行，逐渐形成了培田村内的商业街。

在此期间，万安桥的对双溪及对双溪的北侧也陆续建宅。从此村子的格局由三块住宅片区组成。到1949年以前，培田还陆续有小的建设，但村落规模及水网、路网格局已定，“三条水圳穿村过，三横五纵路网通”。村落东西宽约五百米，南北长近一千米，占地达五十公顷。站在山上俯视整个培田村，“列屋瓦鳞鳞，平铺宛如玉”，好大一片屋宇。

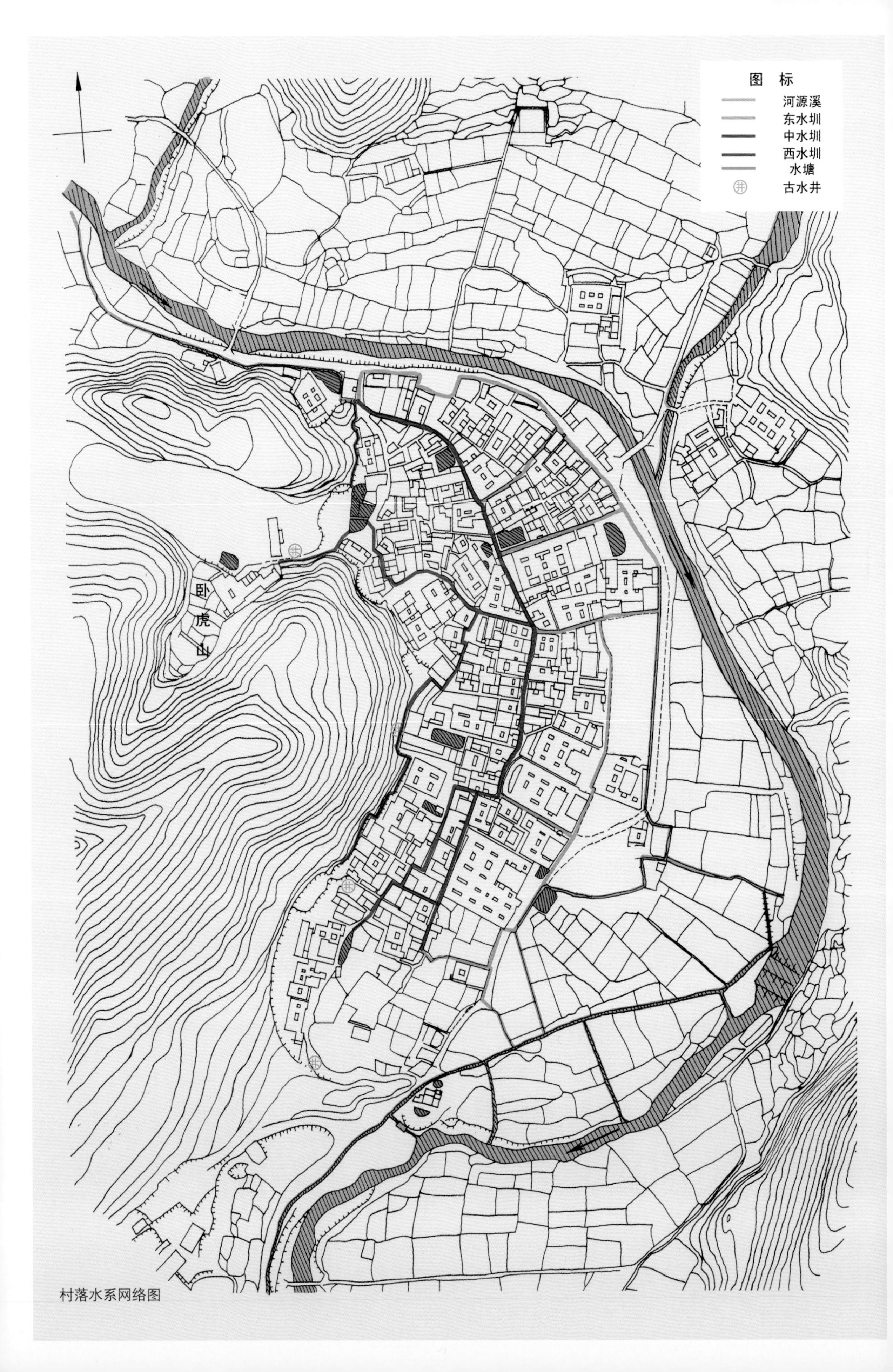
图 标
河源溪
东水圳
中水圳
西水圳
水塘
古水井
卧
虎
山
村落水系网络图

第二节　水圳、水井和水塘

1. 水圳

水圳是利用水道地形的落差筑水陂，引水入村的水渠。它供给村民日常生活用水，即洗衣、洗菜、洗农具、发稻种等，也作消防之用。为区别于单纯用于灌溉的水渠，称为“水圳”。

如前所述，培田村共有三条水圳。一条是村落中路的水圳，其雏形是建于明代灌溉农田用的引水灌渠，建造年代最早，村落扩展后被夹在村中。第二条位于村落西部，紧邻卧虎山，它形成的具体时间不详，据村民说，大约建于清中后期。那时村落不断扩大，考虑到居住区深处村民生活的不便，就从村北，即中路水圳上游增设了一个水闸，开辟了一条新的水圳，引入西侧，贯穿村西居住区。这条水圳规模小，村人称“小水圳”。第三条位于村东侧。清末至民国年间，村落不断向外围扩展，灌溉河源溪西岸农田的中路水圳被围在村内，

孩子们在街巷中

街道一侧是水圳，临水一侧人家在家门口搭石板，一派小桥流水人家

水圳在街巷转弯，从街的一侧变更到另一侧时，水圳改为暗沟，上面铺石板

为了这片农田，在村东又开凿了一条水圳，它沿着清中后期所建住宅区东侧外沿修建，是建造年代最晚的一条。

水圳内是活水，日夜不息，曲曲弯弯，流经各家各户门前，大致与村内街道并行，或位于道路的左侧，或在右侧。久公祠就因门前有水圳，特题对联“临门环水绿，排闼笔峰青”。在水圳流经的主要建筑前，需变更水道位置时，如从街右变到街左时，就在变更的一段铺上长石条，使水圳成为暗渠。即使是春夏两季丰水期，雨水排泄仍十分顺畅，街道上从不积水，雨水也可从铺盖的石条缝隙排到水圳中。水圳通常宽约六十厘米，深约五十厘米。为保证村民洗衣和劳作的安全，也为洪水期水圳保持坚固，水圳两岸及圳底全用河卵石砌筑。

为了水圳能形成一定的落差，水流通畅，隔十来米就在水圳上用木板闸成一个个小水陂，再铺架上一两块条石，旧时妇女们利用小水陂上侧较宽的水面，在石条上捶衣洗涤，有“万户捣衣声”的意境。春夏两季，小水陂中常放置着人们用来发稻种的箩筐。平日妇女们浣洗之际，相互交流，闲话家常，水圳边弥漫着浓郁的乡情。

水圳中的水主要作为村人的生活用水，少数人家也饮用水圳之水。为保证水流清洁，《培田吴氏族谱》严格规定：“路内圳水所以护祖堂而便汲饮也，务宜长流清洁，毋得投以秽物等件。违者

水圳边较宽的地方比较适宜村人休闲

宽一点的街道边有石条供村民休息

老人们在水圳边一边聊家常，一边做家务

重罚。”其一，村中污水沟之水不得流入水圳；其二，水圳内不得倾倒垃圾、粪便等污秽物；其三，每年春秋清理水圳污泥，修整驳岸及圳底。违反规定的人要受处罚，受罚的方式也很有意思。轻者自己鸣锣，边走边将自己受罚原因喊出来，绕遍全村，让所有人都听见，如有人说没有听见，要重来一次；重者在鸣锣游街后，还要罚款，数额依据情节而定。为此，家家都遵守族规，并注意从小教育自己的孩子。

2. 水井

村人的食用水主要是井水。村内原有四口水井，它们均匀地分布在卧虎山的山脚下。从南向北，一口在村南原新福庵，也就是村子的右砂松树冈内；一口在衍庆堂南侧五十余米；一口在衍庆堂北侧五十余米；还有一个在南山口，称“南坑井”。水井依山根开挖，从上向下看，形如对半剖开的瓠瓜，称为“瓠瓜井”，头上大而圆，头后细而长。井水聚在头部，很浅，井壁

培田老水井分布较均匀。采用瓠瓜井的形式，这是修竹楼西侧的老井，上百年了，至今还在使用

用河卵石砌筑，在瓠瓜头后细而长的部分用大石块砌成台阶，可一步步下到积水处提水。

水井的挖掘也有风水迷信附会其中。培田村至今流传着风水井的传说。当年，陈山人说开凿南坑井与新福庵井相对，就是一对虎眼，卧虎苏醒，家族兴旺。为此，家族把南坑井与新福庵井并称为“双佩”。《培田吴氏族谱·八胜南坑井》中载：“养不穷者井也。通龙身血脉者亦井。祖堂左片山下一井，侧柏树下一井，泉流甘美，与右手二井相映，如双佩然。带水环朝，佩泉班列，美哉井乎！厥后人烟稠密，粪窖秽污，遂至一智一坭，水从南坑井出矣。不深不浅，汲既无事乎；自生自成，修更无烦于甃；为寒为洌，任取任携，受福者久矣。今树杉与化行公之塘，堪为乡人计，保障除风杀。异日林成翳郁，联寨作屏，坑内外人烟可大可久。……血脉之通，人生之养，岂有涯哉？甚毋投以污浊，致如二井之智坭。”这都是在告诫众人爱惜和保护水井。

新福庵井与南坑井的水质好，还可以治病。相传，八四公定居上篱后，第二年就娶了住在上河源溪东魏屋的魏家女儿。当年，年轻的魏家女儿脸上和颈上长了一些疮，久治不愈，嫁到上篱后，每日用南坑井水洗擦，时间不长，脸上、颈上的疮便消退了。人们问八四公用什么仙丹为她调治的，八四公告诉村民，就是长期饮用“虎眼井”水的缘故。人们听后便认为这口井可以消灾祛毒，不少原吃溪水的人，也开始吃井水。人们发现这两口井涝不溢，旱不枯，似有龙脉相通，就称它们为“龙井”。

又传，一年，一位新媳妇初嫁到此，把自己的脏衣服拿到南山口龙井边搓洗，井水突然混浊起来，几天不清。族长即令这个妇女备好三牲祭品，请道士祭井神，龙井水才返清。有村民不信，照样拿衣服去洗，龙井又同样变浊。从此，家族立下族规，严禁村民在井边洗衣。村民对这两口井更加爱护。

南坑井因靠近南山书院，景色绝佳，与书院共同构成了村中八景之一。《培田吴氏族谱·八景诗》中称：“吾乡井泉如佩，色味俱佳。当清晨村烟四起，予取予携，益形润泽。”吴爱仁有《芳泉趋汲》诗赞曰：

家家晨起各炊烟，
约伴同挑万斛泉。
寻到源头从出地，
破开水面欲掀天。
瓶烹玉液茶香烈，
砚滴琼浆墨色鲜。
右有左宜人不渴，
还思先泽几劳穿。

水质好坏直接影响着人们的生活，水本身也给人们带来了福音。培田与上篱村相距0.5公里，但上篱村建在一个小冈上，人口少时，打井食用，后来井水水位下降，水质也不如前，许多人家不得已到河源溪中担水过活，时间一长，一些住在半山腰的人家干脆迁往他处。而培田的水井因保护得好，水源充足，甘甜味美，至今依旧使用，并成为培田人待客沏茶所用的上好水源。

以后村落扩大，许多大户人家为了方便，就在自家宅子前后或院内挖井。但开挖前要请风水师，看什么位置掘井有利主家，还要品尝地下水的味道是否甘甜。如果色味俱佳，说明风水好，可以打井，否则绝不能打井。井通常不能打在房子的中轴线上，这样会挖断这家人的龙脉，不出人丁；也不能离上厅太近，这样会不利于家业。因此家中的水井大多位于住宅南侧。井口很小，平时上面还覆盖木板，以策安全。

3. 水塘及排污水沟

培田村内的水塘分布均匀，有自然形成和人工挖掘两类，均为活水。地段最高的水塘由水圳引水入塘，水塘间互有暗沟连通，有进水口和出水口，最后排入农田的小水沟内。水塘有以下几个作用：蓄积粪肥，清理污物，消防及改善村中的小气候等，还可改善风水不足。

自然形成的水塘多在靠近卧虎山一带（原河滩处），河源溪东移后，人们在此建房，填平了一些小水坑，保留了一些较大的水塘。其中不少水塘起着重要的风水作用。如南坑口，即虎头与右虎爪之间，有个山坳，冬季北风吹来，煞气很重。当初，三世祖文贵公从上篱迁至赖屋时，在南坑口内专门建了一栋三开间、上下两层的望思楼来阻挡煞气，但一座木楼显得太薄弱。据堪舆说，煞气只有几次遮挡，几次落煞后才能见效。挡煞可用楼，落煞则用塘。正好南坑口有一片水洼，南山书院前有一口水塘，这就既有“挡煞”，又有“落煞”。但风水术又认为两口水塘并置犹如“哭”字，不吉利，于是将南坑口的一口水塘改造为两口，形成三次“落煞”。这样，北风经南山西侧的小冈时，受到了一次“挡煞”，到南山书院前水塘经过一次“落煞”；再经望思楼一次“挡煞”，到楼前水塘再两次“落煞”。三次“落煞”，煞气基本消除。南山书院下的南坑塘是维护全村大风水的落煞处，因此家族格外重视，规定任何人不得破坏和改造这里的水塘，即使大旱，南坑口水塘也不能戽干。为保护这口水塘，族人在塘岸边还种植了一些树木。

人工挖掘的水塘多为建筑前的小风水塘，如文武庙、乐庵公祠、官厅、继述堂等前面均有方形或半月形水塘。建筑大多坐西朝东，让村东笔架山倒映在水池内，寓意文笔蘸墨，可兴盛文运。笔架山又是火形山，阳气太足会对家族不利，正好半月形的水塘属阴，以水克火，确保平安。水又是财源的象征，但忌讳建筑前后都有水塘，当地有俗语：“前塘后塘，家破人亡。”

水塘是蓄积塘肥的重要来源，也是村落排污沉积，兼供人们洗濯衣物、农畜用具的场所，但不容许涮尿桶，尿桶只准在田中的水沟里洗。由于塘里养鱼、种莲，水塘中的污浊在沉积后形成塘肥，肥力很强。每年均要将塘水戽干，将塘泥挖起送到水田中。培田水田多，用肥也多，除各家茅厕积粪肥外，连猪、狗、牛等粪肥也都捡拾收积，供大田使用，塘肥也很重要。培田有句民谚：“偷肥穷，偷粪绝。”如果谁偷了人家的肥料，村人就会用此话诅咒他，足以说明粪肥对农家是多么重要。为此，即使是富有的大户，也不放过各种肥料的收积。培田村就流传着“大富佬吴昌同捡猪屎”的故事。

吴昌同经商十余年，就已堪称河源十三坊第一富户。在他年过花甲之后，便把各地店、场交予子侄料理经营，自己回老家陪孙辈耕读。每有闲暇，便与普通农夫一样戴斗笠，穿草鞋，提着粪箕在村中大路小巷捡猪牛狗粪，积肥清道。一日，烈日当空，吴昌同正在崩棚路上捡猪粪，一乘两人抬的清凉敞轿从斋庵堂方向走来。轿中坐着一位身穿绸缎、手持油纸扇的青年。青年见吴昌同正在捡拾猪粪，便用手遮鼻，停轿问："老人家，贵村昌同公住在何处？还有多远？"吴昌同回答："离此不远，村中最大的那栋青砖大瓦房就是他家。"凉轿过后，吴昌同从小路回家，见家人已沏茶招待那位青年，自己便打水洗脸，稍加梳理。当他步入厅堂时，家人向客人介绍吴昌同，那青年惊愕不已，脸红过耳，连忙作揖，下跪。原来此人姓罗，名尚俭，是吴昌同的姨表侄，因父亲过世，家道衰落，囊中拮据，难以上省城赴试，此次前来，是想向表叔借贷。吴昌同应许，并询问了亲戚家中一些事情。片刻，家人将酒席摆上。席间，吴昌同借机教育表侄，言其现在虽然富有，仍常思一粥一饭、半丝半缕都来之不易，告诫自己要克勤克俭，永不奢华，猪牛之遗尚可沃土，人若变坏，遗臭万年。又告诫其侄名为尚俭，应知节俭之理，将来当了大官，别忘百姓养育之恩，从政应当清廉。罗尚俭立刻表示，听表叔一番教诲，胜读十年经书。从此，罗尚俭一改纨绔之气，勤俭读书，登科中举，当官后注意廉洁自律，被民众誉为清官。[①]

水圳的水自成系统，生活污水的排放也有独立的水路系统，最后流入水田。住宅从天井四周屋檐流下的水及生活污水，先汇集到天井沟，再通过地下暗沟排至水塘内，或引入专门的排污水沟。通常排污水沟要低于水圳，与水圳出现交叉时，排污水沟只能从水圳下面通过。排污水沟也是用河卵石砌筑，宽窄与水圳差不多，每年也要定时清理。

有的乡绅利用水塘将宅院布置成幽雅的园林，水塘泛舟，竹木荫翳，惬意悠闲。

---

① 《培田辉煌的客家庄园》，陈日源主编，国际文化出版公司2001年出版。

第三节　村内街巷体系

1. 街巷网

清代末年，培田村“三横五纵”的街巷网格局已定。

三横　所谓“三横”，是指与村内水圳大致平行的、南北走向的三条道路，它与居住区同时形成。

村西路：最早的住宅建在卧虎山山脚下，村西路从村南进入，过新福庵向北，从衍庆堂前通过，再从都阃府背后沿山脚一直到南坑口转向西北。这条路是村中最早形成的街路，是村路，又是过境路，称为“山下路”。山脚有水井排列，村路将它们连在一起，便利了村民的生活。往来客商、官员从此处经过不必进村，可不影响村人生活。村西路从南松树岭到北南坑口长约五百米，路宽在一米左右，用河卵石铺砌地面。路不宽，铺砌十分讲究。用大块卵石铺成路心石，再将小石块铺在两边。路面中间略高，两边略低，走在上面，路心石就如同路标为人们指引着方向。这条路一面是山，一面是房子，路边是土沟，一旦有雨水，水会通过水沟流入山根的水塘。

村中路（街）：村中街与中路水圳同时形成，是贯穿全村最长的一条街，有七百余米。中街的起点是村口松树冈，过原新福庵门前，向北二百五十余米，再过衍庆堂前，至都阃府转向东，行三十余米，即工房门楼处，道路再一直向北一百五十余米，是村内的十字路口，村人称“三角街”或“三角店”。再向北二百四十余米到达村北口。其中从衍庆堂到村北口近一千米，是培田村重要的商业活动地段，街上商业、服务业门类齐全，官员、商客往来频繁，是1949年以前上河源最为繁华的商业街之一。

村中路（街）与水圳并行，路在水圳东侧，路面宽二至三米。因为紧靠水圳，街巷空间并不显得太狭窄，行人挑担、骑马或走独轮车都不显拥挤。中街路面与村西路面的做法基本相同，不同的是，中街在转角或街道拥

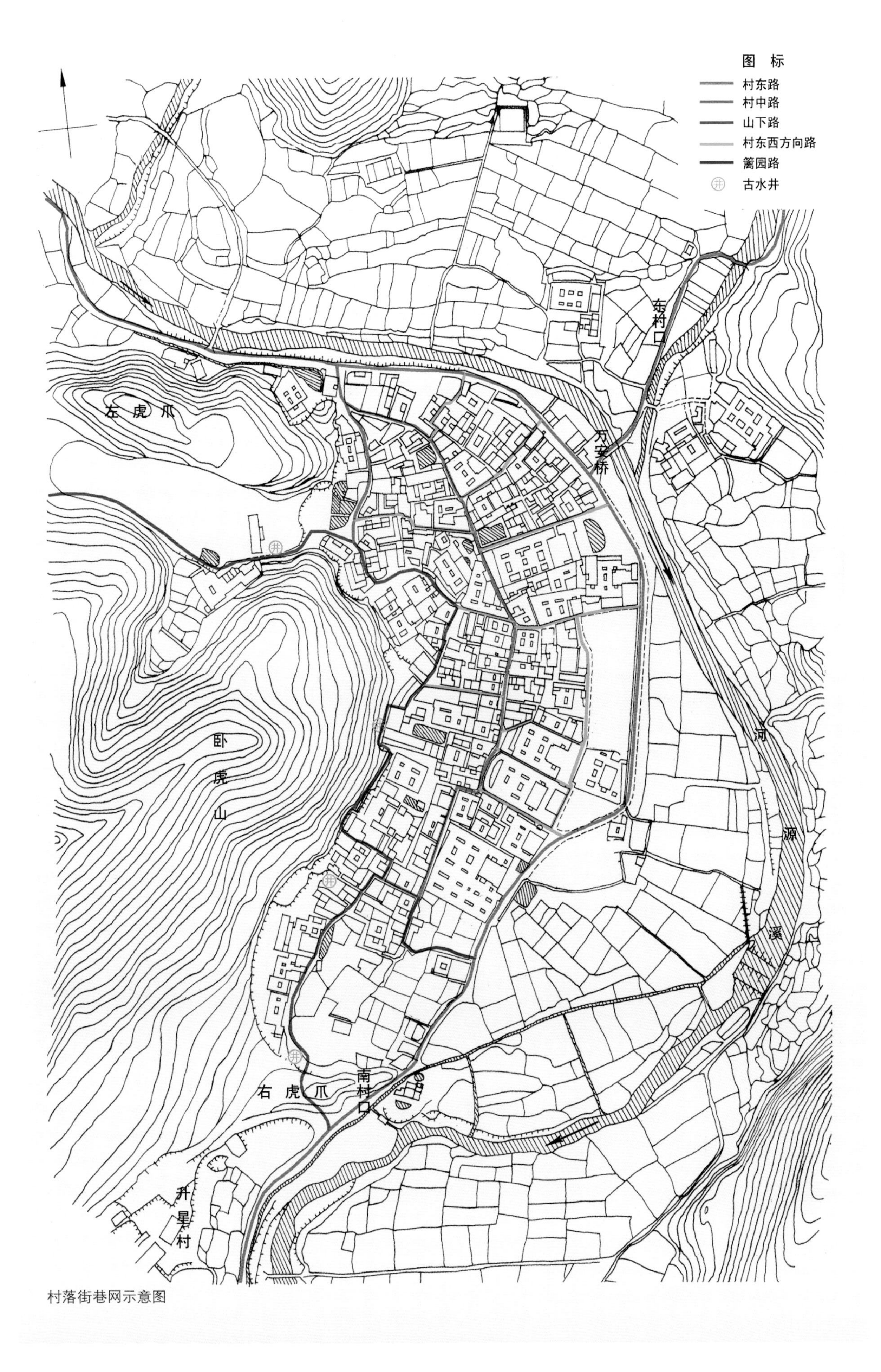

村落街巷网示意图

水圳从南村口文武庙前流过

水圳每隔一段就用木板做一个小水坝，使水量聚集形成水位差，既便于有较宽的水来洗涤，也利于增大水力冲走污物

村落东部靠近农田的水圳

挤处都把水圳做成暗沟，上面铺上整齐的石条，雨水可从石板缝隙中排走，又加宽了路面，使商店便于经营。

村东路：村东路贯通村落南北，西边是住宅，东边是农田，形成于民国年间。自这条路建成，主要的过境通道便从村西路转到村东路。路面有三四米宽，铺以砂石。

五纵　村落东西方向的巷子，从南到北主要有五条。第一条位于继述堂南侧，称“篱园路”。第二条在敦朴堂与双灼堂之间，穿过村中街，在工房门楼处形成一个丁字路口，再一直延至衍庆堂北侧的都阃府门口。第三条从济美堂南侧到南山书院的路，中段穿过村中街，形成十字路口。其中两条路夹角很小，所夹的房子平面成三角店，即培田八景中所称的“总道宵评”处。第四条从村东路官厅的北墙外一直向西，穿过村中街可达南山书院。第五条紧靠村北，从村东路向西穿过村中街直到南山书院。

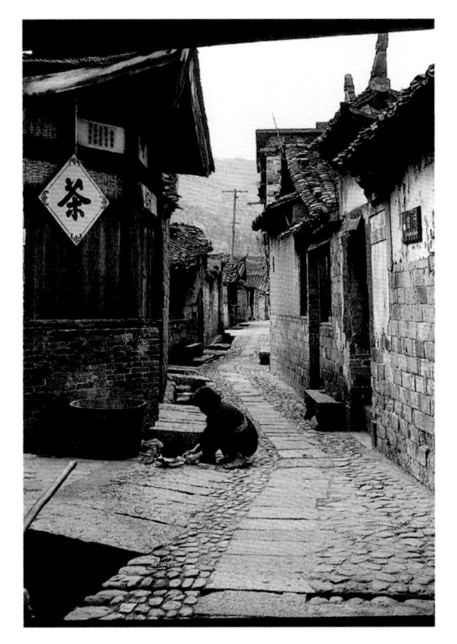

村落街景

除了南北方向的三条横街和东西方向的五条小巷外，居住区内还有住宅间的巷道，都与这些较大的街巷相通，构成四通八达的村路网，村民生活、下田劳作十分便利。道路曲折蜿蜒，人行走在街巷里，道路时而宽，时而窄，时而交会，时而转弯，街巷景观变化多样。

在道路交会和街道空间较宽敞的地方，人们会停留下来，时间久了渐渐形成聚集地。如村内的工房门楼、三角街、久公祠和万安桥头等地方就是村中主要聚集场所——村落公共中心。人们在此谈古论今，品评忠孝，议论农事，“盘桓多兴趣，忘却夜更深”。因往来人多，“老少喜游”，人们称它为“总道”。至今培田还留有不少乡绅们所作《总道宵评》的诗词，各录一首。其一：

麦垄桑畦由此达，
垂杨低拂烟霏。
晚来呼伴启柴扉。
高年扶杖至，
稚子互牵衣。
漫把古今闲细叙，
清谈剖析几微，
何曾半语论人非。
生平忘世虑，
往复尽投机。

住宅前空间与街道的关系

水圳边是村民聚集的地方，村中的三角店前因村民长期在此聚集而成为村中“申明”“旌善”之处。直到现在，日常各种布告也喜欢贴在这里

其二：

山村咸比郑公乡，
老少喜游总道旁。
晤对岂容虚月白，
高谈那许任雌黄。
三农世业闲穷究，
两晋风流愧擅长。
幸际太平无事日，
更阑露冷兴犹狂。

这些诗词不仅反映了当时村民的生活状况，也反映出作为村落公共中心的作用及其在村民心中的位置。

过去村内没有专门进行表彰或批评的“旌善亭”和“申明亭”，人们习惯聚集在三角街及久公祠前，品评时事，议论是非。村里谁违反了族规，或房派间出现矛盾需要评理审断，就在三角街或久公祠前鸣锣公告族众。时间一长，这两个地点就成为家族“申明”“旌善”之地。“总道乡风美，清宵羡里仁。品评忠孝事，夜半尚津津”，正是众人参与公正评论的场面。

正月十五闹龙灯，在街巷中穿行

2. 公道与私道

村内道路有公道与私道之分。公道是全村人共有的道路，村中有不成文的规定，平日村内四通八达的街巷村民可随意走动，但在举行一些家族性活动时，如祭祖、游花灯、游太公只能利用公道，不得使用属于房派或私家的私道。

私道属于某一房派或某一家所有。私道通常较短，它的形成，一种是为自家出行方便而修建；一种是由于两栋大宅相距较近，为防火及修缮方便特意预留出的甬道，如双灼堂与灼其堂之间宽约一米的巷子就属此类。在三横五纵的路网中，三条横向道路均为公道，五条纵路中就有两条为私道：一条是敦朴堂与双灼堂之间东西向的路，从村东路直到工房门楼一段；另一条是从村东路官厅住宅的北墙外，一直向西到村中路商业街一段。在重要的私家活动中，如娶亲、出嫁、送葬等，需要在村中巡游的，除了公道和自家私道外，不可走其他房派的私道。

村中商业街上商客、官员过

村里主要街巷通常宽二三米，个别地方三四米，每逢婚丧嫁娶，正月要闹龙灯，迎玲瑚侯王等活动，每条街巷都要游到

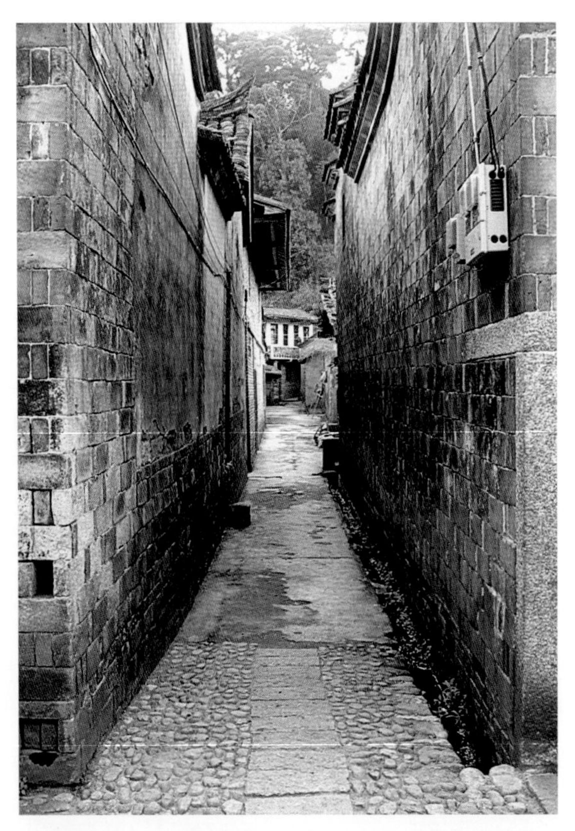

两座建筑之间常留有很窄的小巷。这些小巷是房主为出入方便修建的，属于私人所有，私人所用，因此公共活动都不走这些小巷

往较多，村中还规定：凡从大田耕作回来满腿泥泞者、挑粪桶者以及妇女出行者，只能从村东路和村西路及纵巷往来，不得穿行村中路的商业街。

公道属于全村共有，道路的维护修缮均由各房派公摊。私道为房派和私人所有，道路的维护修缮归所属房派和私人负责。

第六章 宗祠建筑

第一节 宗祠制度与渊源
第二节 培田宗祠的发展历程
第三节 宗祠类别与层次
第四节 宗祠建筑的形制
第五节 宗祠的基本功能
第六节 宗族组织及管理措施

第一节　宗祠制度与渊源

宗祠也称祠堂，起源于周朝，讲究的人家在死者坟墓前或在坟墓顶上，用石头搭建一种用于祭祀焚香的小空间，被人称为“石祠”或“享堂”（也作飨堂）。它虽不是正规建筑，但已有了“祠”的概念。《礼记·祭法第二十三》中记载：“天下有王，分地建国，置都立邑，设庙祧坛墠而祭之，乃为亲疏多少之数。是故王立七庙，一坛一墠，曰考庙，曰王考庙，曰皇考庙，曰显考庙，曰祖考庙，皆月祭之：远庙为祧，有二祧，享尝乃止；去祧为坛，去坛为墠，坛墠，有祷焉祭之，无祷乃止；去墠曰鬼。诸侯立五庙，一坛一墠，曰考庙，曰王考庙，曰皇考庙，皆月祭之；显考庙、祖考庙，享尝乃止；去祖为坛，去坛为墠，坛墠，有祷焉祭之，无祷乃止；去墠为鬼。大夫立三庙二坛，曰考庙，曰王考庙，曰皇考庙，享尝乃止；显考、祖考无庙，有祷焉，为坛祭之；去坛为鬼。适士二庙一坛，曰考庙，曰王考庙，享尝乃至；显考无庙，有祷焉，为坛祭之；去坛为鬼。官师一庙，曰考庙，王考无庙而祭之，去王考为鬼。庶士、庶人无庙，死曰鬼。”尽管有了宗庙，因身份等级所限，人数最多的平民百姓却无庙祭奉先人，只好在家中供祭。

文贵公祠

北宋中叶，著名理学家张载、程颐等明确地提出家族制度由三个方面形成。一是以血缘关系为纽带组织宗族，宗族内设“宗子”。二是立家庙，就是后来家族制度中的宗祠。三是立家法。同期范仲淹等文化人也积极倡导，豪门贵族才兴建起家祠。到南宋，大理学家朱熹进一步完善了这一制度。在伪托朱熹著的《家礼》中规定：“君子将营宫室，先立祠堂于正寝之东。”还强调宗祠高于一切的地位：“或有水盗，则先救祠堂，迁神主遗书。次及祭品，后及家财。”

明中叶以后，朝廷有意利用宗族的力量作为政权的补充，以稳定广大农村的社会秩序，于是大力倡修族谱，建宗祠。嘉靖十五

1947 年始建的八四公祠，2004 年又重新装饰一新

年（1536年），礼部尚书夏言上《令臣民得祭始祖立家庙疏》：“乞诏天下臣民冬至日得祭先祖……乞诏天下臣工立家庙。”自此之后，建造宗祠之举在全国，特别是在江南迅速盛行起来，客家人居住地区十几户，甚至几户的小村都“族必有祠”。

清代，雍正皇帝在《圣谕广训》中进一步规范了宗族的任务，其中将“立家庙以荐蒸尝”放在了首位。清光绪《嘉应州志》引《石窟一征》载：“俗重宗支，凡大小族莫不有祠。一村之中聚族而居，必有家庙，亦祠也。州城则有大宗祠，则并一州数县之族而合建者。”这充分反映了人们建祠祭祖，以表达敬宗追远、期待子孙绵延的愿望。

培田吴氏家族在清代鼎盛时

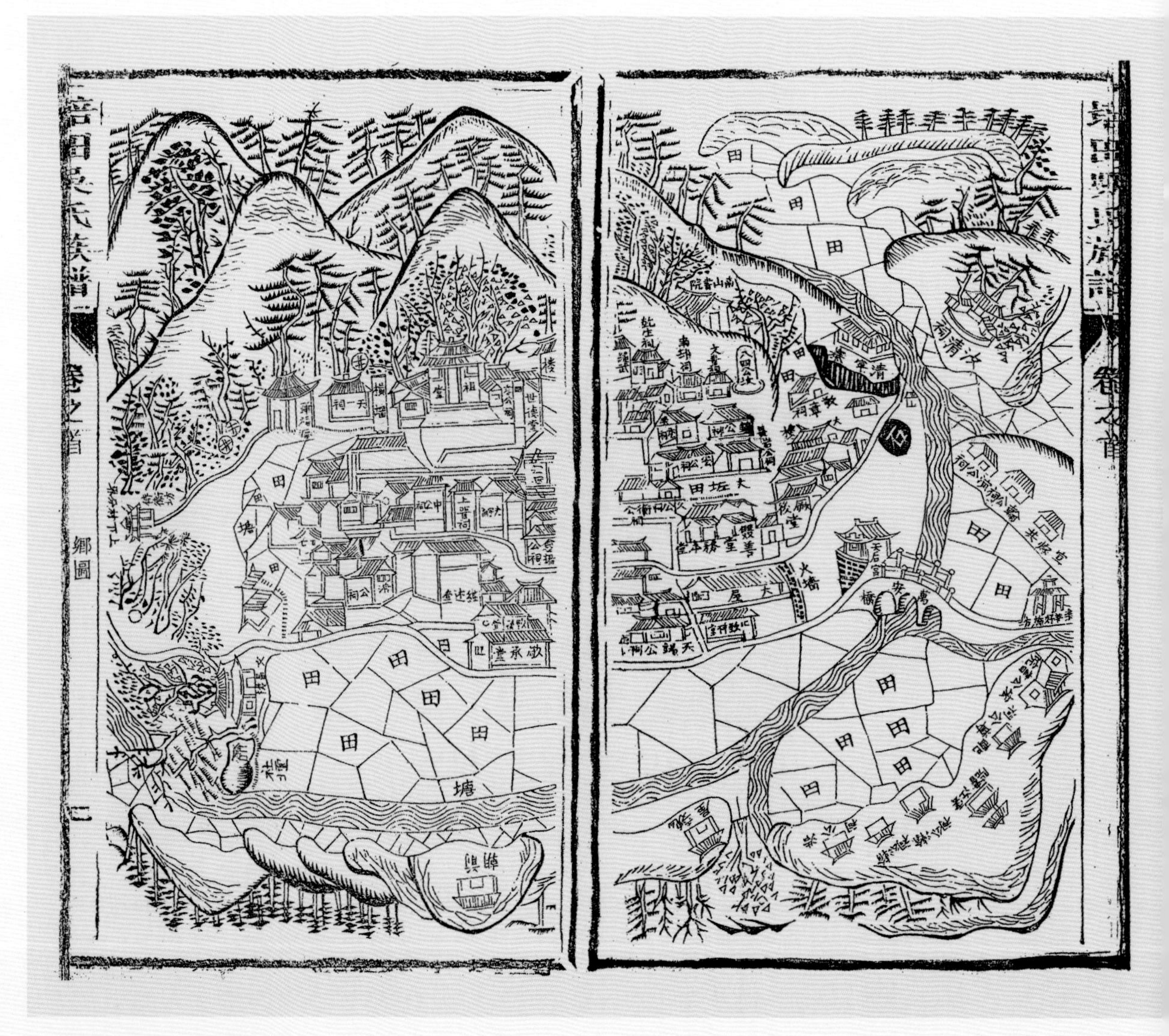

培田村里居图中的祠堂分布图

期，全村总祠及大小房祠有三十来座，至今完好保留的仍有十二座，这与“尝考《礼经》‘君子将营宫室，宗庙为先’。盖宗庙所以妥先灵，视宫室尤重”[①]的宗族观念有很大的关系。在这些建筑中，记录了大量历史的、民俗的信息，为研究培田家族及宗祠建筑的发展演变，提供了重要的依据。

第二节　培田宗祠的发展历程

始迁祖八四公定居上篱后，三世祖文贵公迁至赖屋，六世祖郭隆公于此建大宅衍庆堂，此地更名为培田。培田一支为长房，居河源溪上游，又称“上村”，上篱则称为“下村”。培田人与上篱人在五六代之前虽衣食不愁，但人丁都不多，家族势力尚未强盛，上下两村的地盘也都不大，没有必要建造独立的祖祠，“我始祖未有享堂”[②]，只在宅内祭祖。每逢八四公祭日，上下两村就聚在上篱原八四公开基的老屋堂屋中举行祭祀活动。活动由上篱、培田两村组成的八四公董事会来管理，董事会成员有两村的房长、族长、豪绅，以及官吏和德高望重者，亦有辈高年长者。董事会名下有祖上留下的尝田实产，每年的租谷收入专供祭祀、扫墓、分胙等用，账目也由两村轮值管理。五世祖琳敏公及六世祖郭隆公都曾是八四公董事会的会首之一。

1. 八四公祠始末

上篱村到第四世时人丁兴旺，经济实力渐强，便在八四公老屋的基址上建起上篱吴姓祖祠——“炎德公祠”，内供八四公至炎德公四代上篱村先祖牌位。第六世时，衍庆堂老屋升格为祖祠，逢年过节培田吴姓开

---

① 引自光绪三十二年《培田吴氏族谱·久亨公敬承堂记》。

② 引自光绪三十二年《培田吴氏族谱·汀城八四公祠记》。

始在衍庆堂内举行祭祖活动，但仍照例去上篱村，与上篱人一起在炎德公祠内举行全族的祭祖活动。为了不与上篱炎德公祠祭祖活动冲突，培田将衍庆堂的祭祖活动提前一天举行。元宵游龙灯、接玲瑚侯王等重大活动前的祭祖活动也要先去上篱八四公老屋，再到培田衍庆堂。上下两村各自建起祖祠后，唯独始迁祖八四公没有一座供子孙祭祀的专祠，这多少让两村后裔有些遗憾。

清康乾时期，培田、上篱两村均人丁兴旺，声名远播，宗族势力强大起来。这时汀城府县发展十分繁荣。吴氏子弟在汀城做生意，也有不少在汀城求学就读，族中来汀城办事的人很多，需要一个歇息落脚之处。此时，许多名门望族纷纷到汀城买地建祠馆，显扬家族实力。吴家坊吴氏当然不甘示弱，经上下两村人合计，决定在汀州城置地，考虑到始祖八四公曾“隐贩汀城”，就决定建一座前后三进的“八四公祠”。吴氏家谱《汀城八四公祠记》中记载：“汀之建祠，藉城廓风龙以光前德，而启后嗣者也。缘我始祖未有享堂，思得郡城佳基。乾隆丁亥，两门公举孔瞻、玉华等六人，入城相择契买陈黄氏福寿坊房屋一所，后又契买本屋后陈宅空坪、基屋一截。当时前契系八四公名买，后契系炎德公名买，而前、后契价俱是两门平出，如数补清，二契合一永为公业。越岁己丑葺椽，坐艮向坤。桂月初三，祀神主于中厅，昭穆六世至十八世，每名五百钱配享。自是功名渐盛，谓非龙山秀气所钟哉。”为了让上下两村世代好和，不生争竞纠纷，特在厅中悬联：“一本发双支，愿兹子孙务要一团和气；三年逢两试，想汝父兄祇期三考显名。”[①]两村还将当时买房契约刊刻在各自房派的家谱

① 引自光绪三十二年《培田吴氏族谱·汀城八四公祠记》。

中。八四公祠建好后，两村人往来其间，既作祠堂，又作试馆，在商务繁忙时又是商务谈判、交易的场所。以后凡汀城八四公祠的修缮、添置器具等均由两门共同协商处理，“迄嘉庆癸酉，因檐宇倾圮，合议将楼推入空坪，中、下两厅依原三进庀材鸠工，轮奂一新。乙亥八月十三更祀神于下厅，供廿一世昭穆，亦每名五百钱配享。于戏，祖宗血食千秋，云礽瓜绵百代，不其懿欤。其与试而履斯堂者，尔洁（原文如此）馨香，志乃勤苦，于以扬声，于以耀祖”①。

民国以后，军阀混战，社会动荡，闽西地区处于地方势力割据的状况中。其中地方军阀郭凤鸣、卢新铭、钟绍葵等先后在闽西称王称霸，祸乱一方。20世纪30年代，红军在闽西建起苏维埃政权，河源里成为国民党和共产党的拉锯地带。形势刚刚平稳，八年抗战又开始了。汀城的商业受到了严重的摧残，店铺关张歇业，商贸停止，培田在汀城的生意人也都返回村里。八四公祠因长时间无人料理，荒草没膝，屋宇破损，加之培田又距汀城六十公里之遥，到汀城举行祭祀活动有诸多不便。培田商业街上的门市也只好打烊，一些慵懒子弟闲散无事，村中聚赌成风。为了加强宗族的凝聚力，增强宗族权威，教育子孙，提高家族的声誉，合族公议在吴家坊建一座新八四公祠。1947年，在上下两村族众反复商议下，新的八四公祠选定在培田村新福庵庙址上。

据吴来星先生讲，新福庵是供奉五谷神的五谷庵，长期以来一直庇佑着培田的农事，族人认为要拆除此庵会得罪五谷神，都不敢下手。留法回乡的吴乃青见喊不动众人，便亲自动手。只见他穿着长袍，戴着礼帽，招呼众人将新福庵内的五谷仙像用绳索套住，喊了声“一、二、三”，

① 引自光绪三十二年《培田吴氏族谱·汀城八四公祠记》。

众人一起将神像拉倒，此庙才得以拆除。吴乃青告诫族人“求神不如拜祖”。此事在河源里轰动一时，至今人们谈起来仍绘声绘色。新八四公祠落成后，闽西八县[①]以及广东的吴姓宗亲均送匾恭贺。最为荣耀的是武平县的宗亲，他们在新祠前以几十支驳壳枪朝天放射数次，当作礼炮以壮声威，枪声在整个河源山谷中回响，久久不能平息。

原在汀城的八四公祠只限由吴家坊培田、上篱两村行祭。清代中末期，培田与上篱两村均有后代分支外迁他地，其中定居在河源里范围的吴氏后裔就有紫林和前进两个小村，新八四公始祖祠建在吴家坊，这两个村的吴姓自然有祭祀之份，为此新八四公祠规定：除了培田、上篱两村外，每年其他从上下两村外迁出去的，尚在河源里范围内的吴姓分支，均在新八四公祠祭祖。培田新八四公祠便成为宣和吴姓八四公后裔之总祠。

2. 衍庆堂与文贵公祠

《培田吴氏族谱 · 乡图》中明确标出衍庆堂为培田祖堂，吴氏族谱中称它为“祖祠”。三世祖文贵公迁赖屋定居早于六世祖郭隆公三代，为什么文贵公祠不是祖祠，郭隆公的衍庆堂却是祖祠呢？原来文贵公迁赖屋后，生育二子：长为李清公，次为李华公。文贵公迁居之初的两三代，人口少，不急于建祠堂，但待经济力量稍好时，文贵公遗产中有一半分在李清公手上，另一半在李华公手上。长子李清公成家后迁至宁洋县（现为漳平县双洋镇）开基发业。次子李华公一支无力为文贵公建专门的祠堂。直到清乾隆年间，长期居住在老屋的李华公后代初泉公一房的士群、士工等又准备迁往他乡，这才将老屋交予其他房派修改为文贵公祠。《培田吴氏族谱 · 文贵

① 闽西八县为明溪、宁化、清流、长汀、连城、武平、上杭和永安。

公祠记》这样记载："上屋祠三世祖文贵公开基处也，传至六世我郭隆公迁培田，肇衍庆堂。明公徙朋口，盛公移谢屋，惟琼公居此。伊孙有初泉者官历三朝（嘉靖、隆庆、万历），绩著两省（湖南、广东），人丁繁衍。至十四世只存士群（增盛）、士工（雪甲）。乾隆三十二年（1767年）丁亥，（士群、士工）兄弟集众告曰：'此本三世老屋，年久倾颓，间房卖尽，我母子三人行将往浙，香火无人，愿将屋交众修为祖祠。'"同年三月初经众议，将文贵公原住宅的房产权全部收购为族产，据上文载："……买大屋间、厢房共两间，余概赎清，永为公业。"这份"公业"改建为文贵公祠，自乾隆三十二年"七月廿五起工，九月初三卯时上梁，坐未兼丁，迁入六尺，升高三尺，两边抽巷各三尺，四围砖墙，一厅一廊外宇坪。十月十一入神主，祀三世祖至六世祖，及琼公初泉公本主"，文贵公祠建成。

在文贵公祠建成之前，每年李华公后代初泉公一房，及迁至宁洋的李清公一房的子孙只能到上篱八四公祠祭祖。郭隆公是李华公下的另一房，衍庆堂为郭隆公所建，如《培田吴氏族谱·郭隆公前朝后龙记》中就有："……细义坑系为上村祖祠前朝案山……"郭隆公是培田的开基祖，衍庆堂所包容的只是郭隆公房派之下的子孙，是郭隆公迁水竹潭，为其地起名为"培田"后的第一座祠堂，是培田一脉的祖祠，而文贵公祠则是李清和李华两脉的宗祠，培田的"祖祠"本应称"房祠"。乾隆年以后，由于文贵公祠一脉除李华公一支的郭隆公后裔外，大多外迁，村中基本为衍庆堂一脉的子孙，为此衍庆堂名正言顺地成为培田村的祖祠。《培田吴氏族谱·族规十则》中有"祖堂所以妥先灵而庇后裔也"的记载，这里所说的"祖堂"即是"祖祠"。

衍庆堂成为培田祖祠后，随之建立起家族的管理组织和

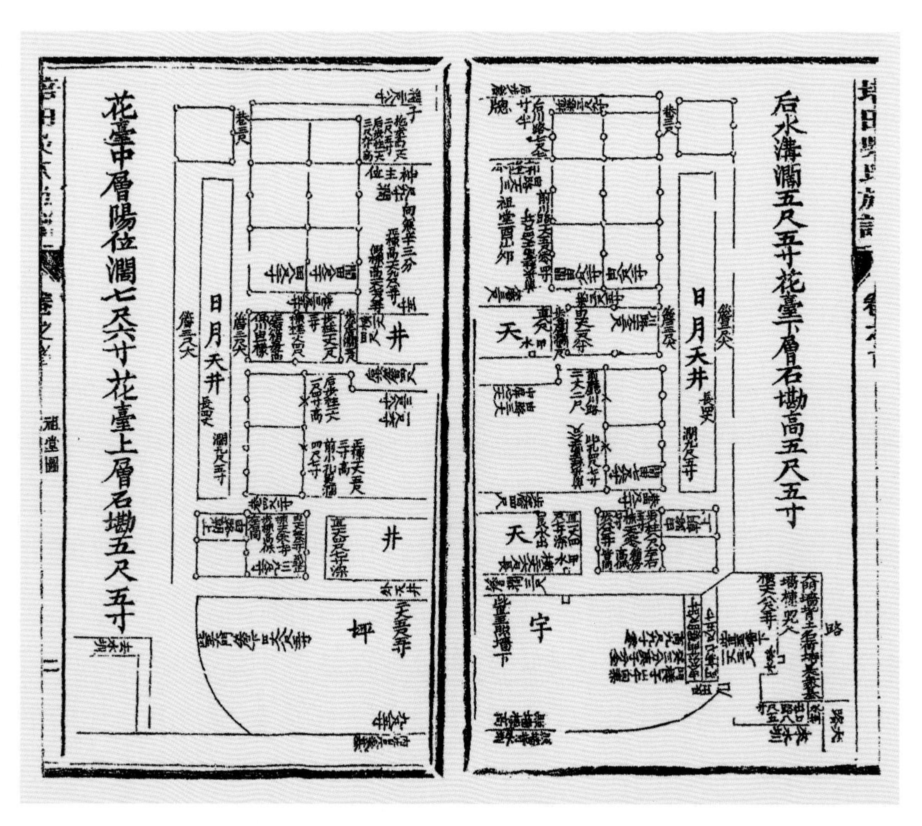

培田吴氏祖堂图

制度，制定了家训、家法和家规，严格约束族众，并修缮家谱，使全族团结一致，士农工商各业并举，一派生机勃勃、蒸蒸日上的繁荣景象。据吴氏族谱统计，除二、四、五、七、八世祖未建祠堂外，从第九世起，各代不断分支建房祠，尤其是第十代，东溪公的四个儿子在敬、在崇、在中、在宏均建起各自房祠。在敬公一支因家势强大，以后的每代都建有分房祠两至三座。十七世南郇公在汀城经商，财力扩增，也准备在汀城建造本房派的祠堂，未果。南郇公去世后，子孙为他实现了这个愿望，建起“南郇公汀城祠”，并附记：“吾祖南郇公义方垂教，纶綍叠膺，宜早择吉构堂荐馨香而报功德。曩者诸伯父尝购汀郡县城隍庙前房屋一所，既而嫌其门路偏僻，致未改作。……予念先志之未成，抚中心而滋戚，丁亥春与二京兄择得福寿坊三官堂赖咏春屋基，不惜重价而购之。”[1]为建南邨公汀城祠，“共计契价、木石金漆等，费去银五千三百两有奇”。族人对宗祠如此重视，一是家族财大势大的表现；同时祠下有产业，建祠也是为子孙留下部分遗产，以使家族绵延；也许还为了接受衍庆堂与文贵公祠教训，早建祠早占先的经验。现在培田的子孙都是郭隆公一房发展而来。

培田的宗祠建到第二十世时，正处于清代末年至民国年间，由于社会动荡，家族的建设受到重创，以后没有再分房派，也没有再建房祠了。但在培田这二十代中，宗祠发育得已很完备，不仅数量多，而且等级层次分明，如同一棵枝繁叶茂的老树，有主干、支干，还有繁茂的枝叶。

第三节　宗祠类别与层次

培田有不同类别与层次的宗祠，根据层次高低分为祖祠（整个宗族的）、房祠（一个房派的）、私己厅（为三代以上不到五代的房派）和香火堂（三代以下小房派的）。根据使用性质分为宗祠和窀穸（即坟墓，又称“骨骸祠”）。根据建筑形式分为独立建造的专祠和宅祠合一的私己厅和香火堂。这些不同等级、类别的宗祠，由于职能、房派高低、经济实力不同，在使用过程中也有许多差异。

由于有等级之分，宗祠可以依照家族代数和人口数升格，当小家族的香火堂发展到三代，但不到五代，可升格为私己厅；私己厅的家族有了五代，便可以再升格为房派的房祠。有些房祠也会因人丁不旺而消亡，如《培田吴氏族谱·乡图》中记载的宗祠有近二十座[2]，

① 引自清道光十二年《培田吴氏族谱·南邨公汀城祠记》。

② 清光绪三十二年《培田吴氏族谱·宗祠图录》所祀宗祠有衍庆堂、文贵公祠、南村公祠、干生公祠、容庵公祠、天一公祠、愈扬公祠、锦江公祠、畏岩公祠、敬彰公祠、衡公祠、久公祠、汝清公祠、配虞公祠、浩公祠、瀚公祠、演公祠、在中公祠。

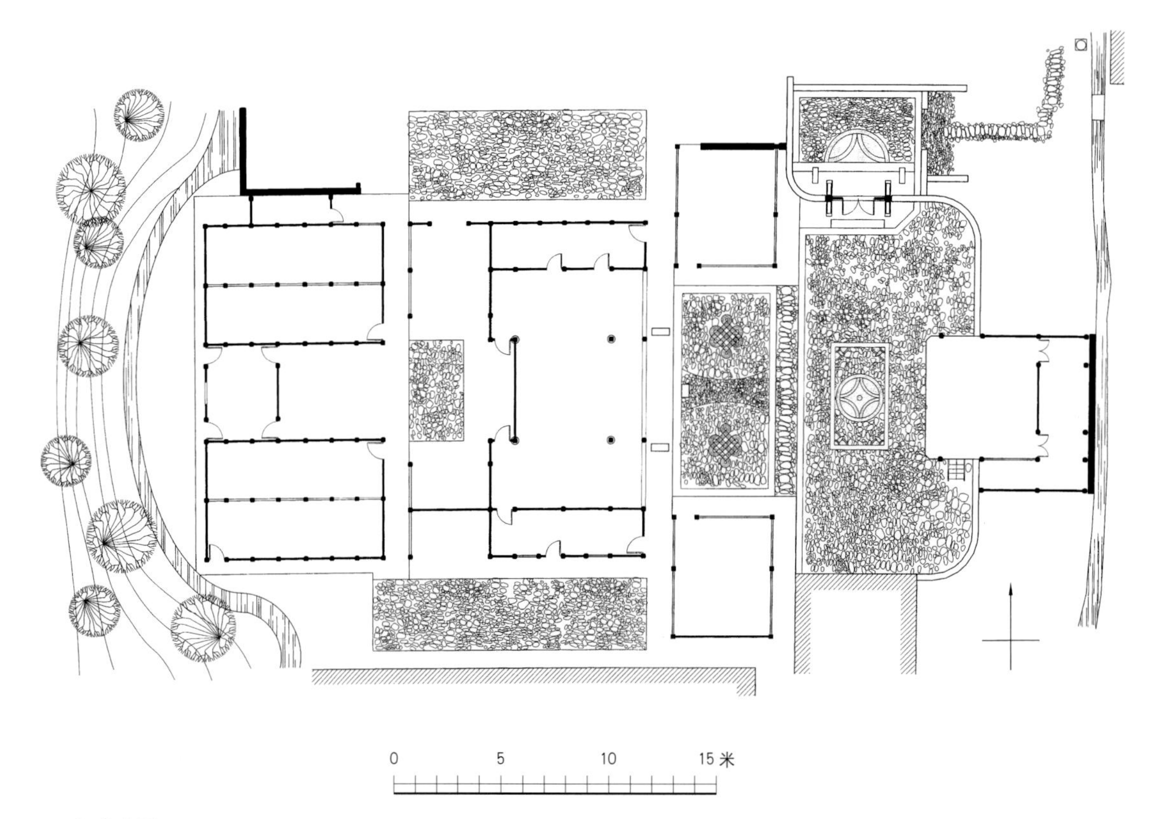

衍庆堂平面

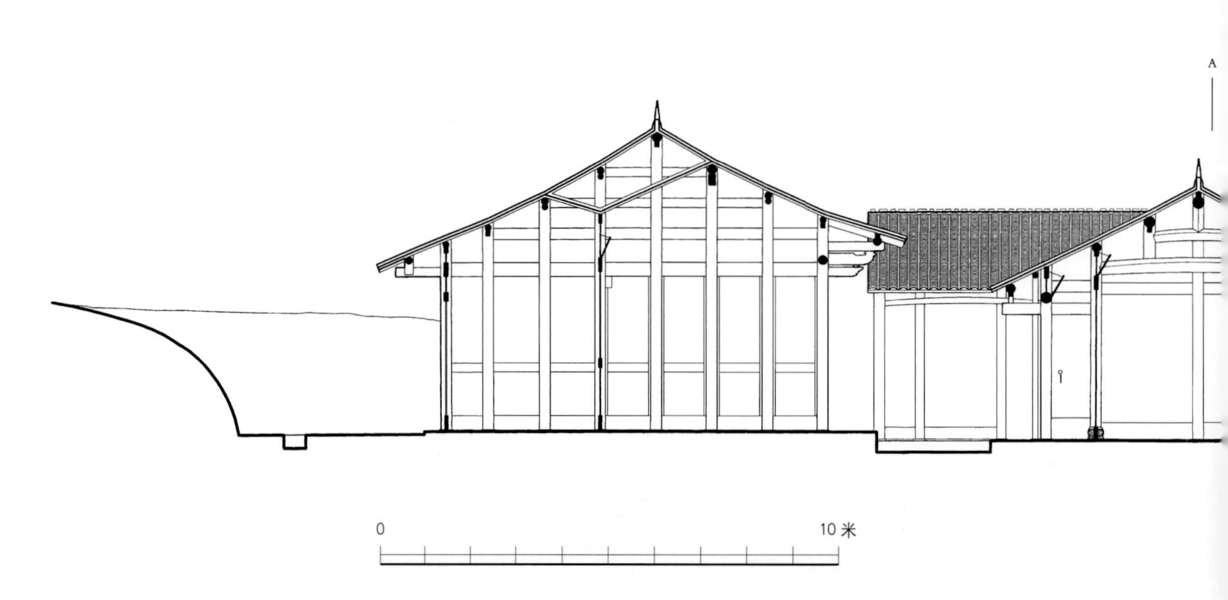

衍庆堂纵剖面

到1949年前有的倒塌，有的卖给其他房派做宅基，仅剩十二座。由此可见，祠堂的建造不仅是家族经济实力的体现，更是一个血缘聚落发展、兴旺或衰败的象征。

1. 不同类别宗祠的特征

宗祠因类别和性质的差异，有以下几种类型：

其一，严格意义上的祠堂。

培田祖祠衍庆堂　衍庆堂始建于明成化年间。初建时为住宅，是一座五开间前后两进的房屋，前面宽大的宇坪有环形影壁墙，大门位于宇坪的左侧。背后倚卧虎山的山坡，特意将山坡修成马蹄形的球面状，称为“化胎台”。据《郭隆公行略》载，风水师陈山人为郭隆公勘定风水后，“公于是集其园池，刻期陈山人未来，越明年又不至，公走前往请，适值病。乃画图叮咛，付其子来。即在连城凿石磉，募清流叶工师，兴土木，肯堂肯构……”[①]。新屋落成，轮奂一新，取《易经》“积善之家，必有余庆；积不善之家，必有余殃”之意，宅名曰“衍庆堂”。《至德衍庆堂记》中形容衍庆堂，“堂宇之崇邃，兰玉之娟秀，觞豆之庶嘉，

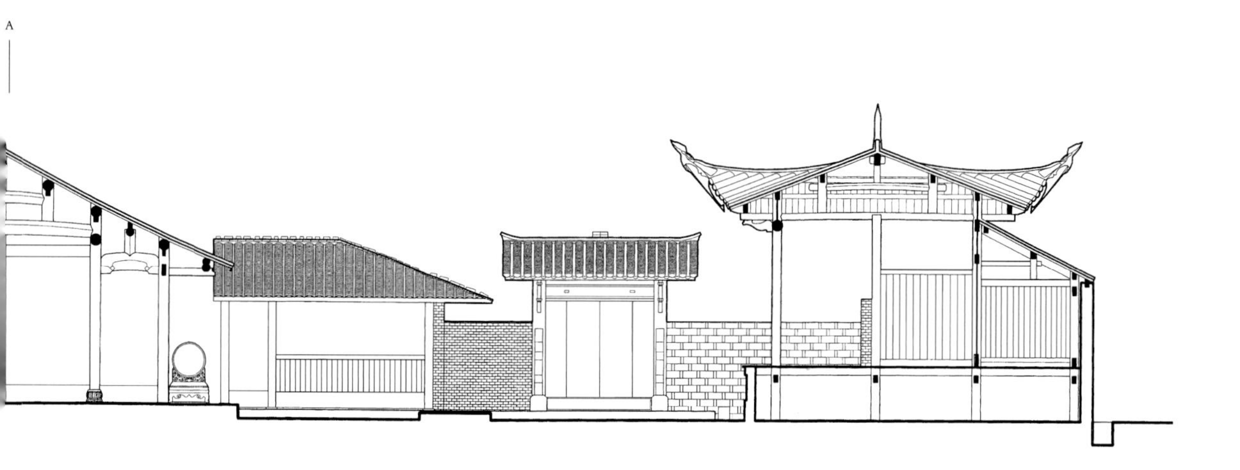

① 引自光绪三十二年《培田吴氏族谱》。

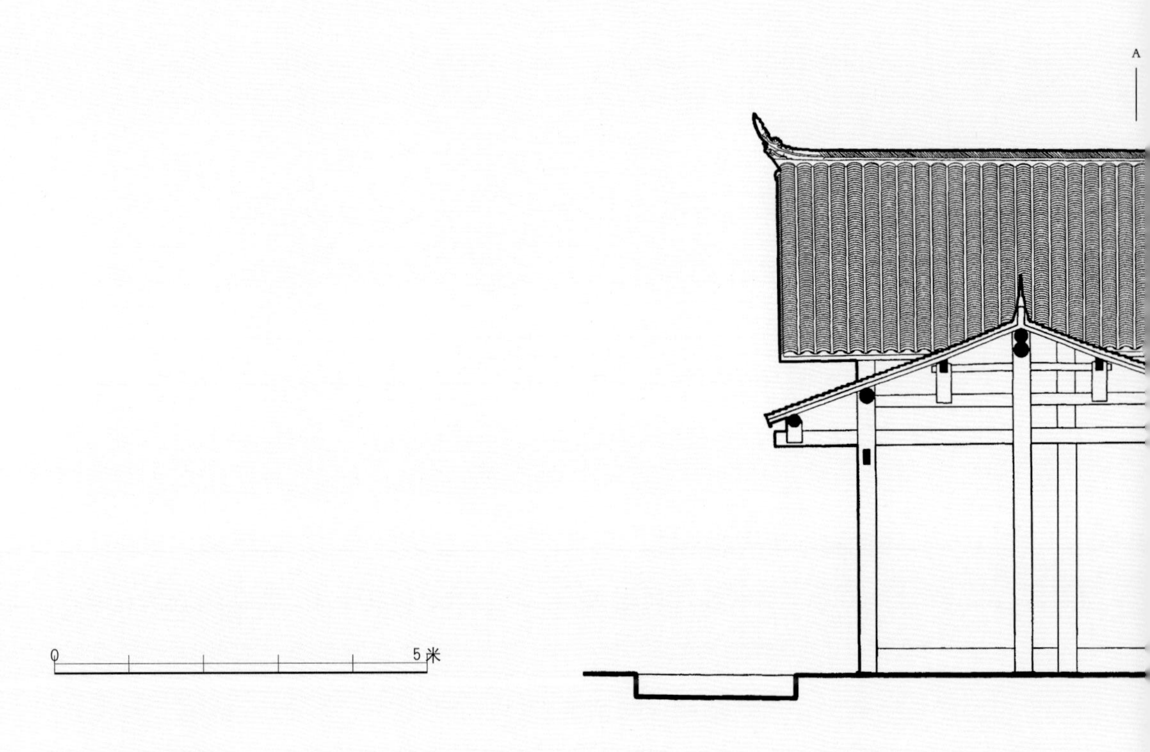

衍庆堂上厅横剖面

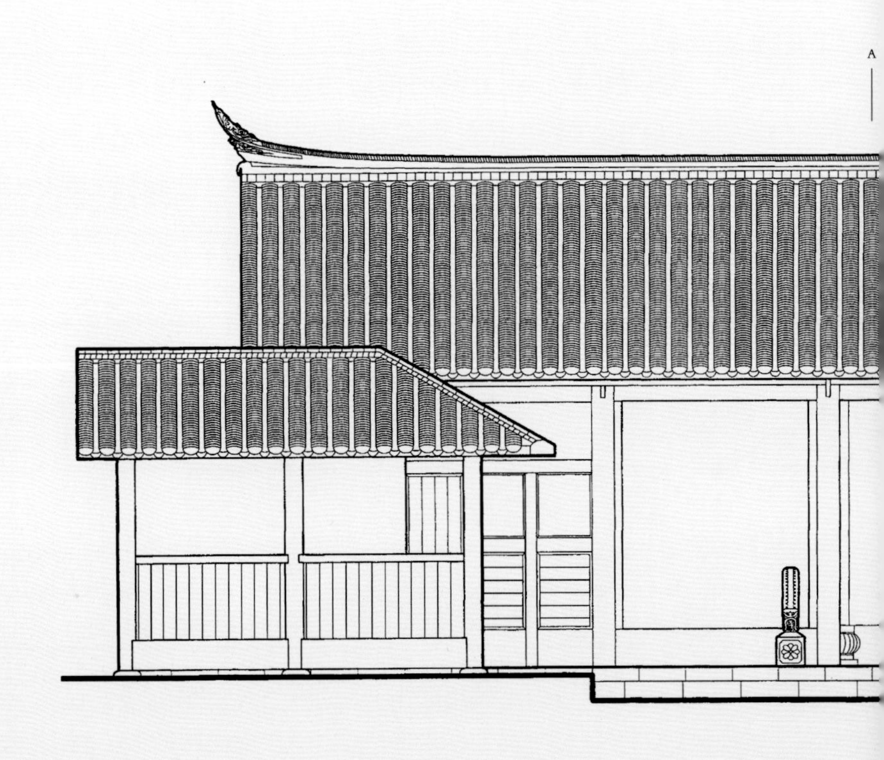

衍庆堂下厅横剖面

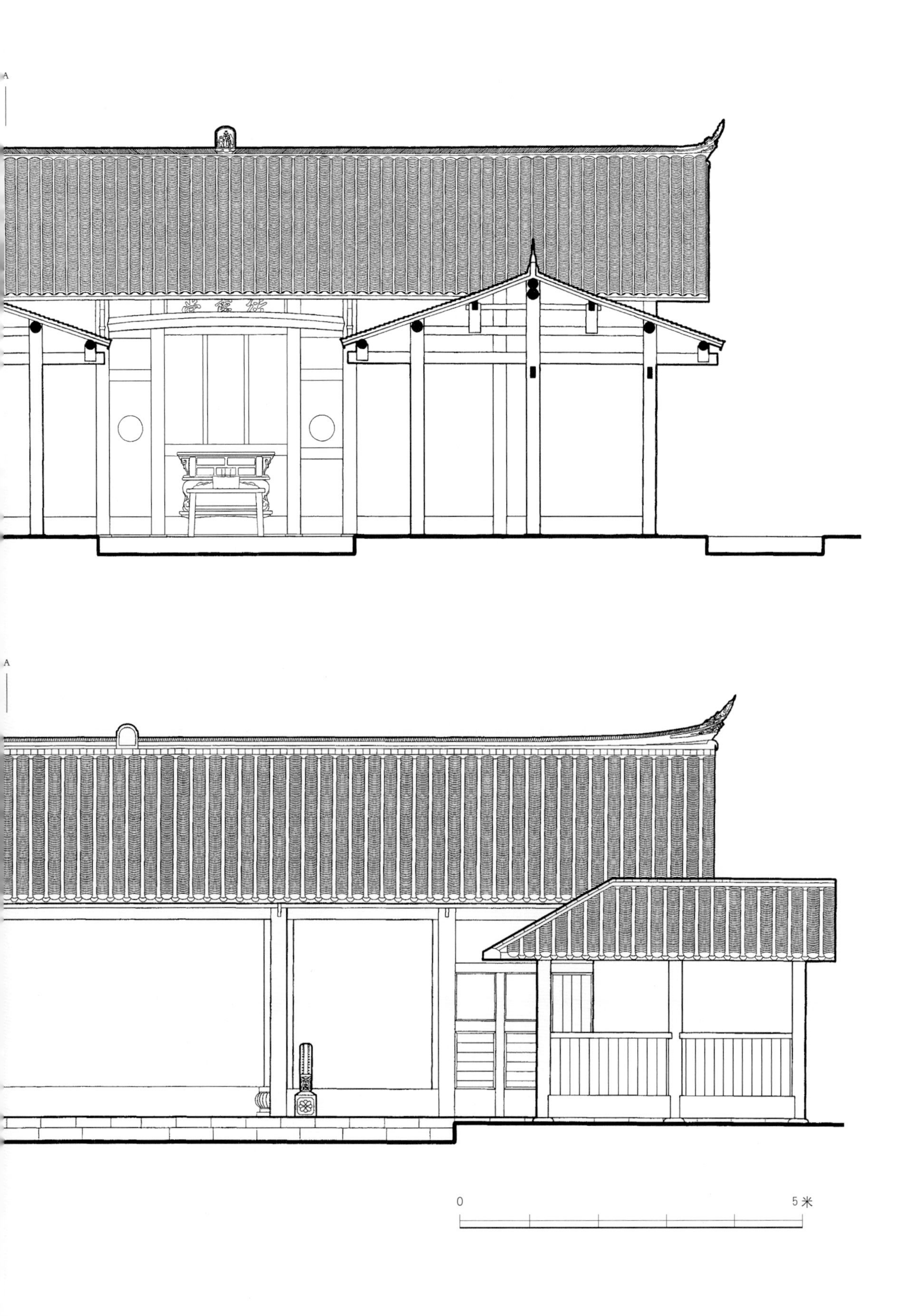

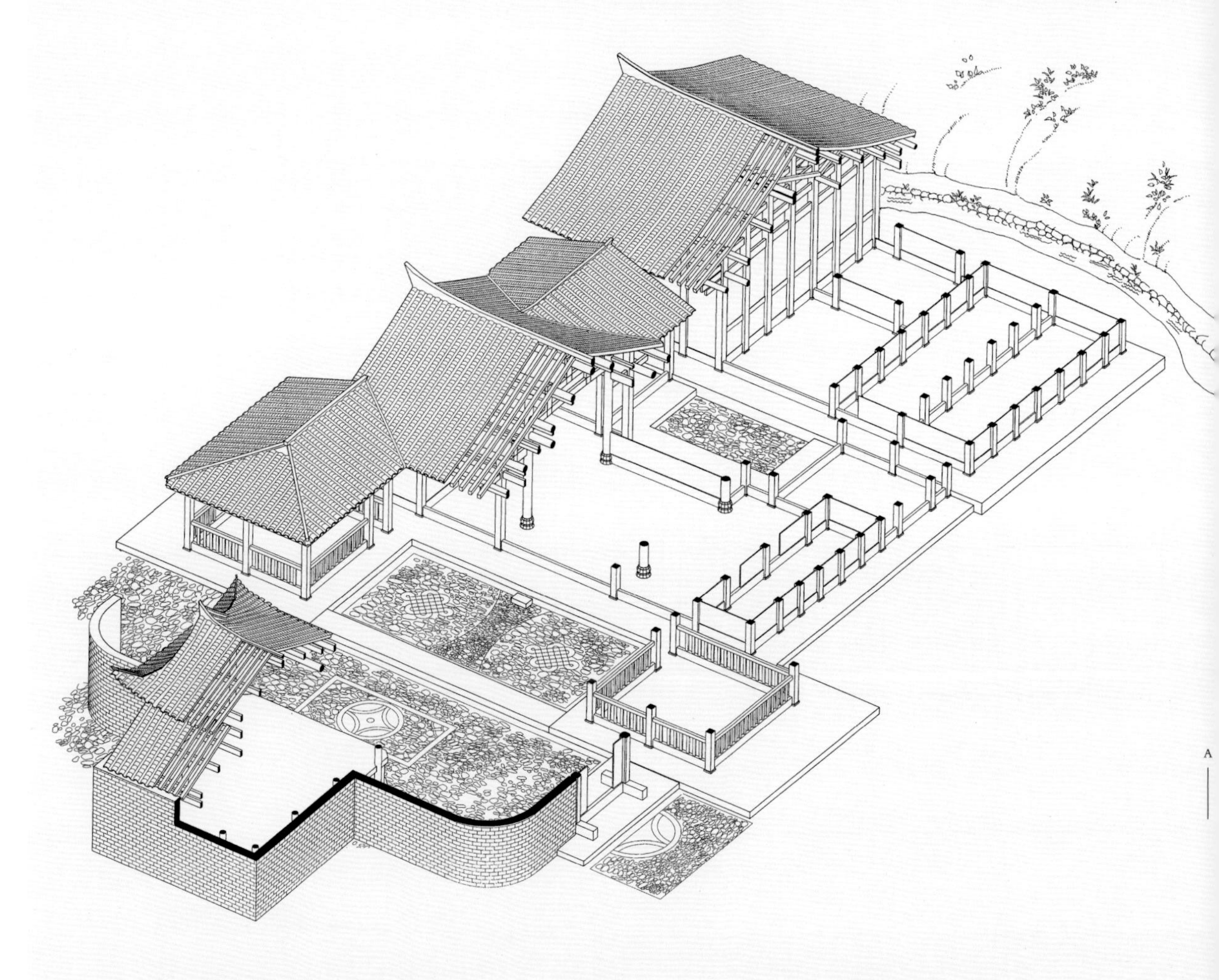

衍庆堂剖轴测

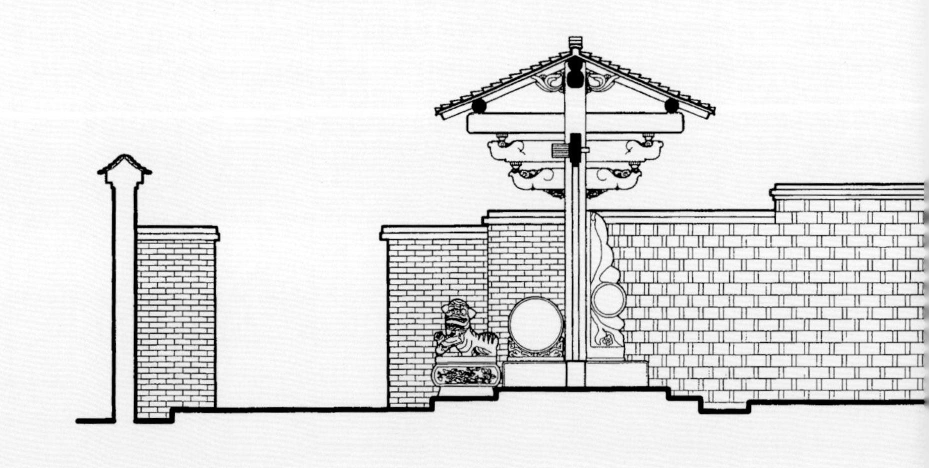

衍庆堂戏台立面

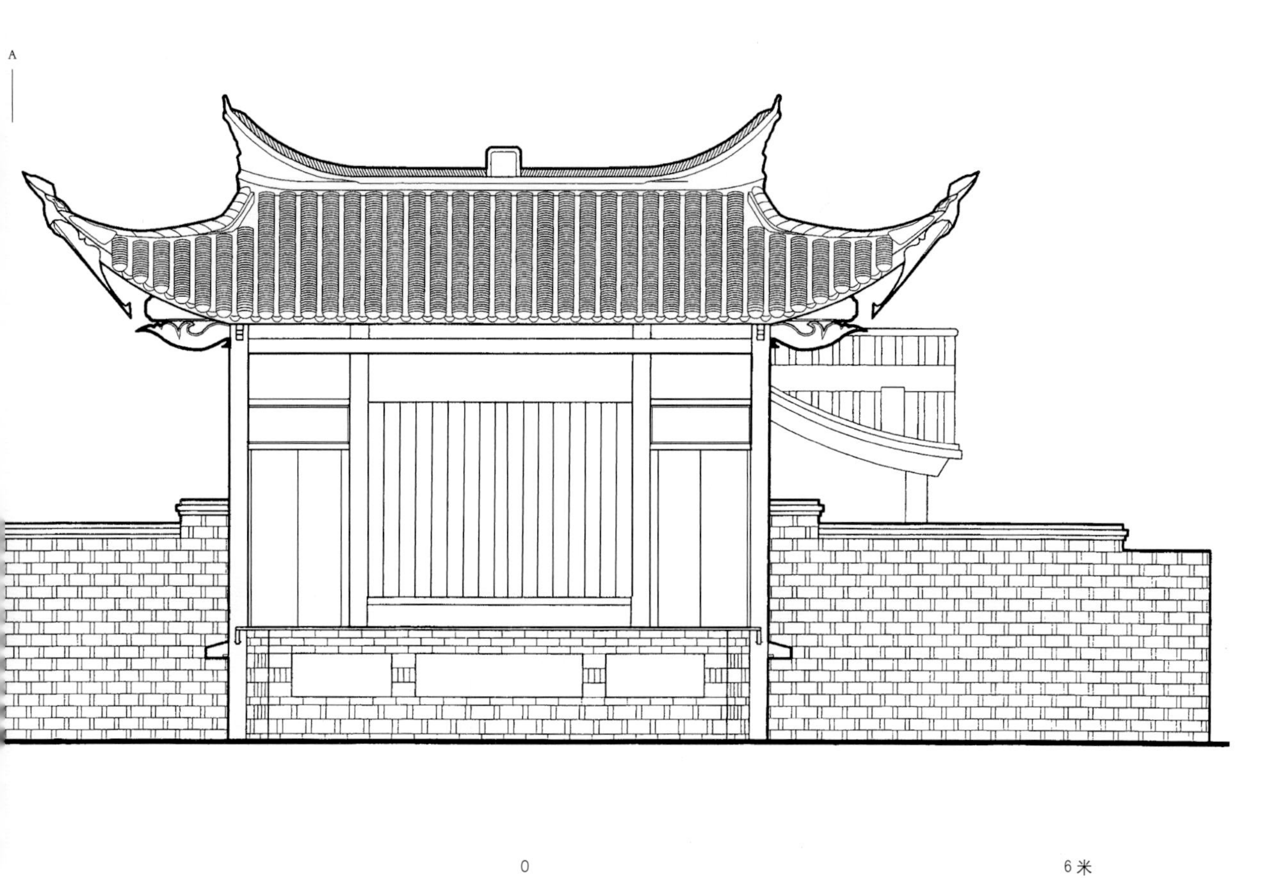
A
0
6米

使人流连忘去”。尤其是大门楼建造朴实而别致，意蕴深刻。

第九世时衍庆堂升格为祖祠，除上、下厅外，其他房间仍为住宅，是宅祠合一的祠堂。又过三代，各房不断分支，衍庆堂内居住混乱，到清乾隆年间“所有左右前后间房各分管业，因而手足不齐，或卖或买者有之。迄乾隆辛巳（1761年）冬，祠堂右庑陡遭回禄，众议修整，然厅堂虽属公众，房间仍多私己，私之则纠理难，公之则纠理易。有君偕、燕臣、于宣、辉玉、天锡、广云六公裔孙，毅然倡举恢复前谟，将伊祖所分所买间房，同心输出，而合族欢忻感慕”①。到第二年，“壬午（1762年）春，鸠工振作，勒垣墉，涂墍茨，俾祠宇黝垩，焕然一新。庶先灵所栖以妥以侑，永绵血食于勿替也”②。各房裔孙纷纷将所在祖祠内的房间捐输出来，“君偕、燕臣、于宣、辉玉、天锡、广云公乐输下厅左边大屋间壹间”③。住户全部迁出，自此衍庆堂祖祠真正成为一座专门用于祭祖的、独立的宗祠。

以后祖祠小有修缮变更，据《郭隆公祠前朝后龙记》载：“岁壬午轮奂一新，规模稍壮，丈尺一本于前，图匾可考。虽乾隆末两厢被后人更狭，嘉庆辛未大门被后人改巽。及道光甲辰，两厢复旧，咸丰辛亥大门修原，亦已不失前型矣。至后龙、前朝山概系先辈归公者。”衍庆堂的建筑形制仍然如旧。

衍庆堂成祖祠后，培田宗族组织的管理机构就设在这里。祖祠平时有专人管理，并按照祠堂规制设香火、器物。《衍庆堂长明灯记》载：“灯之名为明也，明于夜；明之名为长也，明夜亦明昼。夫明者昭也，神前长明昭赫濯也；祖前长明则昭功德也。

① 引自光绪三十二年《培田吴氏族谱·仁让匾额序》。

② 引自光绪三十二年《培田吴氏族谱·仁让匾额序》。

③ 引自光绪三十二年《培田吴氏族谱·南郇公新建祠宇并置义田记》。

我祖郭隆公开基于此，历数百年，功德长矣，可无以昭之乎？兹设长明灯。”培田子孙纷纷捐输田产作为祖宗尝产，并“择人入住，点长明灯。每日装香一炉，晨钟暮鼓，供茶敬香。上午鸣锣禁后龙，初一、十五兼禁前朝山不懈”。吴氏家谱《族规十则》中也明文规定：“祖堂所以妥先灵而庇后裔也。住持者务宜灯火长明，茶香奉祀；厅堂坪宇洒扫洁净。各房间不准堆积柴秆粪草等物。违者重罚搬出，另招人居住。”

房祠　房祠即祖祠之下派分出的、辈分或层次低于祖祠的祠堂。培田村房祠众多，从大房祠到最小一级的房祠多达七级。仅第十世时就分出在敬、在崇、在中、在宏四大房，并都建有祠堂（厅）。四个大房祠之下又分派生出众多小房祠（小厅）。小房祠以下还有更小一级的房祠。

房祠专为祭祀房派先祖而建。建房祠的作用有三个方面。一是当小房派发展到五代，有一定人口，就需要有一个很实际的管理组织来处理房派中的各种杂事，甚至各种纠纷。二是祭祖先，以妥先灵，荫后代。《培田吴氏族谱·世德堂记》中载：“积金以贻子孙，或不能守；积书以贻子孙，或不能读；不如积阴德于冥冥之中，以为子孙长久之计。……今年春，公（五亭公）之令嗣为公营构飨堂，落成颜曰‘世德’。”每年逢房派祖先的生辰忌日，族人要在房祠中举行隆重的祭奠活动。三是作为小房派内的一处公共活动场所。

新建的房祠，经过升神龛点主后才能启用。培田各房向来都很重视这个仪式。因为这是一个既能显扬家门荣耀，又可借以广交仕宦的好机会。为此，凡升神龛点主，都要选有功名、有身份的人，有的宗族甚至还请县太爷亲临做点主人。被邀请者也为有这样的礼遇而感到自豪和荣幸。《南郇公新建祠宇并置义田记》中记载，南郇公后裔请了与吴家有姻亲关系的举人童积斌，为新建的南郇公祠升神龛点主。童积斌有记："岁在乙未，仲夏之闰，其（南郇公）曾孙爱仁、学仲以新建祠宇，奉诸伯父命，请余点主。余以通家，故谊不容辞。届期至其乡，青衿迎于门者十余人，皆公裔也。文物衣冠一家称盛焉。登其堂，庙貌巍峨，祠宇壮丽……升主礼成，后出其义田各记，请序于余……"①

培田村现存的乐庵公祠（在敬公祠）、在崇公祠、在中公祠、毅吾公祠（在宏公祠）、容庵公祠、衡公祠、久公祠（敬承堂）等均属房祠。房祠独立建造，不与住宅相混，无人居住。为维护安全和内部整洁，房祠均出资请专人看管。看祠堂是个美差，房派每年要从公产中支付给看祠者大米、油等作为报酬，过年时还送给一些银两和布匹。他们的工作就是每日定时上香、打扫祠堂、严防火烛等。逢有祭祖活动或房派中举行婚丧之事，看祠人要帮助准备各种祭品、香烛、仪仗、明器等。一般要选房派中人品端正但家庭生活有困难者，或鳏夫无嗣者当看祠人，也作为家族对他们的体恤和照顾。

其二，先祖生前为官或在乡里德高望重者，死后其住处辟为私己厅祠。这类祠堂的典型代表是务本堂。

务本堂原是十八世祖吴昌风所建的住宅，于清光绪丙子（1876年）开工，历经一年丁丑（1877年）建成入住。宗谱载："得吾母内助之力，日积月累，扩充先业，垂裕后人。乃于光绪丙子年鸠工庀材，将旧基重建而新之。……越丁丑告成，名其堂曰务本。"

五亭公与三个儿子——长子灼其、次子振涛、三子拔桢同住在务本堂。光绪壬辰年（1892年）三子吴拔桢考中武进士。按照吴氏家族的传统，象征家族荣

① 引自光绪三十二年《培田吴氏族谱·南郇公新建祠宇并置义田记》。

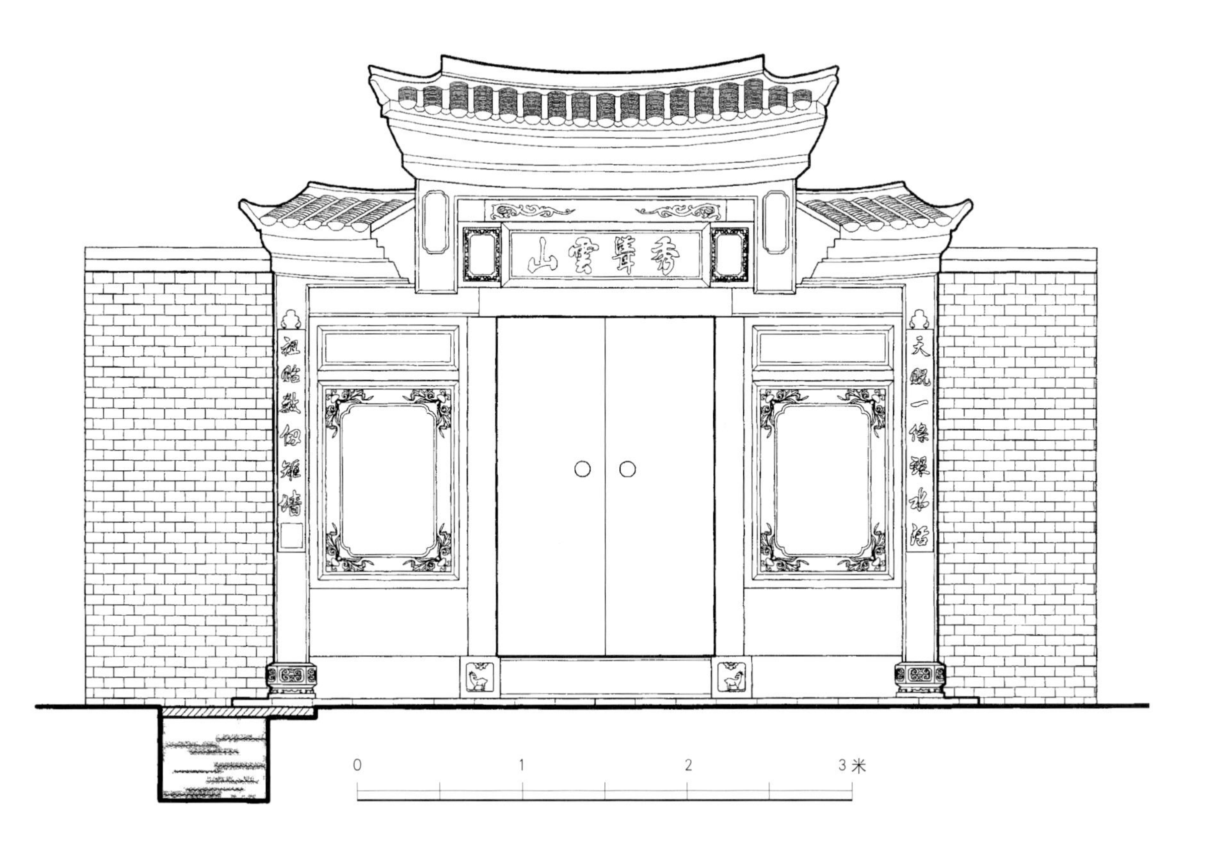

务本堂前院大门立面

务本堂总平面

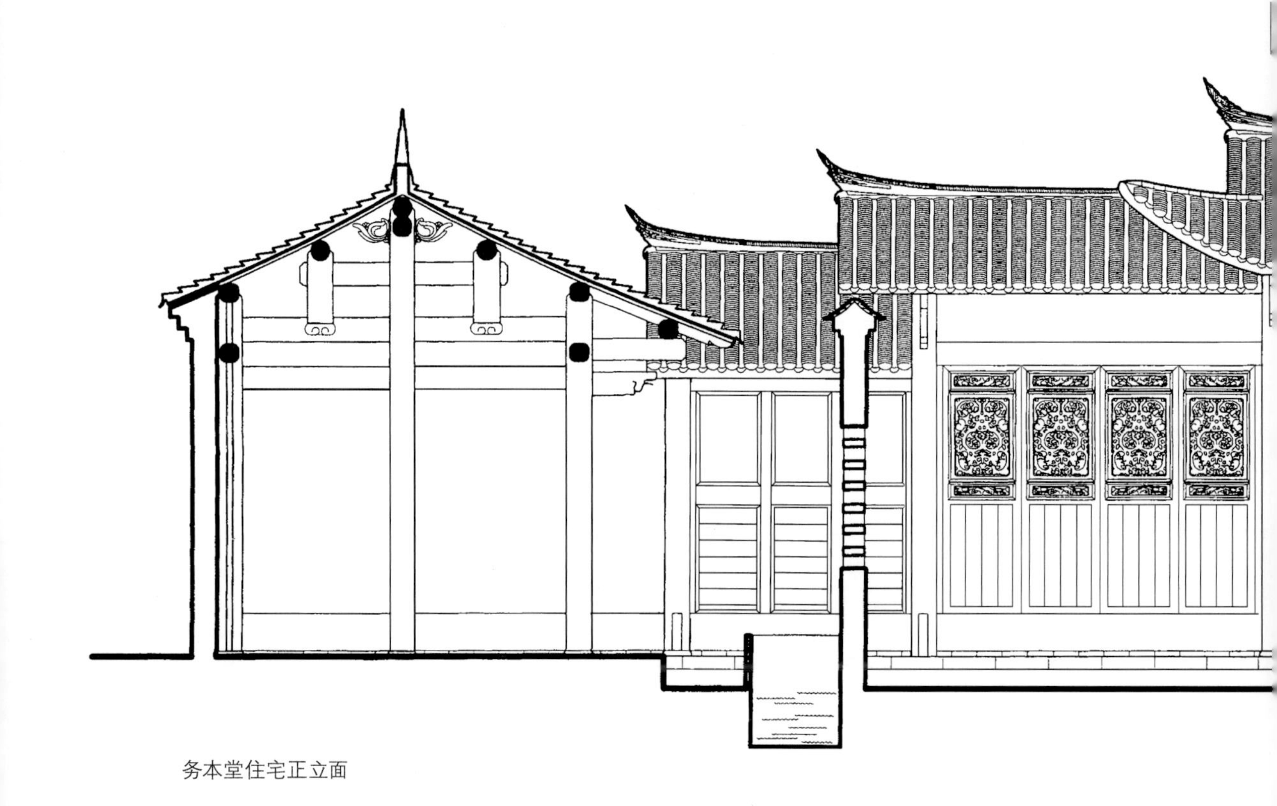

务本堂住宅正立面

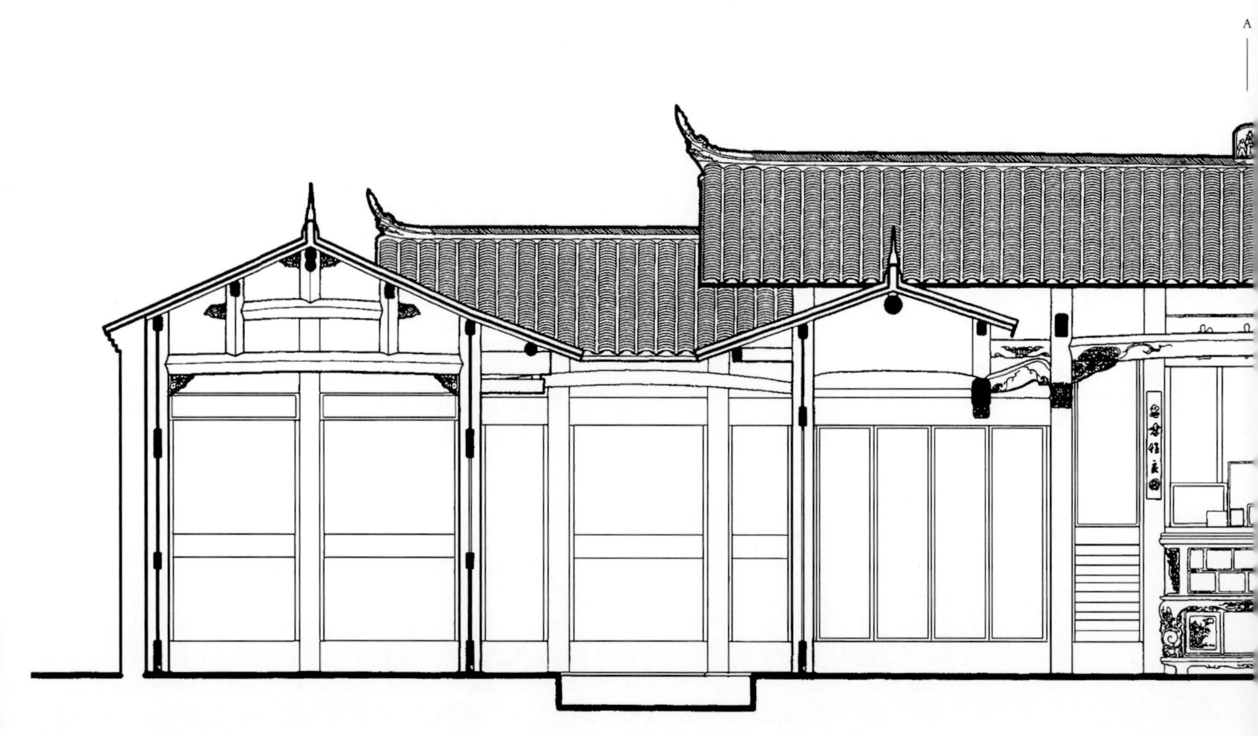

务本堂二进横剖面

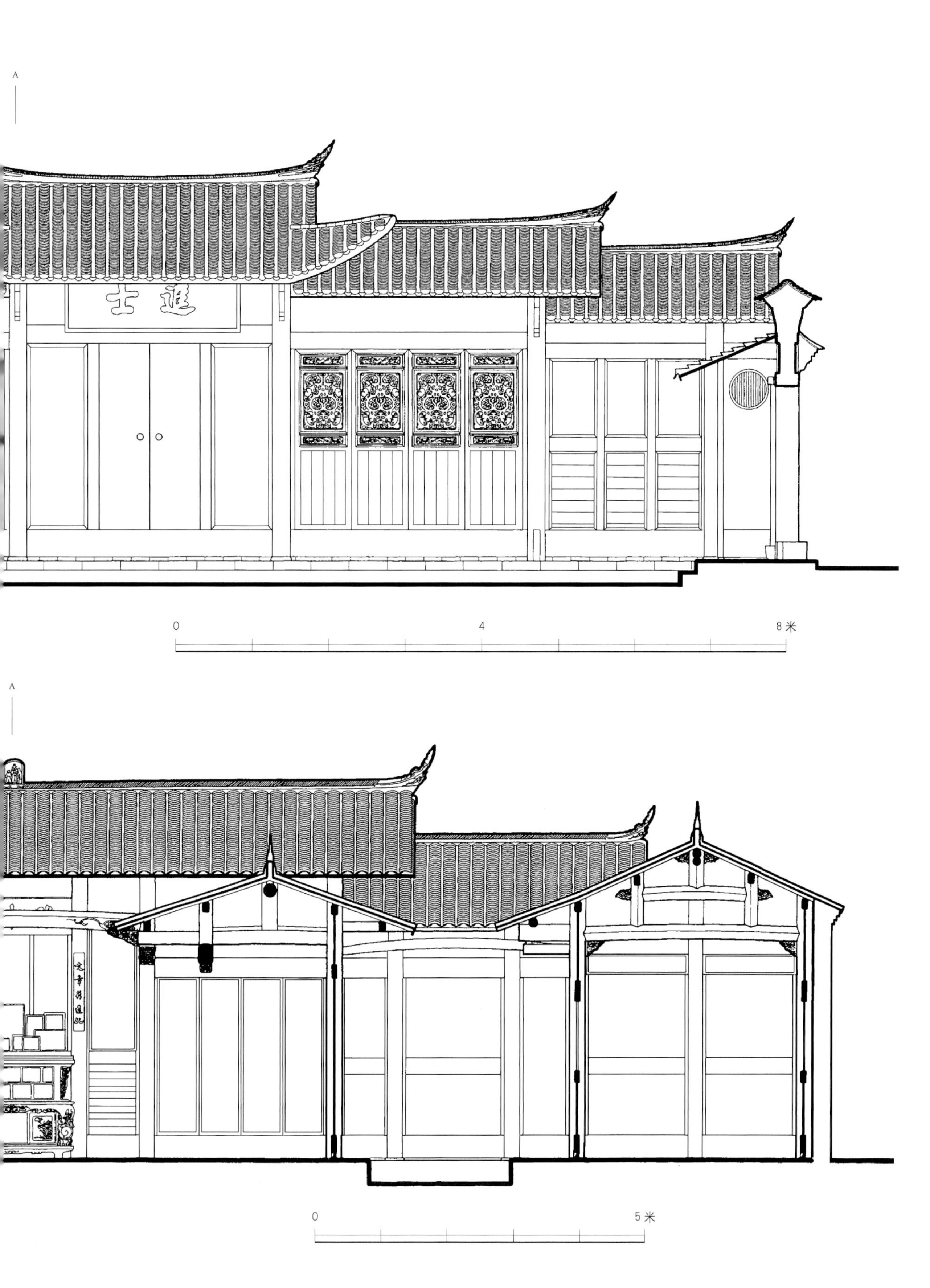
A
0
4
8米
A
0
5米

务本堂纵剖面

耀的“进士”的大匾被挂于务本堂下厅前檐。吴拔桢告老还乡后，没有再建新居，依旧与兄弟同住务本堂老屋。他去世后，子孙将务本堂原有的香火堂经过升堂点主仪式后，当作祭祀务本堂一脉的私己厅祠，并将肇屋始祖五亨公、武进士吴拔桢及本堂先祖牌位供祭于上厅。吴拔桢当年所用的练武石等也摆在务本堂天井内供族人瞻仰。务本堂至今仍由五亨公后代们居住。

其三，由香火堂升格而成的祠堂。从宋代起，士庶之家就祭祖于寝，尽管后来百姓也可以建独立于住宅的专祠，但大多数平民百姓却因无经济实力建专祠，从而保留了住宅中设香火堂的传统。他们认为宅祠合一的好处很多，子孙与祖先很近，祖先会时时庇佑着后辈，“先灵后嗣，一本至亲。先灵依乎后嗣，则以妥以侑，时荐馨香而灵爽于焉愈显；后裔依乎先灵，则在上旁默

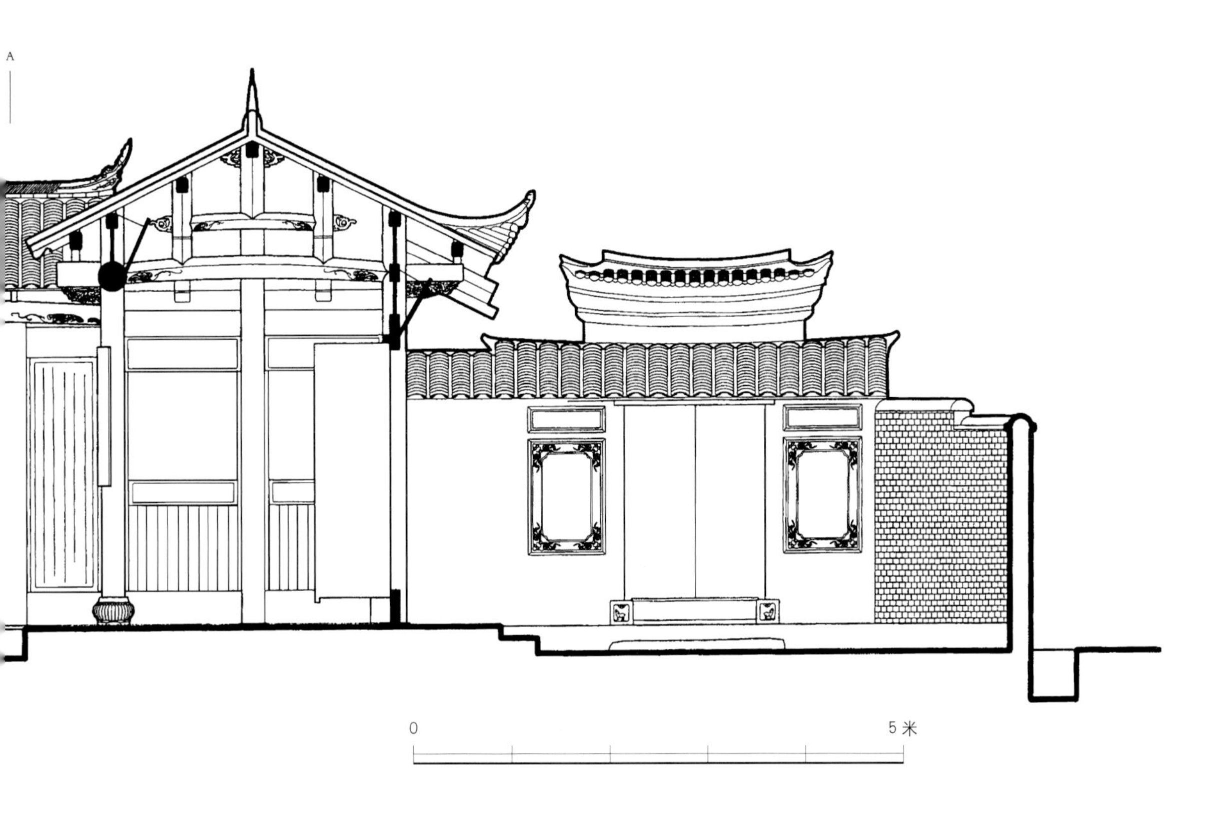

为佑启，而嗣续于焉愈蕃”[①]。当然，一旦有了足够的财力，又有适合的基址时，族人也会认为“妥先灵者为祠，庇后嗣者为屋，宜分不宜合”，而建造独立的祠堂。独立的祠堂庄重肃穆，更能显示家族的体面和尊荣。

培田村的继述堂“原为住屋计，非为飨堂计。落成之后，本欲另构飨堂以祀先人”[②]，但因地基原因房祠始终未建，先祖的牌位只能供奉在住宅的香火堂内。但香火堂毕竟是最基层的祠，等级最低，且只能祭祀三代以内先祖，于是在十余年后，“于丙午（1846年）八月十七日丑时，将本屋上厅建神龛升主，颜其堂曰‘继述’。诚以父继述于祖，子继述于父，孙又当继述于子，子子孙孙，无忘继述也”[③]。经过

① 引自《培田吴氏族谱·余庆堂记》。
② 引自《培田吴氏族谱·继述堂记》。
③ 引自《培田吴氏族谱·继述堂记》。

升堂点主仪式之后，继述堂由原来住宅的香火堂提升为一亭公（吴昌同）的享堂，祭祀奉直大夫吴昌同，而牌位可一直上溯到第六世郭隆公。香火堂升格后，可供吴昌同一房之族人供祭先祖，正如《继述堂记》中载："今本住屋为飨堂，则春秋匪懈，享祀不忒，无时不存继述之思，即无念不尽达孝之道。"

这样的情况较多，例如前面介绍的衍庆堂祖祠，最初也是由香火堂升格为祠堂的。所不同的是衍庆堂升格为祖祠后，就不再作居住用。继述堂属小房祠，本来也是为居住而建，升格后依旧是宅祠合一，"祠而屋，屋而祠，一而二、二而一也"[①]。

2. 窀穸的由来与特点

祠堂是专门用来供奉祖先牌位的。培田还有专门用来存放先祖骨骸的祠，称为"窀穸"，即坟墓，又称为"阴宅"或"阴城"，老百姓俗称"尸寮"。1949年以前，村落边缘四周的小冈上、大田里、山脚下，曾有二十几座这样孤零零的小房子，它们都是吴氏家族各房派存放祖先骨骸的窀穸。至今村子周边仍保存着六七座。为什么要将骨骸存放在这些小房子里而不将其入葬呢？

客家人崇敬祖先，有"求神不如拜祖"的传统。在从中原辗转迁徙南下的奔波中，孩子们总是紧紧地牵着父母的衣襟，那时父母就是孩子们心目中的神，是无可替代的依靠。而当父母在迁徙途中去世之后，他们则始终背负着祖先的骨骸随同迁徙，待迁到一个新地方，再把祖先的骨骸重新安葬，后来逐渐形成了"改葬""二次葬"的习俗。

客家多保持二次葬的习俗，但也有一次葬。一次葬的坟地俗称"大葬地"。墓室和坟地都用坚硬的石头和三合土筑成，通常

① 引自《培田吴氏族谱·继述堂记》。

位于村外的宅穸

这是死者生前做好的“生基”，也叫“寿坟”。死者以厚葬礼俗，被盛棺推入墓室。严密封堵墓穴后，再竖石碑。培田村就有这样的坟墓。

二次葬是客家人采用的最普遍的葬俗。通常人死后，守灵七七四十九天，一切丧礼过后，即在事先选好的地点入葬。培田为山区，多挖洞穴为墓，埋葬五至七年后尸化干净时，再将骨骸重新装殓。装殓通常在称为“大清明”的农历八月举行。民谚有“八月墓门开”，是重要的“秋祀”期。客家人二次葬是从每年农历八月初一起至寒露前这段时间。挖出骨骸后，捡起抹干净，按人体骨架结构，自下而上叠放入一种陶缸（当地称“金罂”）中。金罂盖内写上死者姓名。通常人们将金罂寄放在安全的山间岩洞中，或在山坎上挖一小神龛存放，有条件的建集体阴城暂放。阴城即宅穸。培田村有阴城，几乎每个房派都有自己的阴城。金罂暂入阴城后，待子孙选到好的风水地再进行二次葬，因此，宅穸的门联有“为筑宅穸安遗蜕，聊藉幽居寄髑髅”，横批为“小住为佳”，即骨骸临时安放处。如果其子孙一辈子没有找到先祖合适的入葬地，金罂将一直存放在窀穸中。培田的阴城几乎每座都存放着许多金罂。

夭折者一般不进窀穸，都是简单地埋葬了事。在外乡死去的人，没有经过入殓、装棺、祭奠等仪式，称为“冷尸”，这种人被认为是福分差，叫“无屋场份”，缺五福中第五福[①]之“考终命”。冷尸是不能入村的，尸骨棺也不能进窀穸。

窀穸存放着祖先骨骸，每年春、秋两季，各房派的族人会到自己房派的窀穸，扫墓，清理周围环境，培护化胎，焚香祭祀。

第四节　宗祠建筑的形制

宗祠有祖祠和房祠两级。培田的祖祠为衍庆堂。

培田在第十世前后，仅有几座分房祠堂，建在祖祠的左右。由于村落人口少，居住规模小，且建筑之间疏松，房祠相对住宅规模要大，多采用合院式，内部十分开敞，朴素庄重。到清康乾以后，村落处于建设高峰。村中商业街以西的地段日益拥挤，尤其是靠近村落主要街道的地段更加紧张。一些房派为了将房祠建在街道两边，只能委曲求全，将祠堂面宽缩小，致使祠堂内部空间局促，祭祀时非常拥挤，如愈扬公祠、衡公祠、久公祠、美三公祠、金旻公祠、石泉公祠等，均坐西朝东，门面窄小。为了突出房祠，有的不惜花重金，精雕细刻，使门脸华丽异常。

培田的房祠虽多，平面形制却较为单一，只有大小和宽窄的差异。至于宅祠合一或由香火堂升格为房祠的，它们的形制与住宅的大小、等级相关，是住宅的一个组成部分。也有整座住宅转为房祠的，如在宏公祠、畏岩公祠等。

① 引自《尚书·洪范》：“五福：一曰寿，二曰富，三曰康宁，四曰攸好德，五曰考终命。”

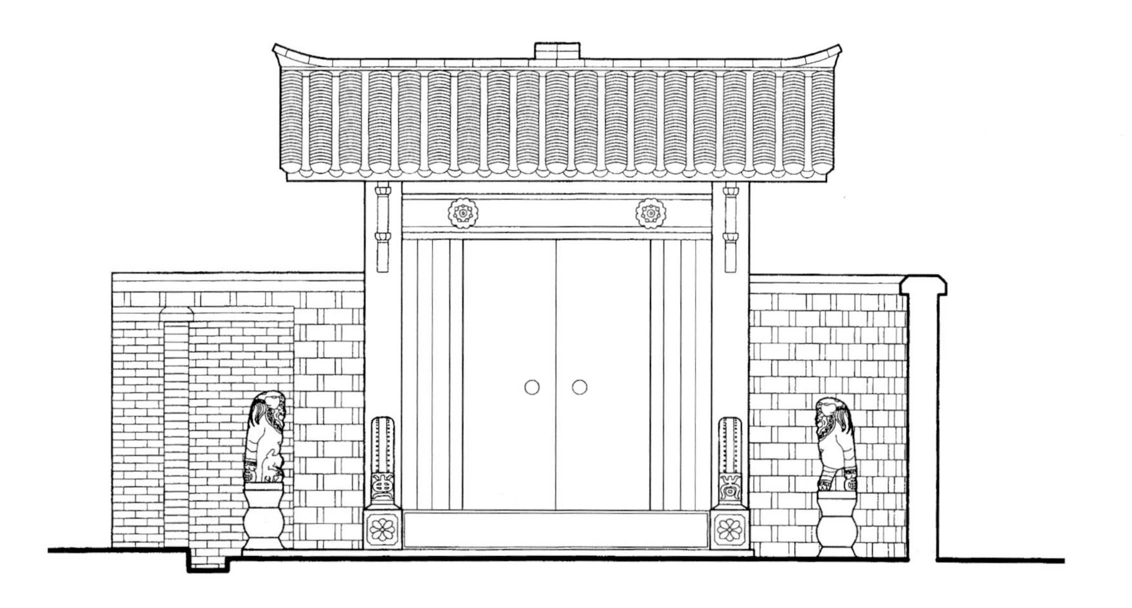

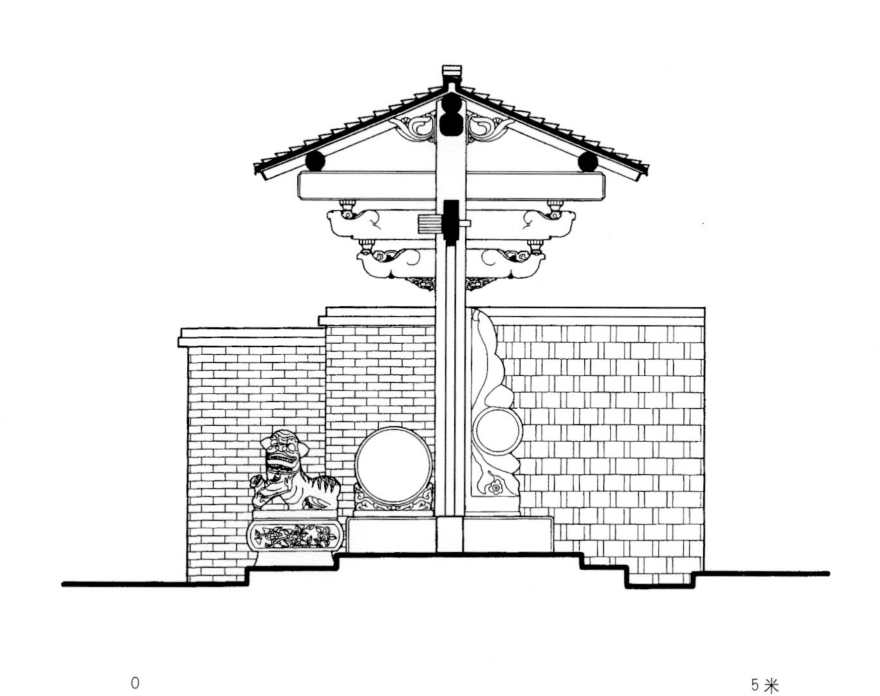

（上）衍庆堂大门立面
（下）衍庆堂大门剖面

1. 衍庆堂与炎德公祠的形制

培田祖祠衍庆堂 衍庆堂坐西朝东，清乾隆年间升格为祖祠后，又经过嘉庆、道光、咸丰年间的多次修缮，形成现在的规模与格局。

现存衍庆堂主体部分平面为“口”字形，中轴对称，前后两进。平面组合可分为三部分：“口”字形部分、宇坪部分及后面的化胎部分。与族谱所载始建时的平面大体相同。

“口”字形部分：衍庆堂的前后两进各为五开间。第一进下堂的当心间“下厅”是举行重要礼仪活动的空间。培田冬春之际常阴雨迷蒙，为方便祭祀，特将下厅及左、右次间三开间全部打通，形成十分开敞的祭祀空间。由于前檐采用槅扇门，祭祀时卸下，使室内空间与宇坪融为一体。在下厅内后金柱位置，当心间用四扇板门做成后壁，左右有腋门。两次间在后檐柱处也做四扇板门，平时全部关闭，只走当心间两个腋门进入天井。

衍庆堂匾额

衍庆堂内悬挂的匾额

衍庆堂下厅前檐柱的石抱鼓

衍庆堂下厅及戏间

第一进与第二进之间是天井，左右各有两间厢廊。

第二进为上堂。当心间上厅是供祭祖先牌位的地方。用太师壁①将上厅分隔为前后两部分。前厅占总进深的三分之二，是祀厅。自始迁祖往下的各代列祖列宗的神主牌，均安放在深处太师壁前的神龛中。太师壁前，昏暗中点点烛光闪烁，层层香烟缭绕，看过去有一种肃穆神秘的感觉。作为祖宗的栖息之所，神龛做工十分华丽讲究。神龛的下面供着土地爷，左面供着杨公先师。神龛前是一长条香案，再前面是八仙桌。香案上摆着香炉、祭品、像匣等。太师壁背后的空间窄小，专供存放家谱、图影、各种祭祀用品、器具、銮驾等。祖祠右侧次间内原先供奉着五显帝的塑像，《培田吴氏族谱·恕堂公颂》载：“福神镇宅历多年，见帝无殊见我先。后嗣如何忘祖泽，一朝烟雾散归天。”后因求神不如拜祖，便将五显帝移至厢房内。

①　“太师”是尊称，通常太师壁只用于挂祖像。

从衍庆堂下厅看上厅

每逢举行祭祖活动，将下厅后壁樘板及左、右次间的板门取下，使下厅、厢廊连着天井与上厅，浑然一体，一、二进之间形成一个平面呈十字形的开放空间，族人聚集在这个大空间内，神龛居于祀厅深处，创造出一种庄重神圣的气氛。人多时，下厅及宇坪也可使用。

宇坪部分：衍庆堂前的宇坪面积很大，作住宅时，主要用作晒场。改为祖祠后，每年春祭就在前宇坪上临时搭台演戏。戏台面向厅堂祖宗神主，演戏本为“酬神敬祖”，但族人们辛苦一年，也要借敬祖的机会娱乐一番，因此通常要演戏三天。看戏时男女有别，在衍庆堂下厅前，左右各建一间近于正方形的厢房，作为“戏间”，两戏间左右相对。男观众坐在厢房之间的空地中，女观众及小孩子坐在戏间内。戏间四面开敞不设门窗，三面做有高约一米的栏杆。戏演过后，戏台就拆下来，来年演戏再行组装。为什么不建固定戏台呢？人们说是风水原因。衍庆堂前对着文笔峰，从祖祠的上下两堂都可看到，如果建起戏台，文笔峰就会被戏台屋顶挡住看不见，家族科第成就会受影响。所以直到20世纪90年代末才建起现在的固定戏台。

从衍庆堂大门看戏台

衍庆堂戏台

据说，衍庆堂“口”字形部分左右原有横屋[1]，为“堂横式”，清代时将横屋拆除，基址改成两个狭长的天井，合称为“日月天井”，意寓着祖祠与日月同辉，又意寓阴阳调和，利于子孙繁衍。

化胎部分：衍庆堂祀厅背后围墙内有靠山延伸下来的马蹄形冈坡，族谱及祖祠图均称之为“花台”，实应为“化胎”，即“阴阳和合化而成胎”。虽然化胎年久失修，破损严重，但突起的半球状的痕迹依旧十分清晰，它与广东梅州客家围龙屋中的化胎形式非常接近。培田早期就有不少围龙屋式的住宅，只不过化胎未发育成熟，还是原始状态的土胎而已，但其意义与成熟的化胎是一样的。风水学上讲，化胎为“龙脉”止处，是天地在此交感，孕育胎气的地方，象征着人丁兴旺。广东梅州的客家围龙屋中，化胎上铺满了巴掌大的河卵石，寓意“百子千孙”，更直观，更具象征意义。上堂与化胎之间有一道水沟，水沟边上有一条“子孙路”，它与化胎一起表达了家族繁衍、人丁兴旺的美好愿望。尽管有种种风水的说法，但从功能上分析，建筑距山坎太近，筑一道马蹄形的后墙和水沟有利于挡土和排水。

上篱炎德公祠 吴家坊的上篱村和培田村紧邻，同宗共祖。始迁祖八四公定居上篱后，生二子，长子胜轻，次子胜能。胜轻公生四子，长名文贵，仲名潘福，叔名石文，季名文清。四子长大后，由于上篱地段狭窄，长子文贵公迁居到赖屋，三子石文公和四子文清公分别迁往半溪峒的定坊（距河源里十五公里）和浙江发展。次子潘福公则留居上篱祖地发展。潘福生三子，长子丁季，次子辛季，三子巳季。长子和次子均绝后，只有巳季一支有丁口发展。由于人口不多、经济有

① 住宅中轴线上的“口”字形院子两侧，平行于纵轴线方向排列的条形房子，称为“横屋”。

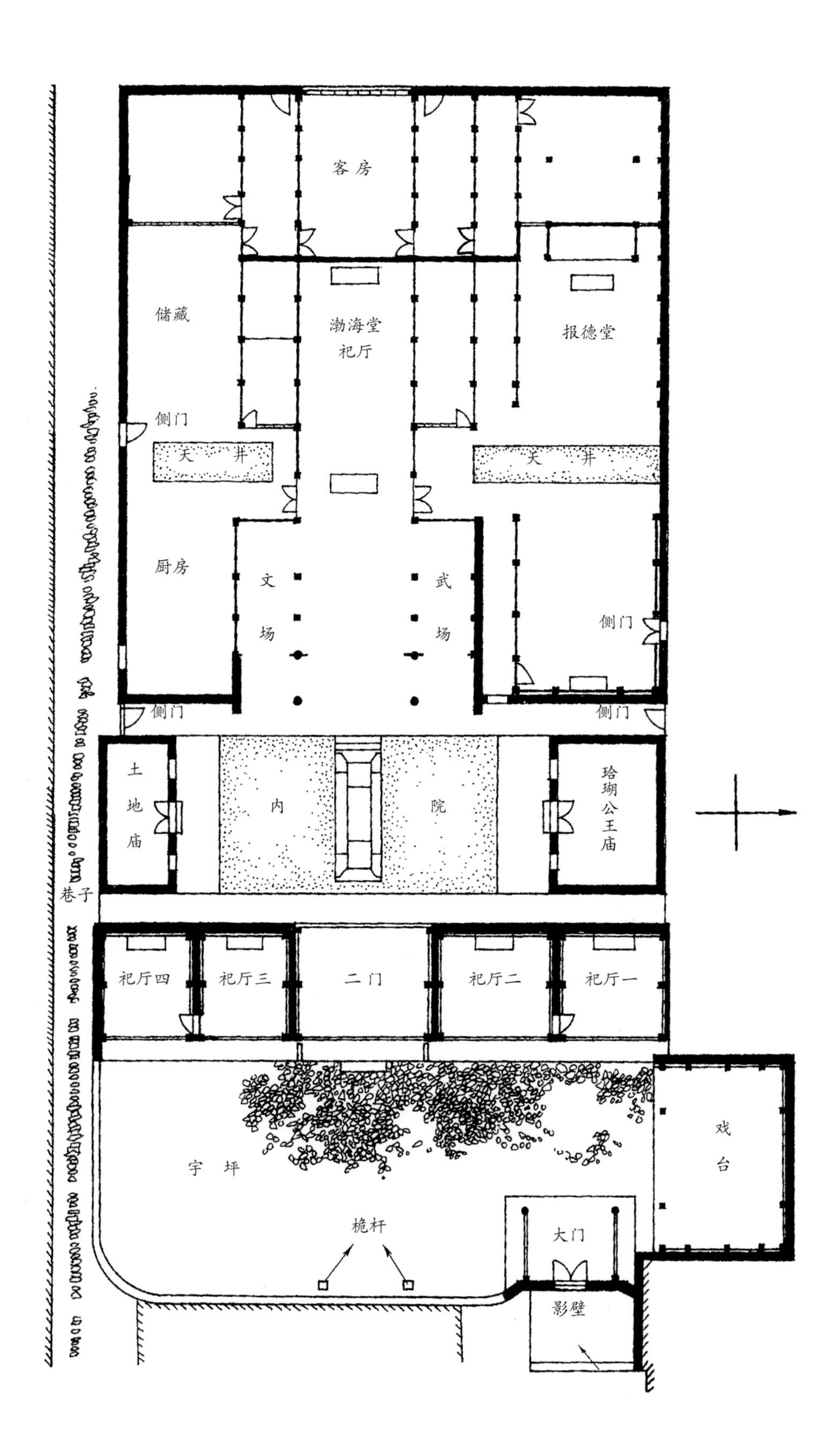
客房
储藏
渤海堂
祀厅
报德堂
侧门
天井
天井
厨房
文
场
武
场
侧门
侧门
侧门
土
地
庙
内
院
珨
瑚
公王
庙
巷子
祀厅四
祀厅三
二门
祀厅二
祀厅一
戏
台
宇坪
桅杆
大门
影壁

上篱炎德公祠平面图

升星村炎德公祠院门

限，始终没有建造八四公专祠。每年祭祖，吴姓族人便将八四公的上篱老屋作为祭祀场所。随着上篱吴氏家族人口的增加，到第五代时老屋因窄小已无法适应祭祖的需求，巳季的子孙便在原始祖八四公老屋的基础上，建起祭祀第四世祖的“巳季祠”，因巳季又称“炎德”，祠堂也称为“炎德公祠”。内供祀始祖八四公至炎德公四代先祖。据吴仁林先生（1934年生）说，当年建炎德公祠时请了风水先生来，风水先生告诉上篱人，老屋基是块风水宝地，它的后龙山是旗形山，宅子是令字穴，宅前对着笔架山，是绝好的出仕宦之地，于是新祠便建在老屋原基上。

炎德公祠建筑群的平面形制十分少见，整座建筑坐西面东，前后三进两院。

炎德公祠的正门（院门）为独立的门楼，朝东，位于整个建筑群的东北角。进入院门为第一进院，是十分宽敞的宇坪。宇坪西侧是一排十间坐西面东的房

升星村炎德公祠二门及左、右小房祠

子，它们每两间一个分隔，分成五部分，正中两开间做成牌楼式门楼，是进入第二进院的二门，门口有一对小石狮。门楼左右的四间是炎德公一支第五世以后的四个小房祠，它们大小相同，面对宇坪，前檐敞开，均不设门窗。宇坪东侧是围墙，在围墙的内侧，正对二门位置曾有两对石桅杆。宇坪的左侧（北侧），即院门楼与十间房子之间的北侧，是一座戏台。每逢祭祖演戏时，宇坪就作为观众席，四个小房祠就是小包间。

从二门进入第二进院内，左右各有一间独立的厢房，作为神坛。左侧供奉玲瑚侯王塑像，右侧供奉五谷真仙塑像（此塑像毁于“文革”期间，至今未恢复）。左厢房设立神坛的原因是：十三年轮一次的“入太公”游玲瑚侯王的活动，由上下两村共同举办，每次花费巨大，且百姓企盼已久，而迎来之后却只能在培田从农历二月初二日到八月初二日供奉半年，农历八月初二

炎德公祠二门前的石狮子

从炎德公祠内宇坪看院门和戏台

日转到上篱，供奉半年，至来年的二月初二日；上篱族众期望能长久沐浴神的恩泽，后来就从玲瑚侯王庙内拔来香火，在左侧厢房塑上神像常年供奉。每逢天灾人祸，族人就在此焚香祷告。久旱不雨时还把神像抬至深潭浸泡以求雨。村人说这方法“灵得很”，以至香火不断。1949年后此举停了几十年，20世纪80年代又恢复如初。

族人说，祖先与神合祭一处，信神者往神处烧香之后，必定会往祖宗处烧香；往祖宗处烧香者更会往神处烧香，这样香火常年旺盛不断，使祖宗和神互相沾光，共享人间烟火。比起培田祖祠平日的冷清，上篱祖祠日日香火，更显族人的一番诚意。每年农历正月祭祖，春、秋两季扫墓时，八四公作为开基祖宗，受祭奉是少不了的。

第二进院内的正房是三座并列相连而又相互独立的建筑，它们均坐西朝东。正中一座是炎德公祠，面阔三间，有前檐廊，敞开不设门窗。当心间宽四米，两次间较窄，宽近两米，作为祭祀活动时的文武乐间。当心间后隔一极窄的天井接出一间，前后总进深约十米。神龛在厅堂的最深处，上面悬挂着黑底金字的大匾“渤海堂”。

炎德公祠祭祖的渤海堂

炎德公祠左侧的四房祠，又称“报德堂”

与中轴炎德公祠并列而建的左侧和右侧两座建筑均为房祠。四世祖炎德公生四子，三房很早就迁往江西定居。上篱只剩长房、二房和四房，当逐渐有了经济实力后，这三房便共同集资建起这座炎德公祠。祠堂建好后，长房延续炎德公香火，在中轴的炎德公祠内祭祀，二房和四房便分别在炎德公祠右侧和左侧两座建筑内祭祀，右侧叫作为二房祠，左侧叫作四房祠。

管理炎德公祠的吴仁林老人

四房祠又称“报德堂”，是独立的小院，仅有正房与倒座房，均为小三开间。它除了做四房的房祠外，还有一个用处。过去村中穷苦人家，人死入殓装棺后，因日、月不利，无法迅速殡葬，需停棺等待。家中厅堂小，就把棺椁停放在这里的倒座房内，并进行守丧守制等活动。待殡葬吉日一到，再行出殡。

据现驻守炎德公祠的吴仁林讲，过去老人在弥留之际，请家人向祠堂施些银子，祠堂就会将老人的名字写在羊皮板上，悬挂在四房房祠内四周的板壁上。这样做是为那些将要追随先祖而去的人提前“报祖”。旧时四房祠的四壁上挂满了羊皮板，上面密密麻麻写满了人名，可惜羊皮板毁于20世纪60年代的“文化大革命”。据说这座房祠内还辟有一处专门供奉族中贞节烈妇牌位的地方，这在培田村其他地方是没有的。

炎德公祠右侧（南侧），并列而建的二房祠，进深与四房祠相同，只是面宽稍窄一些，正房和倒座房都只有一大开间。由于上篱已没有了二房后裔，这里长期作为库房和祭祀活动时的临时厨房。问及原因，这里还有一个有趣的故事。长、二、四房决定建炎德公祠后，长房请来了风水师按照几兄弟的生辰八字调整祠堂方位。风水师说如果方位和构架做法对长房和四房都好，就会亏欠一点儿二房。长房和四房表示要把风水做平，不要亏了哪一房。而二房财大气粗，对风水师说，“有本事你就把二房做绝”。这下惹恼了风水师，他一声不吭就暗地做了手脚。原本中轴与左右两建筑之间打算砌砖墙相隔，砖墙上部再装一排木制槅扇窗，形成空漏窗，这样中间祭厅内的采光通风都很好，而且几房之间的风水也不会强弱不均。但风水师想起二房说的话，就有意不砌砖墙，也不做槅扇窗，而将应砌砖墙的地方全部做成木板壁，从下通到顶。由于没有窗子，祭厅光线暗了许多，长房、四房的风水没有多少亏欠，二房却亏欠了许多。自从炎德公祠建好后，二房人丁财运开始走下坡路。

上篱没有了二房子孙，二房祠也就空置起来。河源里的主要村庄每十三年能轮上一次“入公太”（玲瑚侯王）巡游，每十二年逢一次“小公太”（五显灵官大帝）巡游。因此在十三年中，必有二次供奉神袛在半年以上。这些神袛除有神像外，还有神轿、仪仗等，也需有存放场所。祭祀时要杀牲，空下的二房祠既可满足各类奉神活动的需要，又可兼作临时厨房。

在炎德公祠背后还有一排房子，它的后檐墙与炎德公祠的后檐墙相贴而建。村民说，1949年前每逢祭祀活动，从吴家坊分支出去的吴氏子孙都会前来祭祖，有的路程很远，不能当日返回，就借住村中，有时人来的多了，本村住不下，只好住到邻村。平日常有远来的香客到此求神，也要到周边村落寻找住处，于是宗族便在炎德公祠的后檐墙外添建了这排房子，作为旅店，供人居住。由于造在后墙外，房子的门朝西开，内有小门通向二房祠和四房祠。

2. 一般房祠的形制

培田的房祠以“四点金”为基本形制。四点金是一种简单的平面格局，即小型四合院。通常正房及倒座均为三开间，左右各建一开间厢廊，中间围合着天井。大门位于倒座的当心间，大门前面没有院落。由于这类建筑的正房和倒座的四个次间为卧室，门窗严整封闭，与敞开不设门窗的正房的上厅、两厢及倒座下厅形成虚实对比，称为“四点金”。典型的有容庵公祠，建于明末，为培田第十三世祖嘉宾公建造。祠堂小巧实用，门庐建成三山马头墙，朴素大方。

衡公祠匾额

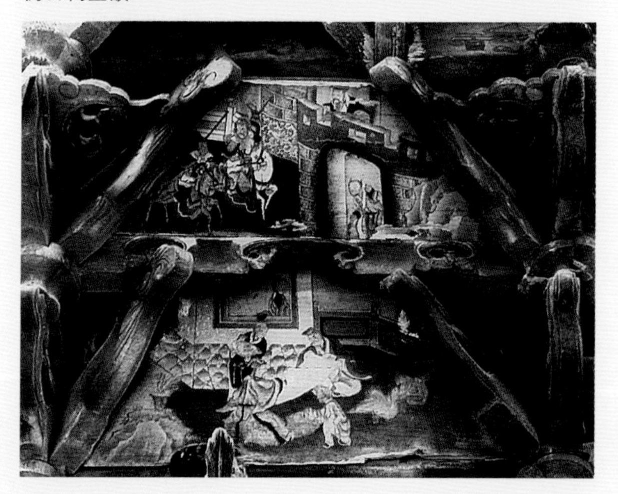
衡公祠门头上的彩绘

又有一种“八间头”。八间头的平面与四点金完全一样，只是左、右厢不是过廊，而是用槅扇封闭成一间厢房，连上、下正房共有六个封闭开间，俗称“八间头”。典型的为锦江公祠。

也有四点金的倒座房向外做前檐廊，当心间做成牌坊式门头，高大华丽。内部三间通敞，与两厢敞廊及天井形成一个大空间，比前两种的空间更为合理实用。衡公祠、久公祠均为这种做法。

衡公祠 建于明代末年，建筑的平面格局为四点金式。门楼做成三山，有斗栱，绘漆画三国故事，其中《空城计》《张松献图》两幅画至今线条清晰，色彩鲜明。除了彩绘外，衡公祠的结构构件多为素木色，与培田村整体建筑风格相近。目前衡公祠斗栱毁坏严重。

久公祠 紧靠衡公祠右侧是一座与衡公祠规模相近的久公祠，又称“敬承堂”，建于清末。所祭为第十八世祖五品奉直大夫吴久亭，是吴昌同的兄弟，也是晚清培田村中一位成功商人。村人说，久公祠是仿照衡公祠而建，规模大小及开间均与衡公祠相同。

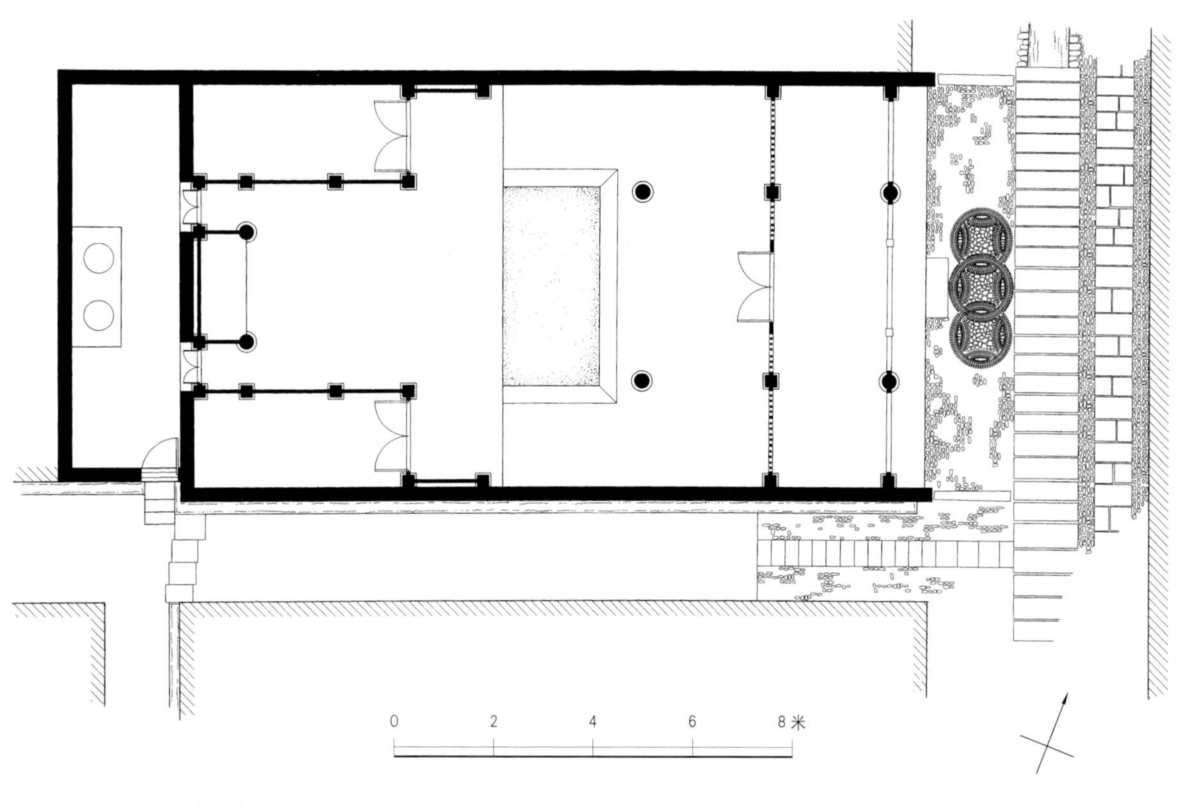

久公祠总平面

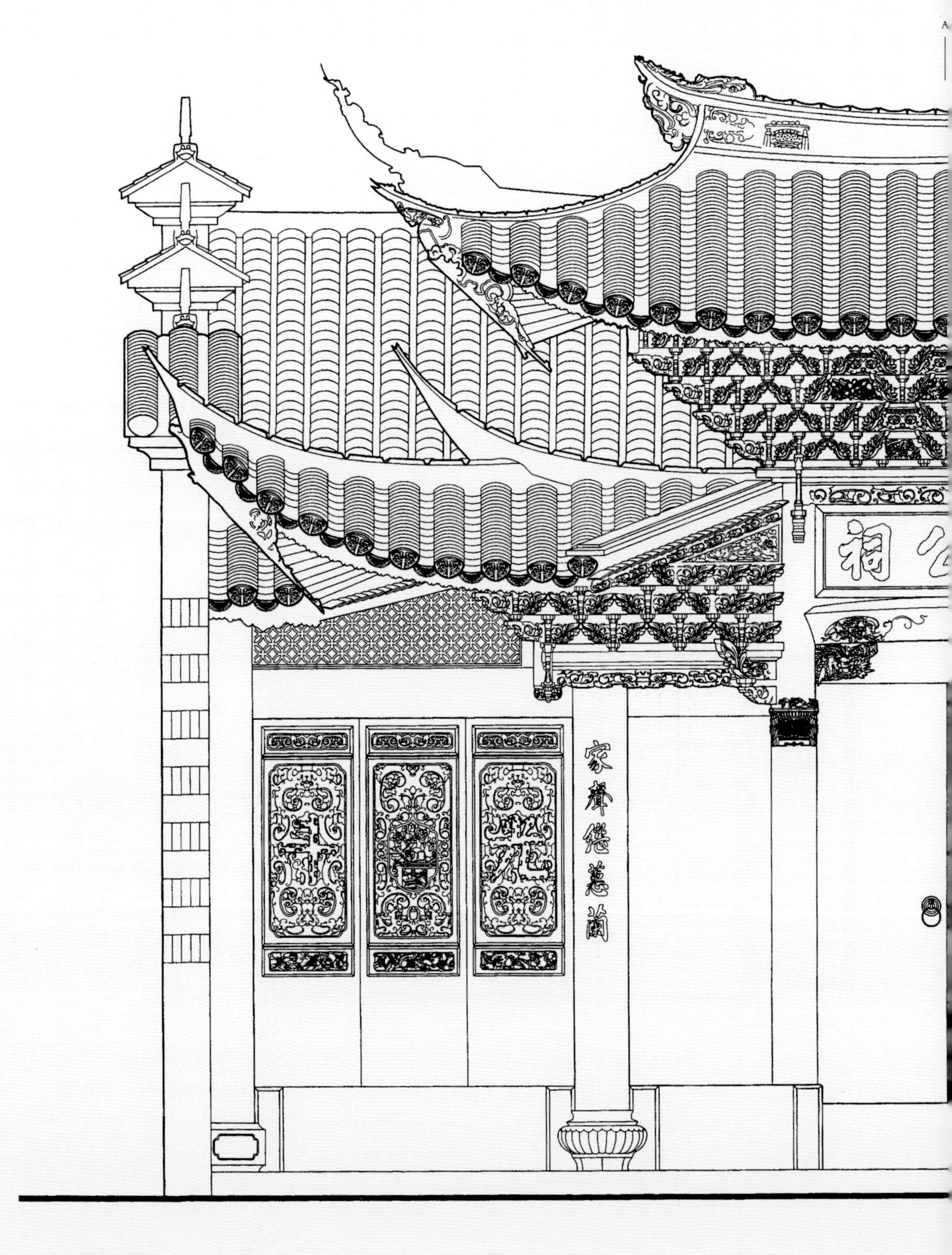

久公祠外立面

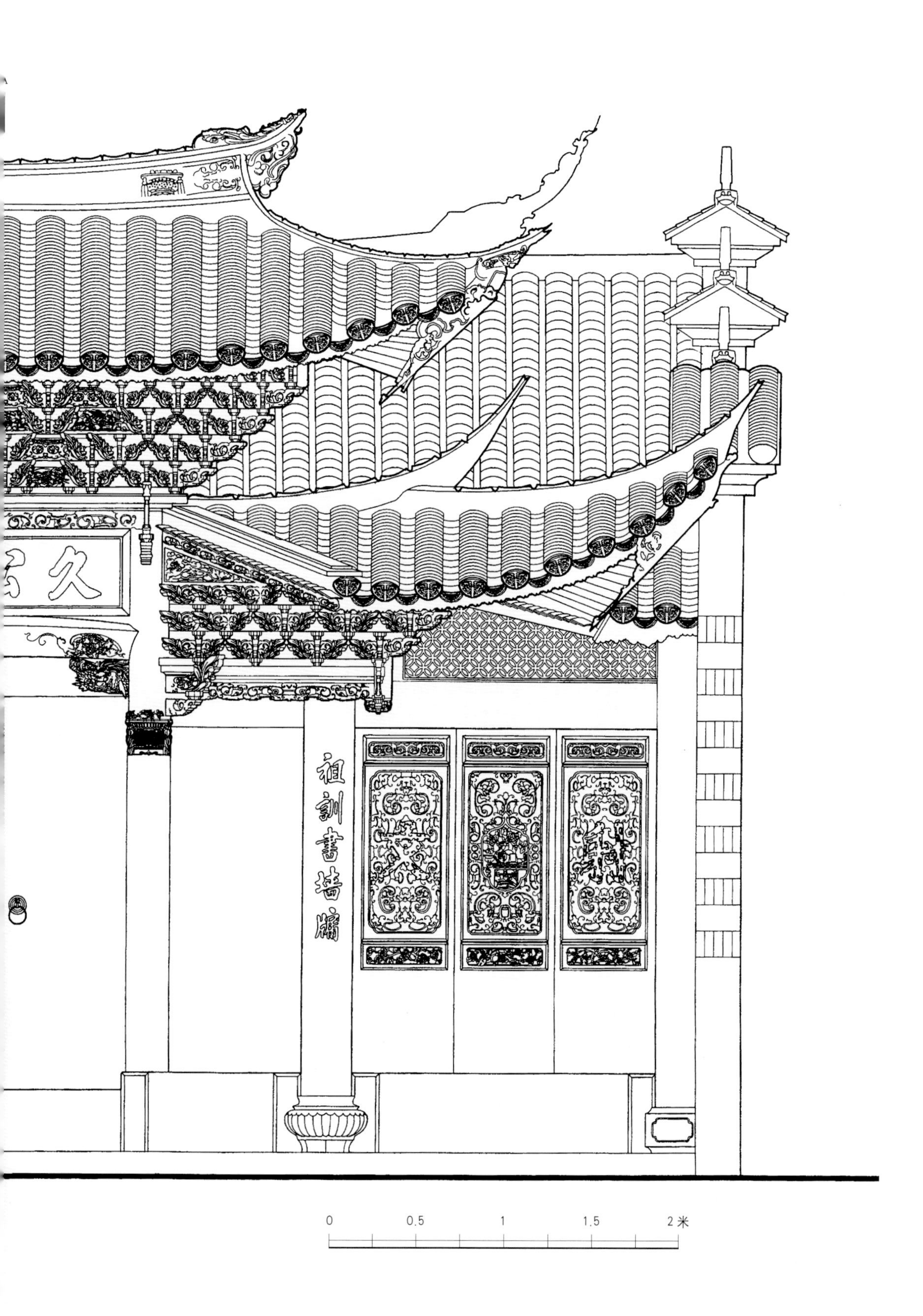
久
0
0.5
1
1.5
2米

久公祠横剖面

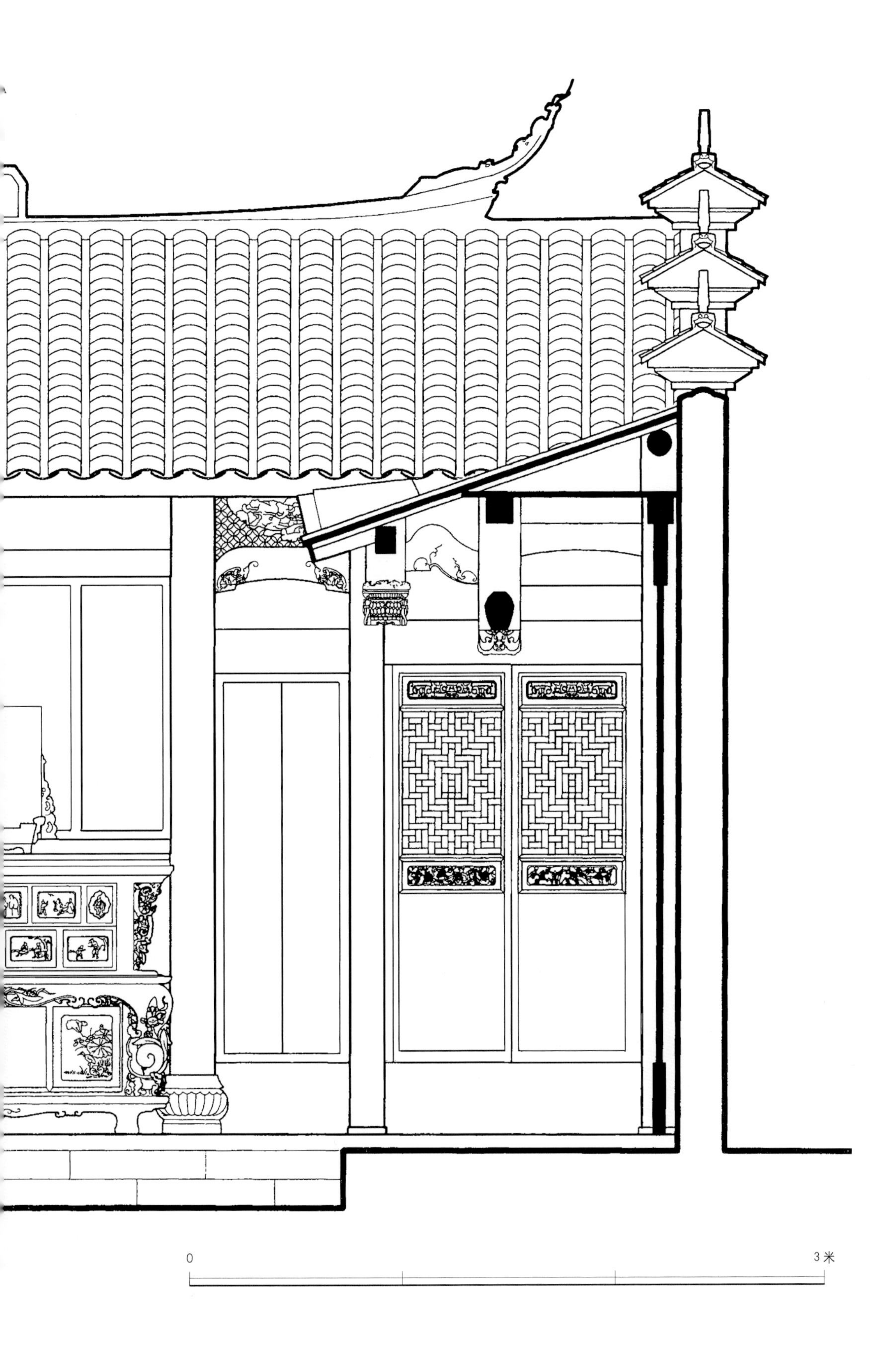
0
3米

久公祠位于村中商业街西侧，坐西面东，上厅及倒座（下厅）均为三开间。据《培田吴氏族谱·敬承堂记》记载，久亭公“继承先业，垂裕后昆，于祖尝则历扩焉，于祖祠则重新焉，于居室则肯构焉，惟余宗庙未立以待后人焉”。由于建祠晚，到清末时，村内大块空地已经不多，很难让村人建造宅第和宗祠，而久亭公后代又希望房祠建在村中街显要的位置，但一直到久亭公孙子辈上，仍没有完全合适的地段建祠。此时村内的地段更加紧张，子孙们也不顾狭窄，就在村中街面阔不足十米的地段中，建起了久公祠。由于规模不大，只能以小巧精致华丽取胜。

久公祠华丽的大门楼

由于地段狭窄，久公祠平面只好采用简洁的四点金式。祠堂上厅内，后墙放置着色彩华丽的神龛，上厅左、右板壁上至今仍保留着清代升官捷报、民国考取中学捷报等的痕迹。廊檐枋上有“上京赴考”“状元及第”等彩绘，既是显示祖先的荣耀，也是对后代的鼓舞和鞭策。

久公祠因门脸过窄，门前空间局促，为不被淹没在繁华的商业铺面中，建造时将重点放在了建筑立面上。正立面三开间设前廊，前廊当心间前金柱位置做木板门，两次间前金柱位置做华丽的木槅扇，使空间有一定通透感，显得外向而近人。同时将前廊做成当心间高而两次间略低的牌楼形式立面，前檐屋角有起翘，檐下采用了大量的异形斗栱，层层出挑，当地称之为“三山斗栱”①，是聚财的象征，十分豪华气派。

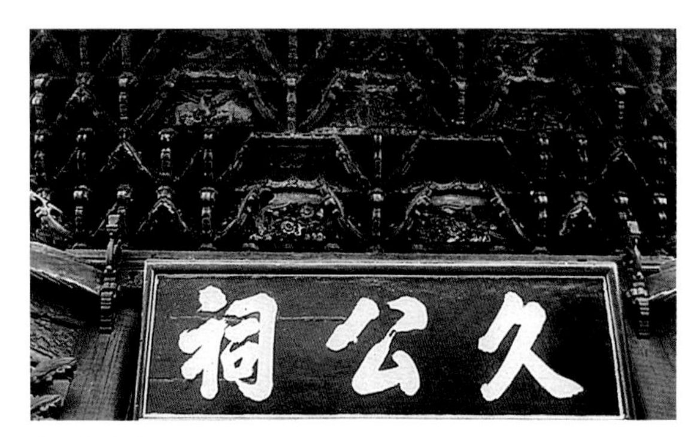

久公祠匾额

久公祠门楼斗栱

久公祠门楼彩绘

三山斗栱结构上显得很烦琐，色彩则很华丽。斗栱为朱红色，栱眼壁间至今还保留着“三娘教子”“麒麟送宝”“獬豸护法”等内容的彩绘。大门上饰髹漆门神，厅堂木构架上多处彩绘，富丽堂皇。为此，久亭公祠成为培田商业街上一座十分抢眼的建筑，往来的客商常会在此驻足，仔细欣赏，村里的人也喜欢在此聚集消遣。后来这里

① 三山斗栱结构，即四柱三楼的牌楼式做法，中间高，两侧低，为纯木结构建造。用于承托屋檐的部位是一层一层的斗栱，建造费时、费工、费料。

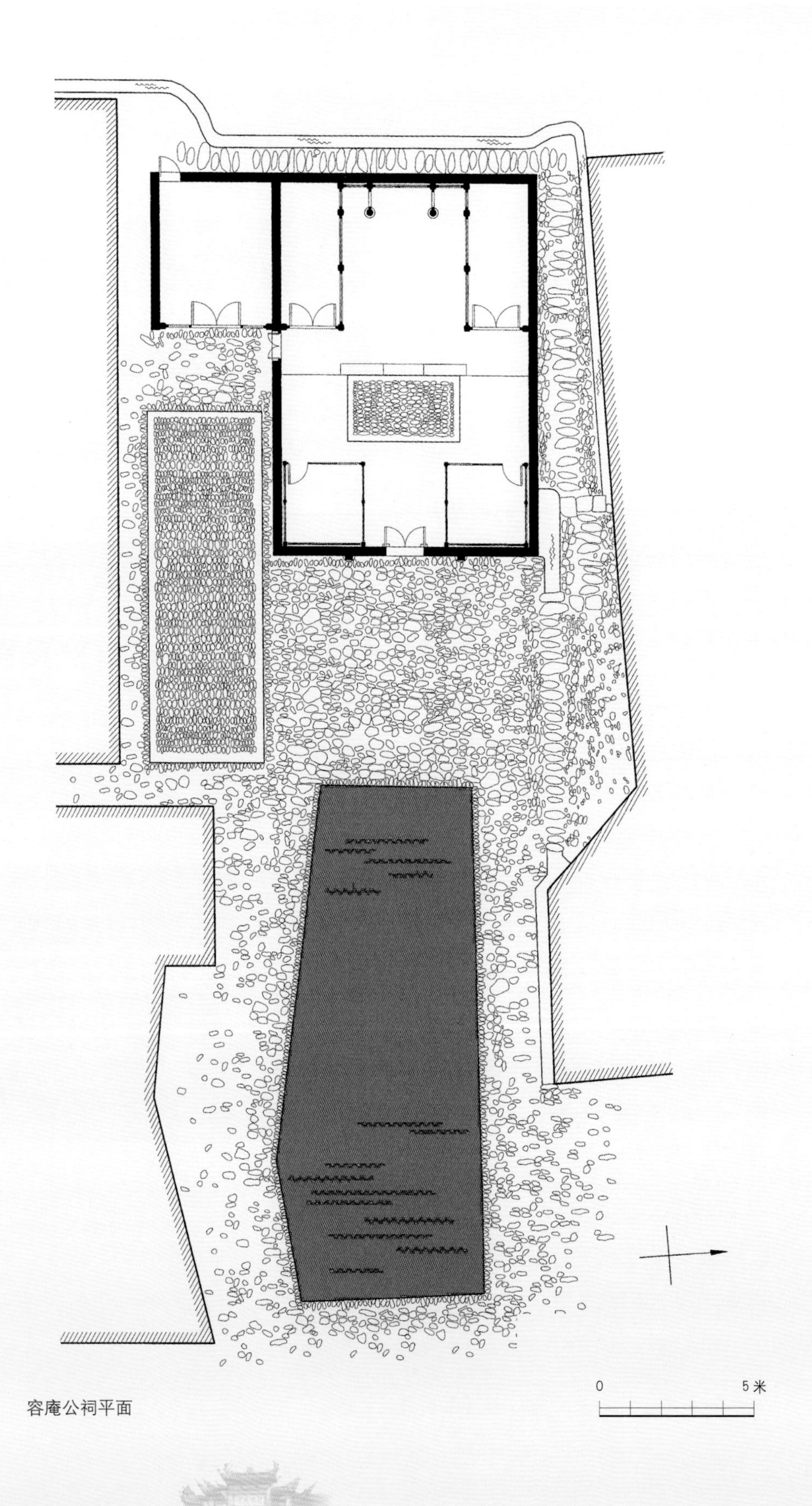

容庵公祠平面

就成了村内的公共中心和旌善之地。

房祠的核心部位形制通常十分简单，但一些地段较宽松的房祠，为了祭祀和举办各种活动，如婚丧嫁娶、寿庆添丁等，通常要在建筑的核心部位之外再建一些辅助用房，存放祭品，作厨房用，有条件的祠前还有宽大的宇坪来衬托。而与住宅合一的祠堂，仅有正房当心间一间厅堂，敞开不设门窗，正中后檐墙放置十分华丽的神龛，里面供着祖先牌位，前面有四方神桌。[1]

容庵公祠外立面

① 培田村供奉祖先牌位前面的桌子称“四方桌”，又称“神桌”，不能在此桌上吃饭，否则就是亵渎先祖。专门吃饭的桌子称“食饭桌”。

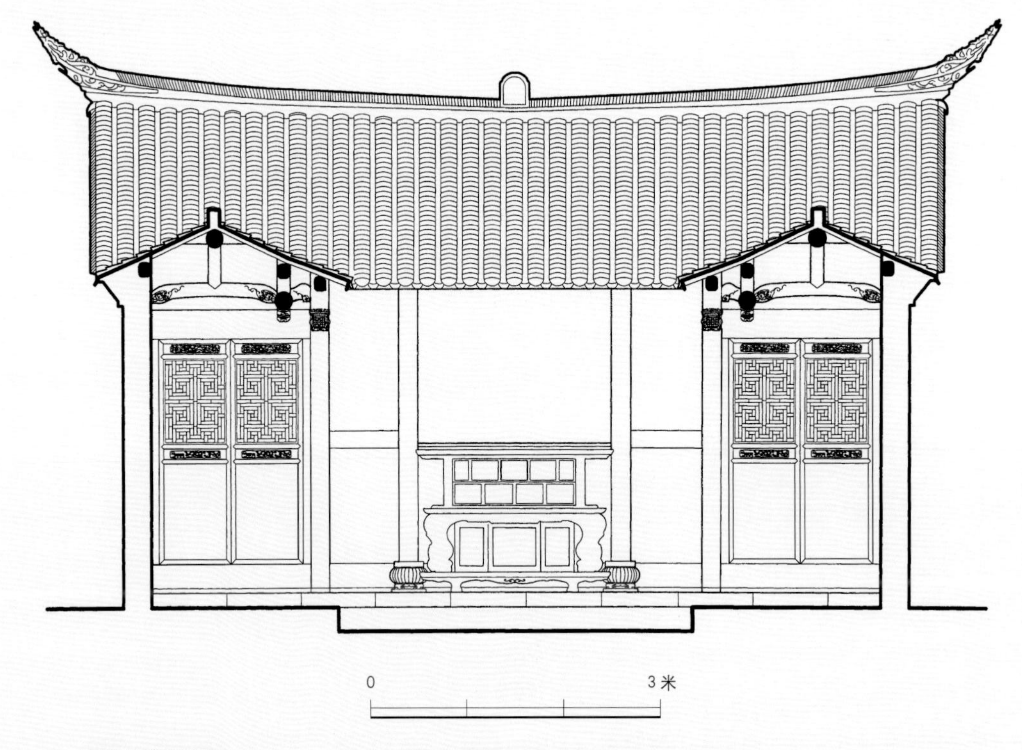

容庵公祠横剖面

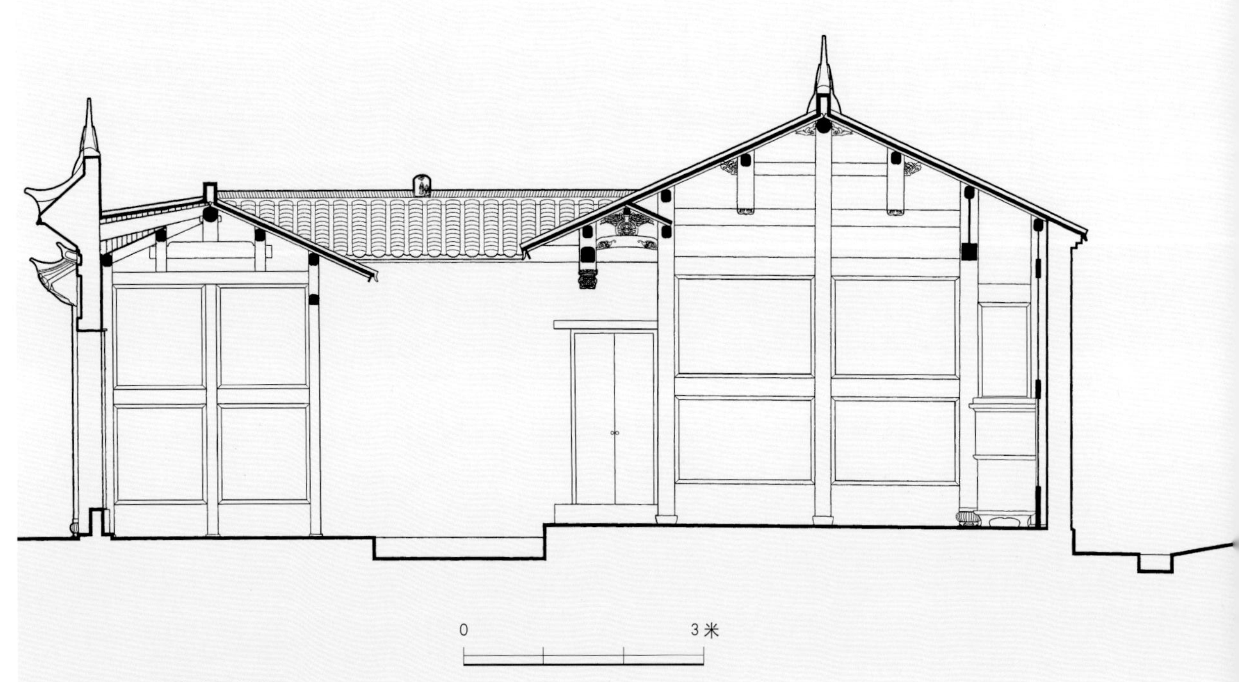

容庵公祠纵剖面

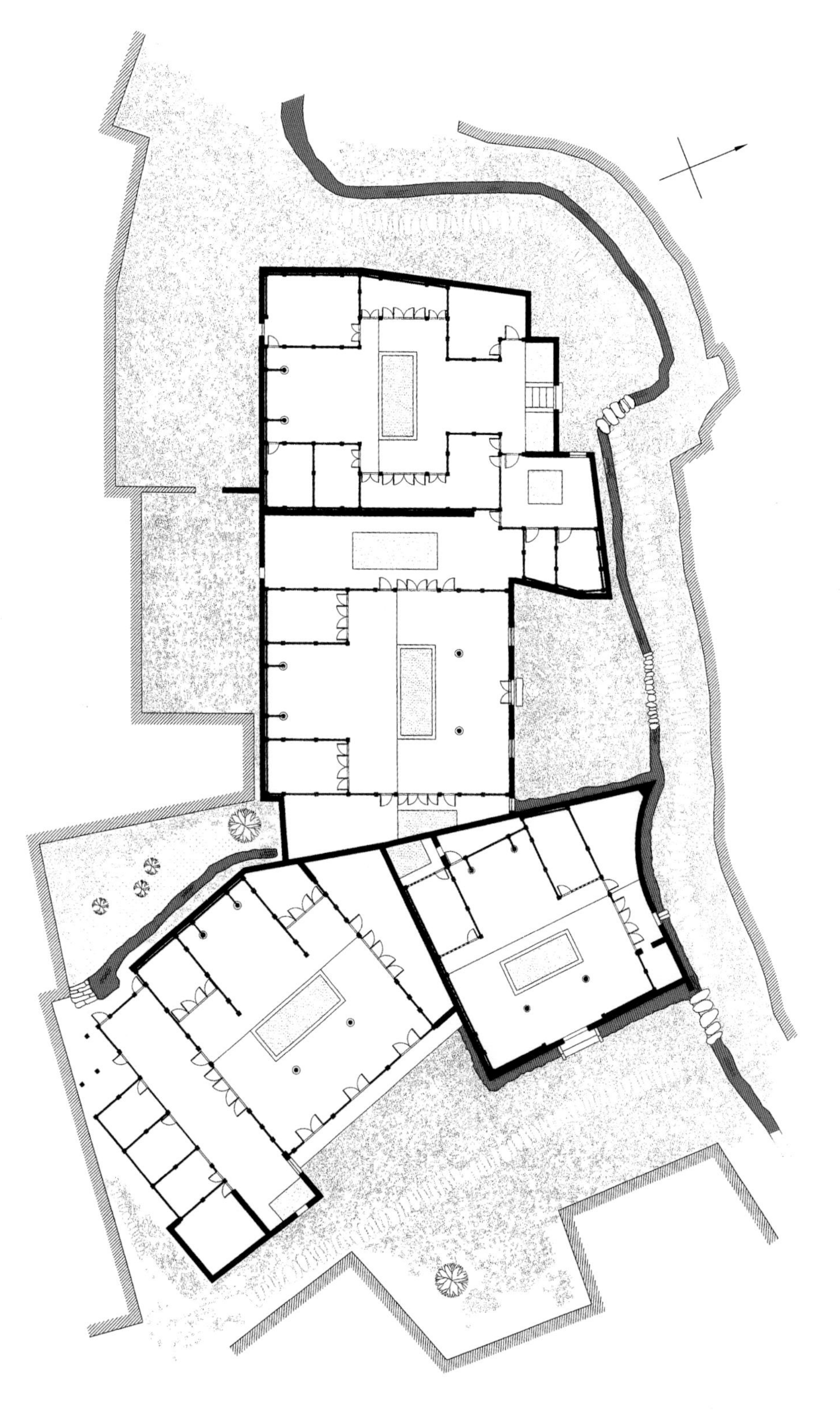

在宏、畏岩、锦江、乐庵公祠总平面

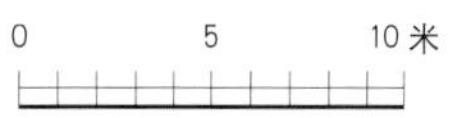

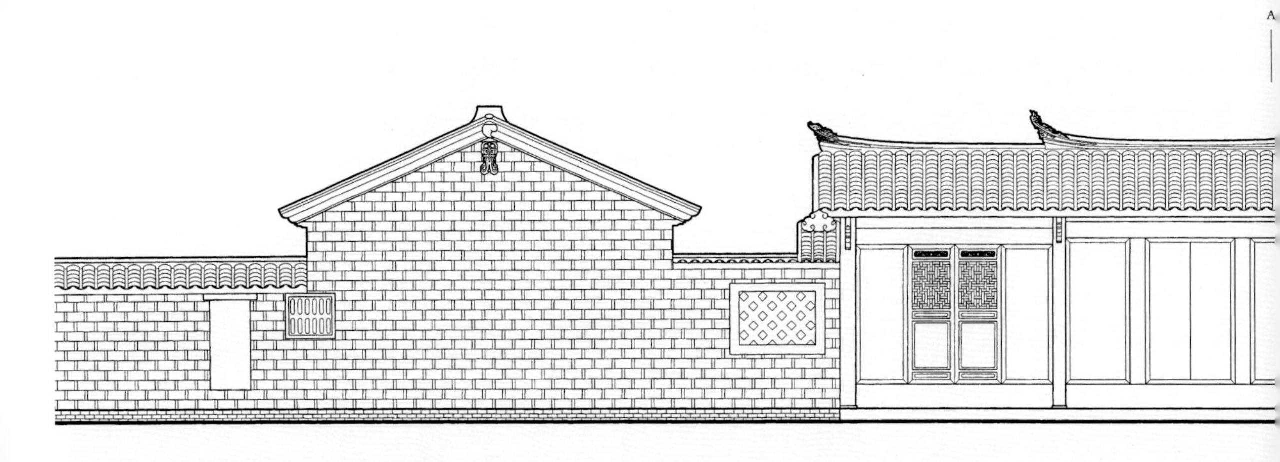

在宏、畏岩公祠沿街立面

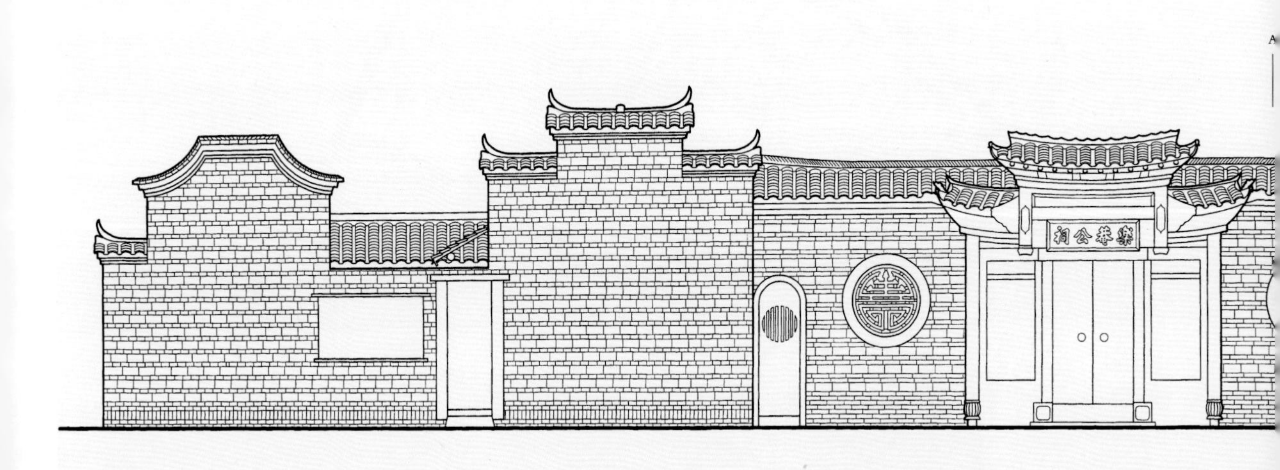

乐庵、锦江公祠沿街立面

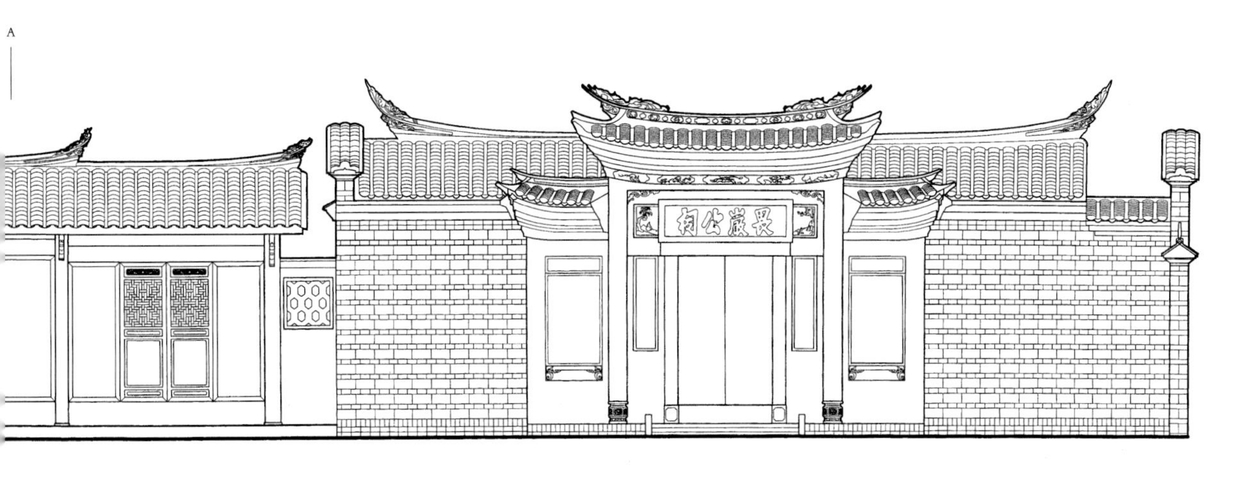

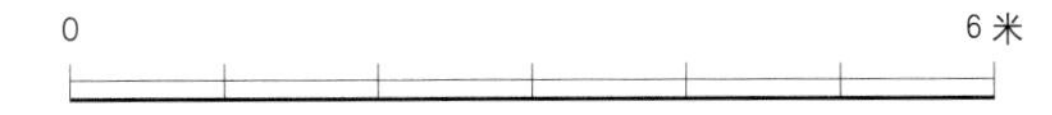
0
6米

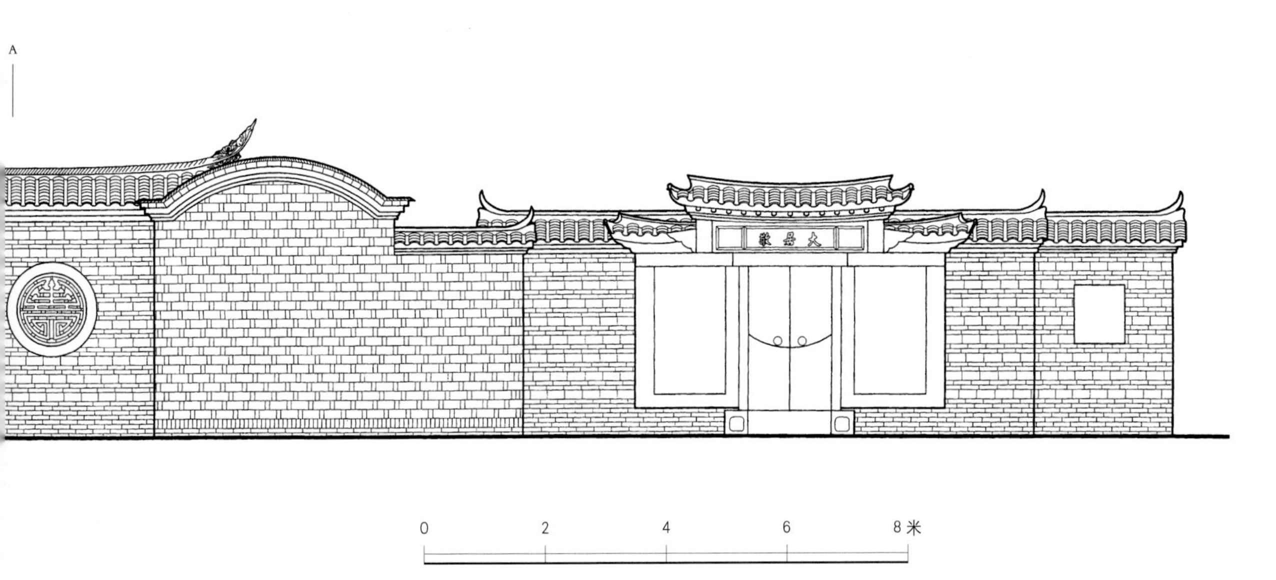
0
2
4
6
8米

久公祠神龛大样

3. 窀穸的形制

窀穸的建造也要请地理师踏勘风水，择地通常背实向虚，十分讲究方位，务使所建窀穸能庇佑后代兴旺，就像窀穸门上写的对联：“祖宗规模远，儿孙绍述长。”

窀穸一般为单开间，比正常的祠堂低矮许多，既没有横屋，也没有院落。靠山坡而建的和在平地上建的，背后都做成化胎式的土包。窀穸的门通常朝向村落的方向。也有将一开间面阔做成三小开间的形式。简单的前檐完全敞开不设门窗，少数做简单的门窗。门双扇，门左右有窗，或为空窗洞，或设窗栏。讲究的做前檐廊。内部后墙有砖石砌筑的台子，上面摆着香炉，金罂就放在神龛台两边的地上。有门的窀穸平时大门紧闭，只有春、秋扫墓时各房后人才到此焚香祭扫。

第五节　宗祠的基本功能

1. 祖祠的基本职能

祠堂是家族的重要礼制空间，不论祖祠还是房祠，最主要的功能是开展每年的祭祖活动。祖祠与分房祠有等级差异。祖祠是家族各祠中的最高等级，代表着家族的最高权力和利益，是全家族的祭祖场所。其基本功能有四个方面。

第一，祭祖场所。宗族规定，每年“新正二日拜图，溯及始祖”[①]。祭奠仪式隆重，庄严肃穆，行三献礼大祭，只许男丁参加。

祖堂上的神橱原十分华丽，可惜已毁，这是距培田村七八公里的洋背村新作的神橱

客家民间常见拜祖仪式有拜牌位、拜祖坟、拜图谱。培田所在的连城一带“拜图”之俗很盛。拜图分祭拜祖先像和祭拜宗族世系图谱两种。拜图是春节祭祖的一个重大活动。据《清嘉录》载，祖先画像前要具备蜡、茶、果、粉丸、茶糕，祭拜者肃衣冠，率妻以次拜。

培田每年新正二日祭祖的重要活动是祭拜祖宗图像。每年除夕晚至元宵节，将祖先图像展挂于祭厅太师壁前，日日供祭品。《培田吴氏族谱》载：“挂像宜优执也……像前务日献猪首鸡鱼海味数色，果品全盒，大烛一对，

① 引自《培田吴氏族谱·义例》。

祭祖时祖堂内要挂神像和祖图，可惜祖像和祖图已毁，这是继述堂保存的本堂的神像

培田吴氏家谱现保存三个版本，为有力地保护族谱，族谱均用苦竹纸印刷，韧性好，不生虫。并有专门存放族谱的箱子

祭祖时要供祭族谱

重十六两，长烛一对，短烛三十对，约四十两，红寿香五包，其余随意。”

据培田村吴日高先生[1]讲，祭祀日一早，随着十番鼓乐奏响，全族裔亲，按辈序大小排班聚集到祖祠，执事、司祭职责分明。由族中辈分最高的人，郑重地请出祖先画像，将画轴按辈分悬挂起来，然后将族谱开箱展示，供族人祭拜。同时杀猪宰羊，准备鸡、鱼、猪三牲祭品，待一切齐备后，点烛焚香，更衣赞拜。

祭祀开始。发初鼓、二鼓、三鼓。奏乐。祠堂的戏间就是十番乐队的乐池。接着，瘗毛血迎神，即将鸡、猪的毛血洒于天井内，接着行三跪九叩大礼，三次献牲、汤、果品，三次赞唱叩拜。这时，先从族长和长辈们开始，然后众裔嗣一一向祖像和族谱跪拜。《培田吴氏族谱》中记载了完整的拜图仪式，其中一段为：“叩首，兴，复位，同赞唱，行终献礼。引赞唱，诣宗图前，跪，终献爵，终献汤，终献牲，叩首，兴，复位。同赞唱，主祭陪祭嗣裔避位，行侑食礼，引赞唱，众嗣裔各诣跪四叩，举爵……”

① 吴日高，1937年生，吴拔桢之曾孙，现居住在培田进士第内。

族众们举爵三酬后，所有人员礼毕，便开始全族人规模盛大的祭宴。

祭宴尽兴之后，又开始新的画谱仪式，即将历代祖先的名字重新誊录在纸上，抄毕，撤馔，送神，行二跪三叩礼。之后便是捧祝进帛，礼毕，更衣收图，鼓乐奏响，将图卷起，行送图仪式。

培田人对图谱异常崇拜，送图谱仪式十分隆重，对各房祠图谱的保存，尤为重视。《培田吴氏族谱·家规十则》中严格规定："图谱所以考世系而知终始也。递年四房流存。锁匙则别屋收执。旧例典大坵田者存图箱，务宜香灯齐全以昭诚敬。倘有散失亵渎，惟领存人是问。""图银所以权子母而资修刻也。此项公款视他项尤关紧要。理事者务择殷实公正以便生放。借银者务要真实田契为押，三年一换，递年结数一次，至交盘之年将出入数目榜示通衢，必无侵蚀之弊，新董事始可接盘。否则加倍处罚。"

第二，娱乐场所。祭祖之外，祖祠衍庆堂还兼有集会和充

凡祭祖日或迎神活动培田和升星两村都要演戏，这是衍庆堂在演木偶戏

当娱乐场所的功能。祭祀过后，元宵节及十三年一次的游神活动之后，宗族都要演大戏。平日冷冷清清的祠堂，这时会人声鼎沸，热闹异常。族人们齐聚一堂，一边看戏，一边相互交流。为了方便人们看戏，祠堂将天井地面铺上结实的木板，与正厅的台明高度取平，方便大家看戏。

2004年2月（农历正月），迎神活动时，升星村请戏班搭台唱戏

唱戏时，戏台就临时搭在祖祠衍庆堂宽大的宇坪上，两侧戏间，是专为妇女、儿童设的包厢，男丁们则坐在宇坪和大厅内及前面的空地上，正对着戏台。戏种为汉剧，是从乾隆年间传入闽西的剧种，也融合了湖南祁剧、江西东河剧以及本地弹腔等剧而形成的地方戏，有高腔、昆曲及其他不同源流的曲调，以古老的潮广官话为基础，押中州古韵，又吸纳不少闽西方言，从而形成了自己的独特风格，深受客家人喜爱。

吴氏家族将自己的远祖追溯到吴泰伯。吴泰伯是春秋时期吴国的建立者，后来吴国被越国所灭。为让子孙记住这个灭国之耻，吴氏家族在欢庆演戏时，避讳“越王勾践”“吴越春秋”“伍子胥奔吴”等相关的曲目上演。

祠堂只有在年节时才显得亲切温馨起来，族众们围在祠堂中，就像围坐在祖宗的跟前。演戏是为了“酬神敬祖”，祖先如能看到家族如此兴盛之景，也一定会十分欣慰。

第三，宗族议事厅。族中遇有重大的、关系到全族利益的事件时，在此商讨决策。

第四，家族法庭。如果说家法、族规是家族的法律，族长就是具有家族审判权的法官，祠堂

房祠容庵公祠

就是家族的法堂。凡违反族规、家法的子孙，都将在祖祠衍庆堂内受到惩戒。

2.房祠的基本职能

培田村大小房祠较多，各房祠均由房长管理，小房祠基本服从大房祠，所有大小房祠服从祖祠。各房有自己的尝田、山场、义仓、学堂或书院等。房祠的主要职能有四个方面。

第一，每年祭祀本房派的开基祖。祖祠是全体族人共祀，房祠则是各房分祭。每年正月、清明扫墓，全族人在祖祠祭祀之后，各房派均要从大房开始，一个祠堂一个祠堂地按照房祠辈分陆续祭拜各房先祖。为了祭拜有序，宗族为各房祭拜统一安排了时间，以免冲突。乾生公，每年除夕；东溪公，正月初三；在敬公，正月初四；良辅公，正月初五；天一公，正月初六；锦江公，正月初七；九亭公，正月初九；馥轩公，正月初十；一亭公，正月十一（后因一亭公诞辰为十四，祭拜改十四）；耀亭公，正月十二；三亭公，正月十四；五亭公，正月十五。（祠堂无嗣或塌毁者不再祭拜。）春（三月）、秋（八月）两次扫墓也同样安排有序。

第二，办红、白喜事。客家风俗，婚期前一天，男家要派十多人到女家接亲，有乐队，有放鞭放炮的，有抬花轿的，扛去鱼、肉、酒、糕饼、香烟、鞭炮、蜡烛等物，专门要到女方的祖祠或房祠去烧香，才能接走新媳妇。出嫁女子，在临行之前，要先到本村中大宗祠及本房祠烧香祭拜，才能上轿。新娘娶回后，先要到新郎本房祠堂大厅中拜堂，再到自家香火堂烧香祭拜。之后，方可在住宅内摆桌置办酒席，宴请宾客。

房祠乐庵公祠

当办理丧事时，吴氏族人在临终前就要被抬到房祠或住宅的香火堂旁被称为“大屋间”[①]的房子中，死后就在厅堂的大屋间中沐浴，穿寿衣，用土布覆体，纳银于口，曰“含口银”，并在住宅的厅堂内设灵堂，日夜烧香，焚纸，点灯，“为死者亡灵照冥路”。死者入殓，盖棺，要由子孙依次敲棺盖钉，称为“子孙钉”。入殓之后停棺于厅堂北首，灵前每日供食三次，并放置脸盆毛巾一类盥洗用品，一如生前。如果是一般人，不久便择日出殡，但若是地位尊贵又十分富有的人物，就大不一样了。首先，在人去世前就开始择勘风水宝地做坟地并定坐向，有时需要很长时间，棺木停放家中，叫作“停柩待吉”，是客家风俗之一。棺木停放在房祠或香火堂的厅中，以七天为一时段，头七天孝子孝女轮流守孝，日夜不停，称为“头七”“首七”，要邀请僧尼诵经，做法事。到第“五七”时需女儿备酒菜祭，故又称为“女七”。“七七”则谓之“完七”。过了“七七”后不再做法事守孝，但棺木停放的厅堂仍要用白布装饰不撤，白天晚上均有人看守。棺木每两三个月由油漆工用油灯照着仔细检查有没有裂口，如果有，便用油漆封住。这段时间，厅堂中不能有太强的光线，天井上方要用竹帘搭棚，大门不开，客人和家人都要走侧门。死者的子孙在丧葬期间不得办各种喜事，如结婚、祝寿等。

坟墓基址确定下来后，要根据黄历选择最好的吉日发丧。整

房祠内摆放的冥器和供品

① 住宅内中厅及上厅左、右次间称为“大屋间”。

务本堂上厅悬挂的匾额

务本堂原为住宅，内有香火堂，三代之后升格为私己厅

条案上摆放着先祖的照片

个过程十分庄重。据吴日高老人讲，为了等黄道吉日，吴昌同死后停棺三年，而吴拔桢停了两年多。待可以发丧时，还需成服、告灵、请谥、题铭、点主、祭麻、做斋等诸多复杂的仪式，然后才能送葬，而这一切仪式都在房祠或香火堂中进行。一周年时，还要在房祠内举行周年祭祀。

第三，过继子嗣。俗话说："族不旺，外姓欺。"家族中房派不强也会受到其他房派的欺负，致使其在家族中抬不起头来，不得不迁往他地。为此，若男丁少、男丁早逝或无后的家庭，均允许过继或倒插门。过继以至亲兄子弟侄为先，再考虑旁系，严格按辈分顺序，以延香火。凡有过继者须经宗族同意，在祖祠认祖、认宗、祭祖外，还要在本房祠堂举行过继仪式，否则不能记入族谱，家族也不会承认。

第四，组织娱乐活动。大房祠“尝产”（祠堂的产业）多，有条件的还组织一些娱乐班子，如龙灯会。每年除大宗祠统一组织的灯会外，为满足族众的娱乐要求，还会举办一些群众性的娱乐活动。

第六节　宗族组织及管理措施

培田吴氏形成完善的有规模有权威的宗族组织，大约是在清代康乾时期。组织的领导成员由各房派中的房头组成。在敬、在崇、在中、在宏是衍庆堂最早分房的四大房，他们每房均要出一人，另外再选出族内经济实力强的豪绅、致仕官吏、德高望重的老者为族长，组成七至九人的吴氏宗族董事会。董事会通常三年一选，众人信服者可连任。

宗族董事会管理事项很多，如祭祀祖先，公有祖产的经营及使用，村落环境的保护，族谱的撰修和各种护卫乡里的敬神游神活动等，同时设置与官府相配套的地方武装——民团组织，称“团练”或“乡勇队”。

1. 组织管理宗族内的各项活动

第一，每年祭祖之后，宗族要在正月“初六庆花魁，生长子者鸣锣摆桌具酌。有力之家，初七新丁取人日也，初八谷日取善也，初九订功名，九成数取九成也，必备席庆也”①。

第二，农历正月十五元宵节，培田村闹元宵的主要活动是游龙灯。农历正月初九，即按各房各股组织扎灯。每房出一条屋桷龙，屋桷龙由龙珠、龙头、龙腰、龙身、龙尾组成。龙身是一串“屋桷灯”，一块长木板上钉五

① 引自《培田吴氏族谱·义例》。

盏花灯为一个屋桷灯，培田村共九个大房派，每年就有九条龙。游龙从正月十三开始，连游三个晚上。正月十四，上篱村以弟弟身份，邀请培田兄长共游，两村在松树冈（两村交界之山冈）会龙，表示兄弟相会。当年结婚的新郎争抬龙头，求当年得龙子之吉。凡新居落成乔迁之家，争着入龙。入龙户主，以酒菜宴请，猜拳行令，尽醉方休。人数多的大房，额外还扎小龙，全由孩童抬游，俗称“龙子”，取“龙子龙孙、万世其昌”之意。[①]祖祠出资请戏班子演大戏，有时财大气粗的房祠也捐资唱戏。

第三，河源十三坊祭奉玲瑚侯王[②]的活动，是一个地域性的大型祭祀游神活动，河源及附近十三坊的百姓共同参加。活动由十三坊轮流主持，每坊十三年轮值一次。程序是，奉祀的乡村于农历二月初一，把玲瑚侯王（当地尊称为“玲瑚公太”）送回位于朋口马埔的玲瑚侯王庙中，叫“入庙”；二月初二由十三坊百姓前去顶礼膜拜；二月初三或初四轮值奉祀的乡村将玲瑚公太接走，叫“出庙”，也叫“入公太”。凡是轮到“入公太”的村落要游公太，请戏班唱戏，招待往来客人，场面极其宏大壮观。培田与上篱两村合为吴家坊，因此十三年一次的游神活动由培田、上篱两村共同举办，两村各供奉、游神半年。一村为二月初二至八月初二，一村为八月初二至翌年二月初一。轮到培田游公太时，全村从二月初二至八月初一，每户轮流供奉玲瑚侯王，称“承公太”，仪式隆重虔诚。二月初四要“游龙灯”，各房股都要出灯，形式各样，有的一条龙灯连接起来就有两百多米长，整

① 吴来星先生提供。

② 玲瑚侯王，即王审之。王审之，字信通，南唐光州固始（现河南固始县）人。五代十国时，他是福建地区“闽国”的统治者，以德政治国，予民以休养生息，百姓十分感激，福建闽西河源峒一带百姓尊其为“圣德神明”，民间俗称“玲瑚侯王”“大公太”。

个游龙队伍可长达一二公里，十分壮观。各家均要请亲朋欢聚，大摆宴席。八月初一之后再将神像迎到上篱村供奉。待第二年农历二月初一，两村人再将玲瑚公太隆重地送回位于朋口马埔的玲瑚侯王庙里，以备他村接神。

第四，每年农历三月二十三为天后圣母（即妈祖）诞辰。二十二日培田全体族众在天后宫前供奉祈福，同时祭拜财神和送子娘娘，祷告添丁发财。二十三日由宗族推选人品优秀的女孩，设帐为圣母沐浴更衣，男子均不参加。①

第五，吴氏宗族规定，清明节吴氏家族要前去墓地祭扫开基祖八四公，其隆重规模方圆百里罕见。

清明节前，族长、理事充分做好置备鼓乐、供品以及组织人众的工作，经费由祖尝田银钱支付，吴氏分支中较远的外宗裔孙选派长辈作男丁代表，河源里的培田、升屋、前进、紫林、五寨等吴氏后裔，凡能行走者，都应参与祭拜祖祠，并到坟地扫墓。孩童晚辈，扫墓后当场散发祭墓粄。每年新童生要出资宴请全体绅耄和老童生。②

第六，农历四月初八祭五谷神。培田是农业村落，农业的好坏直接影响到人们的生活，河源里历史上就曾多次出现因农业歉收使一些家族彻底消亡的例子，因此人们很重视农业的基本建设，如兴修水利，筑陂建坝，保护农耕土地。为此，人们对兼管土地的五谷神也格外地崇敬，不敢有半点差错。平时初一、十五焚香祈祷，每年农历四月初八由宗族组织举行隆重的祭五谷神仪式。1947年因建八四公祠将五谷神庙拆除，仪式不再举行。

第七，“五显灵官”又称为“小公太”，四月宣和里各村轮祀。据传，宋高宗南渡时，前有长江拦阻，后有金兵追赶。正在

① 《培田辉煌的客家庄园》，陈日源主编，国际文化出版公司2001年出版。

② 《培田辉煌的客家庄园》，陈日源主编，国际文化出版公司2001年出版。

危急之际，天上五位将军显灵，送上一匹白马。宋高宗飞身上马，越过长江，后来宋高宗在临安建都，封五位将军为“五显灵官大帝”。从此，民间于孟夏、仲秋季致祭，还抬“神”出游，以驱邪避鬼。

这些全族性的大型活动，主要在冬、春两季，到农历四月后人们就要进入繁忙的耕作期了。

2.祖宗尝产的管理

培田吴氏各代祖先都有“尝产之设，上为祖宗荐羞计，下为子孙合欢计，孝慈兼寓，泽至渥也。往常见人世败类之子，不念先人垂裕良谋，辄怀妄想，几至若敖之馁，而不胜浩叹；渤海宗族托祖庇荫，咸以是为大戒，匪伊朝夕矣。第诸前辈，恐年湮世远，弊端易生，因将历代尝产地名、字号、分亩一一勒刊简编，俾同族各有执据，佃田者固不敢有所隐匿，承祀者亦不敢有所觊觎”[①]。由于尝产均为各代子孙捐输，在管理中不得有丝毫马虎。于是从始祖八四公起，将祖宗尝田每处一一记录在案。吴来星先生根据族谱统计，始祖八四公尝田计14.9亩，三世祖（文贵公）尝田计2.9亩，四世、五世祖尝田计10.1亩，六世祖尝田计4.6亩，七世、八世祖尝田计8.4亩……直到第二十世。其中南邨公祭田最多，有23.5亩。八四公的尝田由家族董事会支配，其他历代先祖的尝田由各房自行管理。

尝产大部分用于每年的祭祖活动，还有婚田、流税田、经蒙田、秀才田、义田、学田等。

下面以南邨公祠为例具体说明。

设祭田　“古者田禄之设，其制綦详，五等之外，士有圭田，藉以供祭祀而展孝思也。”《南邨公田册引》中载：“设祭田以重明祀也，祭祀之意所以报本而返始。仁人飨帝，孝子飨亲，祭顾

① 引自《培田吴氏族谱·培田吴氏尝产引》。

可不重乎。议将曹溪头、溪陇、谢陂洋等处田租一百担定为岁时祀事之用。每逢新正拜年及春、秋两季祭祠扫墓之日，值祭人务备猪、羊、牲、果，吹鼓手，粢盛告丰告洁，传集各房人众，恪恭致祭。祭毕，颁胙肉享余……又于祖考妣诞辰及冬至节令，备仪致祭。"之后，将位于各处的祭田数目及租谷使用情况公之于众。祭田23.5亩，年收租谷6000公斤，用于祭祀。

设婚田 "设婚田，以重嗣续也。……娶亲者每得领花银五元，计重三两四钱。无子而续娶、庶娶者一体照给；有子而续娶，三十岁以内者仍给，三十岁以外者不给。有妻既醮而复娶者不给。"[1]婚田4.2亩，年收租谷90斗，每斗20斤，合900公斤。

设流税田 "设流税田以均滋润也。先人有余泽，室家惬各足之情（原文如此），后嗣无偏枯，彼此免向隅之叹。……"[2]流税田13.6亩，年收租谷450斗，每斗20斤，合4500公斤。

设经蒙田 "设经蒙田以资作养也。家风之盛实在人才，而人才之兴，必殷培育。苦才坑田……为子孙读书馆谷之需。……合计田租三十担，每年收入得若干，按均分给，入馆者收一分，入经馆者而与考者收二分。入经馆而不与考者，只收一分；与考而不入经馆者为师设馆亦收二分；有先捐监职而复考童试者，既以监职收租，即不得跨收经馆租谷，庶息纷争以昭平允。"[3]经蒙田7.3亩，年收租谷180斗，每斗20斤，合1800公斤。

设秀才田 "设秀才田以重学校也。三代之学所以明伦，子弟躬列胶庠，自能饬纪敦伦，讲明礼让。第恐连城有璧，声价昂增；负郭无田，诵弦易辍。"规定：田作为"文武书田，每年收

① 引自《培田吴氏族谱·南�k公田册引》。
② 引自《培田吴氏族谱·南郇公田册引》。
③ 引自《培田吴氏族谱·南村公田册引》。

谷多寡，按照人数均分，期以立秋为准。秋前入泮者本年收起，秋后入泮者次年收起。出仕中试加捐者一律无增，身后听收三年，亦以立秋后算为是。至捐纳一途，虽即半绶之荣，上邀恩荷朝廷，下足增光宗党。……”[①] 秀才田21.26亩，年收租谷465斗，每斗20斤，合4650公斤。

设义田、学田 “设义田以充公用也，秋霜春露，时兴修庙之功。”[②]义田的租费中包括书院、仓廒的建造，祠墓的修整，文武上进花币[③]的费用，乡会两试卷资的费用。为鞭策人才，还将各种试考贴闱费公布于众：

——文武乡试每贴闱费银三两五钱正。

——文武会试每贴闱费银五十元正。

——拔优贡廷试每贴卷费银五十元正。

——府县两试文武案首每贴卷资银三元正。

——岁科两试生员超等每贴卷资银三元正。

——文武进泮每贴花币银五十元正。

——生员补廪每贴花币银五十元正。

——恩岁贡每贴花币银三十元正。

——拔优副贡每贴花币银七十元正。

——文武举人每贴花币银一百元正。

——文武进士每贴花币银一百五十元正。

——钦点翰林主事中书、侍卫，每贴花币银三十元正。

——状元榜眼探花每贴花币银二百元正。[④]

---

① 引自《培田吴氏族谱·南村公田册引》。

② 引自《培田吴氏族谱·南村公田册引》。

③ “花币”，即“花边”，银圆也。

④ 引自《培田吴氏族谱·南村公田册引》。

清朝末年，废科举立新学，家族中不少子弟就读公立学堂，有的到外省或京城求学，还有出洋留学者。培田家族顺应时代的发展，为读书进学者订立了一套新的鼓励政策。《南村公田册引》中载：“国朝沿明制，以科举取士，迄今二百余年矣。一旦创行新政，因时变通，停科举，立学堂，主以中学，辅以西学，嗣后之功名，皆由学堂出身，一切学费比前实加倍蓰，必藉公项以资补助，而宏造就，庶人才应运而兴，克副朝廷求治作人之至意，爰将续议新章列后：

——赴汀城高等小学堂肄业者，每年贴学费边[①]四元；中学堂肄业者，每年贴学费边壹十元；其边均分两学期给领，本乡小学不贴学费，其经蒙田租谷入中学者分三股，入高等小学者分二股，不拘城乡入初等小学者分一股。

——赴省城高等学堂肄业者，每年贴学费边、二十元，分两学期给领，武备政法两学堂一律津贴。

——赴京城大学堂肄业者，每年贴学费边八十元。分两学期给领。

——赴外洋各国学堂肄业者，每年贴学费边四十元。分两学期给领。

——各学堂毕业，照奏定章程载有准给，廪增附举贡功名究竟未知有无变章；兹议定中学堂毕业考试如取列优等以上者，不论有无准给功名，俱准收书租，以昭激劝。惟务将毕业凭单呈察，以杜假冒，如无毕业凭单不得混争，即递年所贴学费亦务将学期试验凭单呈众察核，方准津贴，各宜遵照。

——廪增附赴省考职及中学堂毕业生赴省考试照乡试例贴边五元正。

——举贡及各生赴京考职照会试例贴边五十元正。”

---

① “边”，即“花边”。

宗族奖励读书进学，凡学子喜报都贴到祠堂的大厅中，并在宗祠前燃放鞭炮、鸣锣，告知全族。至今培田村大小祠堂内仍可看到不少当年学子科举成功的喜报。衍庆堂内保存了许多隐约可见的捷报，如“捷报，贵府老爷吴讳郭隆，旨恩授尚义大夫，遇缺即用”，等等。

3. 建立家族武装

为了维护家族及村落的和平安宁，吴氏家族很早就组织起自己的武装——乡勇，以应付各种突发事件，如土匪的骚扰、流寇的入侵及地域性战争等，用武装来保卫家园。自定居之日起，吴氏家族一方面教育子孙习武强身，另一方面加强家族武装力量以震慑土寇。培田吴氏族谱中不但记载着武松式的打虎英雄吴孝林，还多处记载了吴氏先祖凭借高强的武功，平息匪乱的事迹。如六世祖郭隆公“以族望于乡，以赀雄于乡，平生厚赠孙千户，急周沈监生，诉罢县官吴潜，剿获广寇蒲毛。当事申文题请，寻蒙朝廷荣以冕服，旌以‘尚义’，洵当代豪杰也”[①]。“郭隆公，为国获白蒲赤毛掠寇有功，授七品散官……”[②]还有吴良辅独擒匪首，石泉公御寇有方、捍卫有法而荣迁等。[③]

真正让族人重视武装，缘于一次发生在培田五磜岭上的路劫。《培田吴氏族谱 · 企尧先生六旬加一寿序》载，道光年间“江右黄陂乡人贸油连邑，道经

① 引自《培田吴氏族谱 · 郭隆公六十一寿序》。

② 引自《培田吴氏族谱 · 东溪公墓志铭》。

③ 《培田吴氏族谱 · 赠石泉公荣迁序》：“今观汀之石泉吴君殆其人乎？习刑名，学兵法，由藩宣吏拜新兴尉。夫新兴，亦粤东一岩邑也。徭浪错杂，细民为蠹。将怯兵弱，闻寇辄惶骇弃戈走，任其鸱张狼残，未尝一得志于寇。邑奚以堪也？石泉至则召集兵民，鸣金扬帜教练之，遇警必奋策先驱示以可敌之状。虽未尝取捷至俘，大不如前股栗矣。乡之被寇者，籍为声援，往往得完其寨垒。即有破者亦不如前之酷烈矣。每夜坐城上，张声号，殷殷闻诸四埜。寇矣少戢。”

五磜岭被匪抢空，翁（企尧公）闻其不平，辄赴连邑禀官。官闻翁素正直，遂一一追楚，匪亦捉获重办”。此事使培田人警觉起来，要保护村落的安全，就要有自己的武装。于是宗族组织村中强壮男丁为乡勇，配备了火铳、大刀，还自备了火炮。平日闲暇时进行操练，凡贸易繁忙或秋收时节，乡勇们均要在山路和村落周边巡视，以保证村落及通往汀州和连城的道路安全。

吴家坊在河源里是个数一数二的大村庄，人多势强，周边土匪草寇均不敢轻举妄动。《培田吴氏族谱·乡劫记》载：“吾乡自八四公始居于此，山深水僻。科子孙，勤耕读，充国税，避刀兵，已传廿一世，历六百年矣。其间两遭鼎革，元末晏然。明季李自成、张献忠、楚霸王、一字平天王等廿余寇曾莫之及，即近有窃发者三隘杨作不轨，亦但南至温坊黄山坑止，东抵连界，即向永沙，吾乡无恙。”这种安定一直维持到清咸丰年间。太平天国战争让培田遭受重创，烧毁了不少屋宅，有不少人员伤亡。如果没有乡勇的数次顽强抵抗，恐怕损失更为惨重。

《培田吴氏族谱·乡劫记》载：“溯自道光已亥王爵滋奏禁洋烟，英夷发难，广东任彼火轮船连珠炮利害，总督林公少穆以智胜之，甘受箝制。后公罢去，夷遂猖獗，连闹江浙等海口，断关饷，占边省城池屯驻，而广西发逆由是起焉。”咸丰元年（1851年）朝廷特起林则徐西征，“公（林则徐）奉诏即传檄入广，逆闻骇曰，此人小诸葛也，若来无与争□已皆退匿深谷。奈天夺公年，未抵广西卒于潮州。逆恐诈，使探真耗，曰无人矣，遂大肆志。壬子春围广西，首尾三月，继困湖南，烬武昌，攻江西，而盘踞江南将近十载。所过灭神挖坟破寨屠城，虏杀焚淫，无恶不作，毒哉斯逆。岁丁巳，斩邵杉径关，陷汀州，屠武平，延太府，走死鱼溪朱，清军亡命丘坊，俘虏汀人万余，烧拆民房十九，又分遣捣连城……”

连城距培田仅十几公里。太平军于咸丰八年（1858年）九月攻占连城，至同治四年（1865年）撤出连城，历经六年多时间，大小战斗十几次。较为著名的有冠豸山攻坚战、莒溪围歼战、迪坑讨伐战、伯公岭伏击战等，还有培田高坊岭争夺战。

太平军占领连城后，“……一队络绎犯汀，一队逶迤入连，据城百廿日，七十里内，村落前后遭烬甚多。隔川民居几尽，乡人四遁，日夕惊惶”。太平军流动作战，需大量的军需粮草，得知培田位于汀、连两地之间，是富庶之乡，馋涎欲滴，可以劫掠富豪，补充军需。培田人意识到事态的严重性，在五亭公的率领下日夜巡逻，还在高坊岭上站岗放哨，时时注意连城方向，并在山上架起两门土炮以备不测。乡勇由村中三十几名青壮男丁组成，他们都在培田的集勋厂武馆受过训练，个个武艺高强，刀枪剑戟样样精通。

咸丰八年（1858年）九月二十八日上午，高坊岭守望哨的乡勇报告，太平军已逼近高坊岭山口。五亭公十分镇定，率乡勇从容迎敌。五亭公“讳灿书，字化云，号五亭，世居长汀吴家坊。父南郡公生子五，公居季。公有胆略，尤善应变”。此时五亭公“督乡团御贼高坊岭，颇有斩获。未几，贼大至。团丁力不支，溃而走。公登高指挥，大呼截杀。贼疑有伏，不敢逼。公且战且却。还至乡，弹药已尽，乃悉列炮冲要，伪举火，若将轰击者。贼少却，会日暮，遂遁去。乡赖以安”[1]。

第二天，即九月廿九，太平军再次向培田村进攻，“乡人御贼五磜岽，射杀贼数十，抵敌不住。及对双溪，予（吴泰均）等隔涯对阵，喊杀连天，贼旗少退，

① 引自《培田吴氏族谱·五亭公墓表》。

见招呼不集，始长驱入村。予避匿老虎岩丛中，贼随至，破箱焚厂杀畜，护入任所为而去，及晚，登高遥望，只见一带鼓角动地，火光烛天，我乡独有双炬高出林尖如燃巨蜡，地灵之曜光欤？抑恶星之扬焰，则未可知。夤夜奔逃，崎岖跌足，荆棘遍肤，苦楚之罹，非一人一地矣。三十晨挈眷走水头，一声喊贼，满路流离，扶羸挽老，弃产抛儿，不堪言状”。村中则“焚者煨烬，什物罄空”，“堂无壁，灶无釜，仓无门，器无完，塘无鱼”，连泥菩萨也难幸免，“两门菩萨存者仅万安桥圣母”，而“猪牛剩者不满六十，其他公服被履等无论矣，嗟乎痛哉”。更为惨痛的是，“贼旗指吾乡，焚掠三日，曹坊、城溪、田源、四山俱害。我两村屋被焚者十之三四，人不屈者六七十，被俘者百余。祖像多亡，吾之宗图且失”[1]。太平军在培田三日，房屋被烧，人丁伤亡，村落被毁。家谱后来记载此事，称这次浩劫为“神鬼劫，人口劫，物畜劫，屋宇劫，自始居来未有之大劫也”。这次太平军的进犯，培田乡勇团因敌众我寡而失败，这使得吴氏家族更重视加强自己的武装力量。

民国年间，村里的族绅富豪，纷纷捐助乡勇从汉阳购置了一百多条“汉阳造”长枪，组织长枪队，乡勇人数从三十三人增加到七八十人。村口日夜有人放哨，村内有人巡视，防备很严，整个河源培田的武装力量无村可比，以致一些小村落有事还要请培田吴氏前去帮忙助阵。

4. 惩恶扬善，调解纠纷

家族在制定族规和家训之后，又增加了《家法十条》告诫族人，“前辈立家训十六则详且备矣，今增家法十条，诚恐训之不从，必继之以法。顾立训使人遵，立法使人畏。愿后嗣其恪

① 引自《培田吴氏族谱·乡劫记》。

遵前训而无劳用法焉，则甚慰也”。并在《家法十条》中明确规定：“争竞宜平也。如有小而雀角、大而械斗者，凡属尊长务宜公是公非照公处息，毋得坐视。”又，“刑罚宜公也。如有逞凶毙命重案，务宜通众将正凶送官究办，不得任其逋逃以累他人。”“身家宜清也。如有甘为娼优隶卒者，务必通众出逐，永不许登坟入祠。”《家法十条》中还规定了对那些忤逆不孝、盗窃、奸淫等伤风败俗行为的处罚，使家族处理各项事务时更具律令依据。为此，培田历史上极少有作奸犯科、娼优淫乱者，村落秩序井然，民风淳朴。

家族大了，各种矛盾纠纷层出不穷，为田产、山场、屋产、分家、过继等引起的纠纷是最多的，也有违规悖行等引起的各种纠葛。族人之间出现了矛盾，一般先由亲房叔伯解决，如不果，可请求房派的房长出面调停解决。如果问题较大，房派无法解决，就要请宗族组织来解决。通常由当事人发帖包、红包给宗族董事会的主要领导人，这些人如果敢于接帖，接红包，就必须去为当事人解决纠纷，并要承担相应责任。此种做法方言称“头人打理”。解决纠纷的场所一般是在衍庆堂内列祖列宗的牌位前。如果有人因家庭困难，无法发帖包、红包，也常有一种求助的办法，即在村中自行鸣锣，恳求公众支持，以公众舆论来促使问题得到解决。解决的场所就在称为“总道宵评”的村中街三岔路口上，或“久公祠门坪”前。

碰到与异姓村落或上下两村之间的矛盾纠纷，则由培田宗族董事会出面解决。《始祖八四公捐尝序》中记载了这样一件事：“康熙间诸先辈劝金生息，原置五礤尝田。迨嘉庆庚午后，为玲瑚侯王庙争碑纠讼，庙田本各乡共捐，项姓忽于庙门竖碑，据为项公独捐。”如此一来，玲瑚公王庙就为项家所有，于是培田先祖与项姓理论，但始终得不到解决，最后告官诉讼。没想到，“我前辈不顺之讼，至辛巳始息，典卖过半，只存田租钱壹万有奇”。此次败诉，使八四公的尝田由原来的三十五亩减至十四亩。村民虽有不服，但也只好如此。

明代，培田兴修水利时，曾在村南的溪上建起一座水陂，清嘉庆末年因管理不便，将水陂移筑到村口关爷庙南侧。道光年间河源溪发大水，将下游上篱村的部分农田冲毁，上篱村曾多次整修农田，但又都因上游水势大而失败。上篱人认为是培田移水陂造成，便向培田要求将上篱的水陂建到培田村水口北侧的上游，也就是培田水陂的上游。培田人坚决反对，与上篱村几次商讨毫无结果，致使矛盾激化，上下两村视如仇人。于是两村宗族董事会出面上诉官府：“复经（邑侯）委员亲勘新筑，既妨上门粮田，又占上门地界，不允。缠至乙丑夏，蒙邑侯唐公堂讯，下费工繁，上尤田害，断令酌中筑作灌溉，取具依结存案，毋容刁讼干究。当拟勒唐公陂石垂后。延至乙亥，坡始筑中，石亦高勒。今铁案如山，谅可昭诸久远也。”[1]经过审理，最后判上篱村在培田水口下南百米处建水陂。为纪念唐公为培田打赢了这场官司，特将村口的水陂称为“唐公陂”。以上两宗案子都是由家族出面诤讼，一切诉讼费用均由祖宗尝田田租支付。

5.自然环境的保护

培田有几十万亩山场，近的在村落周边，远的可达二三百里以外。山场的主要作用有二。其一，发展山林经济，开掘竹木资源（土称“山毛”）。杉木是建筑的主要材料，可砍伐出售；竹子可造纸，也可编制农具，做家具等，或采笋制干出售。其二，山林还可以确保家族坟地稳固，

① 《培田吴氏族谱·深窟前唐公陂记》。

不受破坏。旧时山区客家人的坟墓大多在山里，且很分散。近的在村子周边，远的在几十公里之外。有坟地就必须拥有山权，如果坟地山权属他人所有，坟地风水就有被损害的危险，因此客家人十分看重坟地。他们认为祖坟好可以庇佑后代，祖坟遭破坏对后人不利。

清代中期以前，竹木业给培田带来了巨大的经济收益，但由于竹木砍伐无序，且缺乏合理的管理，培田附近的山头曾一度出现了秃顶现象。也有人趁此偷伐他人竹木，致使部分坟地风水遭到破坏，连山中的飞禽走兽都少了许多。族绅们倡导要保护环境，培护风水。宗族内建起“培田公益社”，清同治年间针对环境的破坏，该组织制定了《公益社章程十则》，明确提出：“修蓄山竹。松杉竹木所以生财源而资利用也。无论何人山场坟林古树，遇有盗砍者，通众从重处罚；买者同罚。”为增强章程的权威性和法律效应，还经长汀县衙“批准注册”。公益社由三十六人组成，其中有各房派有威望的房长代表、乡绅和退休官员等。他们分工负责，将村域划片，将事项细分成类，每人各负责一片及几项事物，定期开会碰头研究决策。遇有大事，公益社人员还协助宗族董事会同力协办，村落管理得井井有条。

公益社有位重要成员叫吴韵松。他为了使公益社章程能坚定地得到实行，便叫家人去后龙山砍了根毛竹当马鞭。当家人将竹子扛回家后，韵松假装发怒说，家人触犯了家规，责任在主人身上，甘愿受罚。随即吩咐家人将自家的大肥猪赶到街上当众宰杀，切成等份，由家丁挑着，韵松自己亲自敲锣，一边自我检讨，一边把猪肉逐一分给各户，并告诫众人，要遵守家规，共同维护好村落环境。族众见韵松公

① 吴来星先生提供。

② 引自《培田吴氏族谱·物产说》。

因砍了根小毛竹就自受惩罚，对他肃然起敬，对家规章程更加自觉遵守。[1]公益社也借此机会向族人宣传保护好人类的基本生活资源，合理利用才有利于人类的道理。《培田吴氏族谱》还告诫族人："吾乡诸君咸体此意。于原有树者，设法严禁；于未有树者，竭力栽种。庶物产滋丰财源不竭，非特一人之利，实乃一乡之利也，而谓顾可忽乎哉？"读书的子弟们，在读书之外，规定"学堂以种树为第一要义"[2]。在宗族及公益社的积极干预下，培田村生态环境日渐好转。竹木长起来了，封护了山垄，不仅可以挡风沙，抗烈日，保护水土，还为村落设置了一道绿色的安全屏障。至今，培田全村还保留有约一百多棵古树。

6. 撰修家谱

宗族组织机构日益完善，美中不足的是没有一部吴氏族谱。家族人丁兴旺，为慎终追远，寻根思源，也为了使房派宗亲的脉络更加清晰，更好地传承下去，避免关系紊乱，族众一致要求编制一部完整的族谱。

客家人十分重视家族的血统，他们怀着"情系中原，根在河洛"的情结，身在闽西，却不忘先祖来自中原。对于他们来说，家谱是家族的命根子，起着联系宗族同姓之间血统的重大作用。十世祖吴在中[1]在《培田吴氏族谱·原序》中说："余始祖吴八四公云自宁化演派，至斯凡十有余世，其间廉节孝义者，英才卓荦者，兴家创业者，世不乏人。值数历兵燹，谱图散逸，以致上古事迹鲜稽。予祖屏山公自总丱游庠，中年倦于科举，雅志山林，欲编立谱牒，竟以乱离中辍。"第九世时东溪、石泉、巽峰三兄弟开始着手编立谱牒，待族谱初步形成时，东溪公已病逝，石泉公已年迈。石泉公之子吴在中接着写道：

① 吴在中，讳正道，号肖泉。

"予叔巽峰晚年欲继其志，又以染恙不果。予考石泉府君自隆庆己巳岁致政归田，居常亦谆谆以是事责予……欲辞而俟之，则后来者世益远而稽益鲜，又何以探其本溯其源而求其故哉？且闻五世不修谱，一不孝也。况予之族谱越十世犹未之立，为后裔有能事笔砚者岂可□之为缓图乎？予是以不辞谫陋，创而立之，以继先祖先父先叔未成之志。"①明正德年间（1506—1521年），吴在中（肖泉公）在九世祖巽峰公首撰谱稿的基础上编写成首谱。

《培田吴氏族谱序》中载："吴氏培田之有谱，自肖泉公创立始。循是接踵增修，一再不已，至于三四，盖阅二百余年于兹矣。"谱牒前后经过七次编修。明隆武元年（1645年）再修，未刊刻；清康熙四十六年（1707年）三修，未刊刻；乾隆四年（1739年）四修，未刊刻；乾隆五十二年（1787年）五修，为了"俾林林族众家藏一卷，而远近亲疏了如指掌"②，刊刻成六卷。同治十三年（1874年）进行六修，刊刻成七卷。光绪三十二年（1906年）进行汇修，即第七修，刊刻成十四卷。目前清乾隆、同治、光绪年代三种版本均完好地保留着，它们不仅是研究培田村落历史、经济、文化、建筑及民俗等诸方面的宝贵依据，更是研究闽西地区社会发展史的重要史料。

为使族谱能长久地保存而不受虫蛀，培田人特选用苦竹制作的纸张，至今保存良好。客家人有拜祖图、拜族谱的风俗，对族谱也十分珍重。据村民讲，因印刻费用很高，族谱刊印制成后，每房都存留一套，共费五百两纹银。族谱的发放仪式十分隆重庄严。各房族长会集在衍庆堂内，要举行三献大礼，隆重而热烈。各房在接到新谱后，由乡绅两人在村中抬起游行，前后有十余帮锣鼓相随，沿途各家门口点燃香

① 引自《培田吴氏族谱·原序》。
② 引自《培田吴氏族谱·谱序》。

烛，摆上供品，族人换上干净的衣服，鸣炮相迎。[①]

族谱中最重要的一项是谱系。为每年祭谱时方便清晰，专门将族谱中的谱系绘成一张宗脉图。培田吴氏的宗脉图是清初绘制，用的是苏州定织的白绢，进行特殊处理后，不会缩水变形。它宽一丈九尺，高一丈二尺，明亮柔韧，任抓揉捏握，一放手就平展如故，毫无皱痕。宗脉图使用三种颜料书写：黑色颜料用于书写人名，并用于连接代数的线条；红色表示亲生直系血脉，俗称“带血筋”；青色表示非亲生血脉裔，而是抱养过继的嗣裔。女性不入图。为保证宗脉图上的文字清晰永不褪色，黑色颜料用徽州的墨，红色颜料用朱红，青色颜料用石青。这些颜料事先得调好，加胶、净矾等烤煮揉和，而烤煮用的瓷具，须预先在底下抹上姜汁和酱，这样瓷具经火烤才不会炸裂。由于颜料不散不扩、不滴不渗，图字清晰，线条格外鲜艳。

宗脉图上方还画有日、月、星斗，它们代表乾天坤地或乾父坤母，此外还画文武魁星、福禄寿三星等。左边画龙右边画凤，表示龙凤呈祥。下方则有海水波涛，浩浩渺渺，无边无涯。

祖像、图谱的管理十分严格。《培田吴氏族谱·族规十则》规定：“图谱所以考世系而知终始也。递年四房（在敬、在崇、在中、在宏四大房）留存，锁匙则别房收执。旧例典大坵田者存图箱，务宜香灯齐全以昭诚敬。倘有散失亵渎，惟领存人是问。”还规定，“图银所以权子母而资修刻也。此项公款视他项尤关紧要。理事者务择殷实公正以便生放。借银者务要真实田契为押，三年一换，递年结数一次，至交盘之年将出入数目榜示通衢，必无侵蚀之弊，新董始可接盘。否则加倍处罚。”

① 吴来星先生提供。

培田吴姓自有族谱、宗脉图以来，宗族规定，每年的正月初二为全村祭祖拜图日，届时裔孙们都到衍庆堂点烛放鞭炮，祭供祖宗，参加全村的祭拜仪式。当宗脉图张挂起来之后，众裔孙肃穆地倾听司仪的唱赞，按“三献礼”的仪式叩拜图像。仪式结束后，即进行新丁、新功名者的上谱上图等仪式。老人“百年谱”在初七进行。这些仪式一直沿袭到1949年。可惜图谱已毁于20世纪60年代的“文化大革命”中。

7. 其他

清同治以后，宗族与公益社共同召集主持公众事业活动，如拜图祭祖、清明扫墓、修订族谱、迎神祈祷、建桥筑陂、修建水利、整修道路、建凉亭、修理祖祠庙宇、修理村落风水等，并管理公尝，建义仓、义学、义田，实施赈灾施舍，抚孤济贫；倡导奖励学文习武，旌表忠孝贞节；进行各种宗族联谊活动，举办游龙灯之类的活动等。

在宗族董事会之下的“公益社”“孔圣会”“朱子惜字社”等团体，是家族文化性组织。房派自己设立的组织则具专职功能，如“在敬房衣色社”，是为管理在敬房产业而成立的。又如各房的“龙灯会”，是专为房派中每年要龙灯组建的机构。以上这些组织对宗族的管理起着极为重要的辅助作用。

第七章 | 居住建筑

第一节　居住建筑类型的演变

第二节　居住建筑的形制

第三节　住宅主要部分的组成及使用

第四节　别业及花园式住宅

修竹樓

第一节　居住建筑类型的演变

培田村建筑发展与演变大致经历了三个阶段。

第一阶段　第六代以前家族人口少，居住建筑体量不大，建造材料以夯土墙木构架为主，风格朴实简洁。建筑类型较多，有方形和圆形的宗族集居式的小形土楼建筑，据《培田吴氏族谱·八胜》记载："康熙五十六年（1717年），清宁寨建土楼，嘉庆末圮尽。"清宁寨就在培田南坑口北侧，被称为左老虎爪的小冈上。据村里年长者形容，清宁寨上的土楼直到1949年前夯土残墙还在，为圆形，全部夯土筑造，楼的直径约二十米，上下两层，只有朝南一个门出入。到20世纪60年代"学大寨"平整土地时，遗迹就被平掉了。

另一处土楼建在村落水口，是用来助文运的土楼。村民说，此楼为方形夯土建筑，上下两层，为"乐庵公按巽方版筑"。边长十几米，朝西有一门。二层有小窗，曾是培田老八景之一的"崇墉秋眺"。原址至今留有"土楼场"之名。

除小型土楼外，村落初建时期还有大量的三开间单层或两层的木构架夯土墙建筑，如文贵公从上篱迁至赖屋，就于"西北山阿左傍创楼三间……匾之曰'望思楼’”[1]。由于是夯土墙，大多数住宅的开间、进深都很小，房子单层低矮，没有院落。

第二阶段 第八九代以后，家族人口增多，子弟们经商有成，多数把钱带回老家建住宅。老家才是他们的根，是他们永久的基业，当然也不乏炫耀张扬的成分。为改善拥挤的居住环境，住宅规模比早期明显增大，不再是简单的三开间或五开间，多为前后两进院落，左右带横屋。大型的可有四五进院，左、右横屋各有两排，如双善堂一幢住宅占地达六千八百平方米。另有吴日炎所建的一栋住宅，占地六千九百多平方米，被村人称为“大屋”。

土楼不再建造，而多采用四点金，前后两进式的宅子，仍有一些建筑的围护墙体采用夯土，建筑内部用木构架、木板壁等材料。为了保证结实美观，不少住宅已开始部分使用青砖筑墙体，

① 引自《培田吴氏族谱·文贵公上屋记》。

培田村一座座排列整齐的屋宇

或卵石墙体，里面为木构架、木板壁。

建筑形制也逐渐丰富成熟。大型聚居式建筑就有七八幢，如双善堂、上业屋、下业屋、溪垄等属围龙屋式样，寨岭下、学堂下、横楼等均属方楼、圆楼式，还有中轴对称的前堂后楼的九厅十八井式住宅。

第三阶段 清中叶至民国年间，大型住宅依旧以九厅十八井式大住宅为主，此外仅建有一栋围龙屋式住宅。

此时住宅已不再用夯土墙，而全部使用砖木结构，或石、砖、木结构。建筑质量及品位也越来越高，建筑装饰日渐繁复，雕梁画栋异常华丽。尤其是各种砖制门楼，砖雕、灰塑、彩饰，多显示出商人趣味，而且规模很大。形成这种状况的原因，主要是培田吴氏家族经商发财者较多，家族房派之间相互攀比，加之住宅多为房祠合一的形式，一幢住宅实际是一房人共同建造，共同居住，共同在此祭祖，因此

村落中早期住宅多为河卵石与夯土建筑材料，梁架为木结构

俯瞰济美堂住宅

只有规模较大的住宅，宽敞的庭院，才能满足人们的要求。如继述堂大宅，建造时间达几十年，占地面积六千多平方米。如松堂、双灼堂、灼其堂、济美堂、敦朴堂等，占地面积也为三千至五千平方米。

靠近商业街的地方或村落周边还出现了一些花园式小住宅，这大多是大宅的主人为清闲安逸而另辟的宅园，或称“别墅”。

目前，培田村保存较好的住宅有三十多幢，其中明代始建的住宅约十幢，清代所建住宅约二十幢。基本是大中型住宅。

第二节 居住建筑的形制

“一生劳碌，讨媳妇养儿做大屋”，这是培田一带流传很广的民谚，充分反映出住宅在人一生中的重要性。人们辛辛苦苦赚

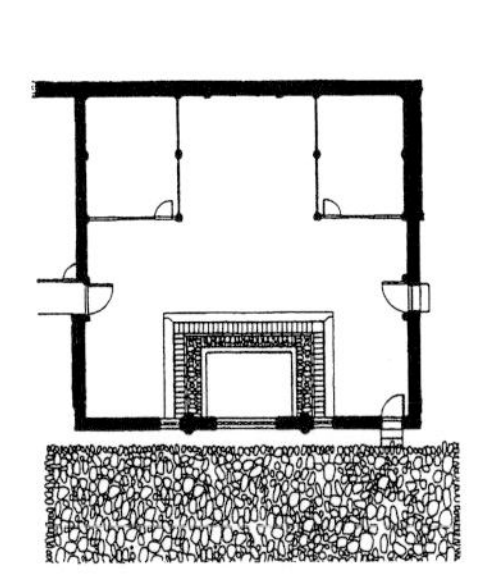
锁头屋式住宅

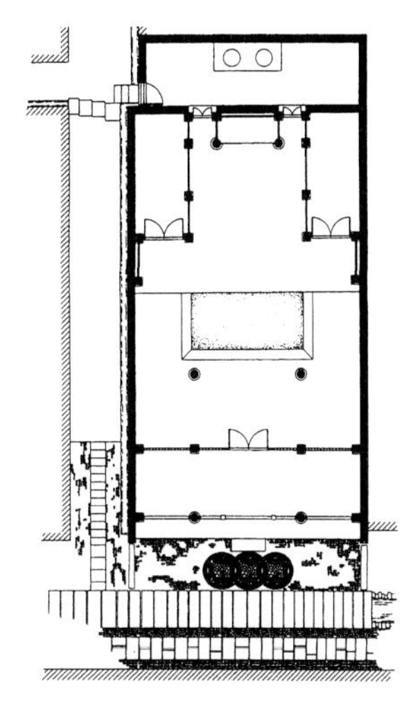
四点金式住宅

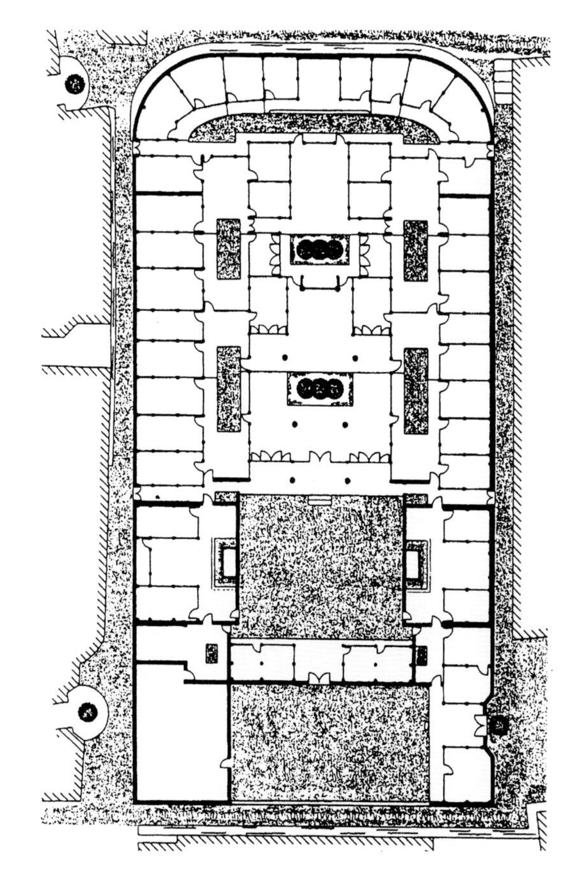
围龙屋式住宅

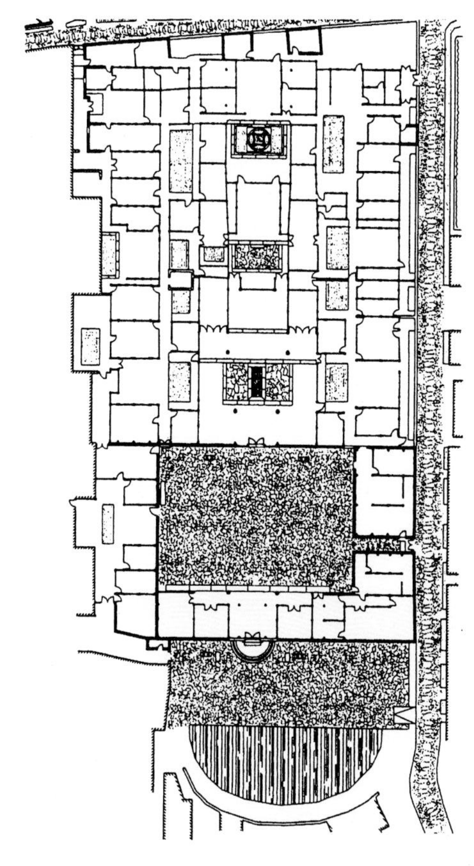
九厅十八式住宅

培田村住宅类型示意图

到的钱，全部倾注到了大宅上，甚至要几代人的努力才得以建成。因此，房子的建造无论是雕饰华丽，还是简洁朴素，都杜绝丝毫的马虎。

培田村现存住宅类型很多，从简单到复杂，有锁头屋、八间头、四点金、两进式、围龙屋、九厅十八井等。这些实际上是住宅核心部分的形制。通常房基地形状并不规则，为此住宅通常先建其核心部分，十分规整，然后再根据住宅周边地段建横屋或其他辅助用房。由于街巷曲折，住宅用地不规则，辅助房形状顺应地形、街巷，这就使村子整体因住宅外观不同而错落有致，千变万化。

1. 锁头屋

锁头屋平面为三合院，正房三开间或五开间，单层，左、右厢房各一开间，前面是照墙，无倒座，中间围合着天井，大门通常开在前照墙上。由于它的平面形式很像旧式的锁头，故称为“锁头屋”。

锁头屋正房当心间是住宅的厅堂，左、右次间为卧室，两厢大多敞开，没有门窗，作厨房和杂务间。锁头屋是培田住宅中规模最小，且最简单的一种，早期使用较多，后来家族兴旺起来，村中多建起大宅。这种小房子多散建在村边，是贫困户的住宅。

2. 八间头和四点金

八间头属小型四合院住宅，房子一共有八个开间，所以叫“八间头”。其中有一些正房当心间用作香火堂，倒座当心间用作门厅，两厢都不做门窗而全面敞开，只有四角上正房和倒座的次间为门窗严谨的封闭的内室，就又叫“四点金”。有些房子的两厢也做门窗装修，则只能叫“八间头”了。有门窗装修的厢房通常用于起居待客，有喜庆时拆下门窗，与天井合为一个空间使用。

八间头和四点金适合小家庭

居住。扩大住宅的常用方式是在它们的两侧增建横屋，它们就相应成了大住宅的核心部分。

3. 围龙屋

培田村在明代曾建有几幢围龙屋式和圆楼式的住宅，都已毁坏。现存两栋建于清代和民国时期的围龙屋，一栋是双善堂，一栋是双灼堂。

双善堂建于清乾隆年间，是富甲一方的财主吴纯熙[1]始建。双善堂西侧距南坑口二十余米，坐西朝东，背后正靠虎头山。风水上说“山主人丁水主财”，要想子孙发达就要引龙入宅，即“围屋养龙”，于是在宅子后面，建起马蹄形的一排围屋，围住后面山上下来的“龙脉”。这半圈围屋是围龙屋的定义性部分。宅子前面为了聚财挖有一口半月形水塘。

围龙屋由三部分组成。首先是中央上下两堂和两厢形成的合院部分。下堂三开间，正中为大门，左、右次间是敞廊，三间通敞。上堂三间，正中为香火堂，供祀祖先，左、右次间为卧室。其次是位于合院外侧的，前后走向面对中央的横屋部分，有居室，也有厨房、杂物房、粮仓和鸡舍等。第三部分就是围屋。培田村的围屋均为一层，所围的化胎为平地，并不凸起。

① 吴纯熙，吴氏第十四世祖，名日炎，号宏斋。生于康熙七年（1668年）四月十二日，卒于雍正元年（1723年）。

双善堂住宅前院

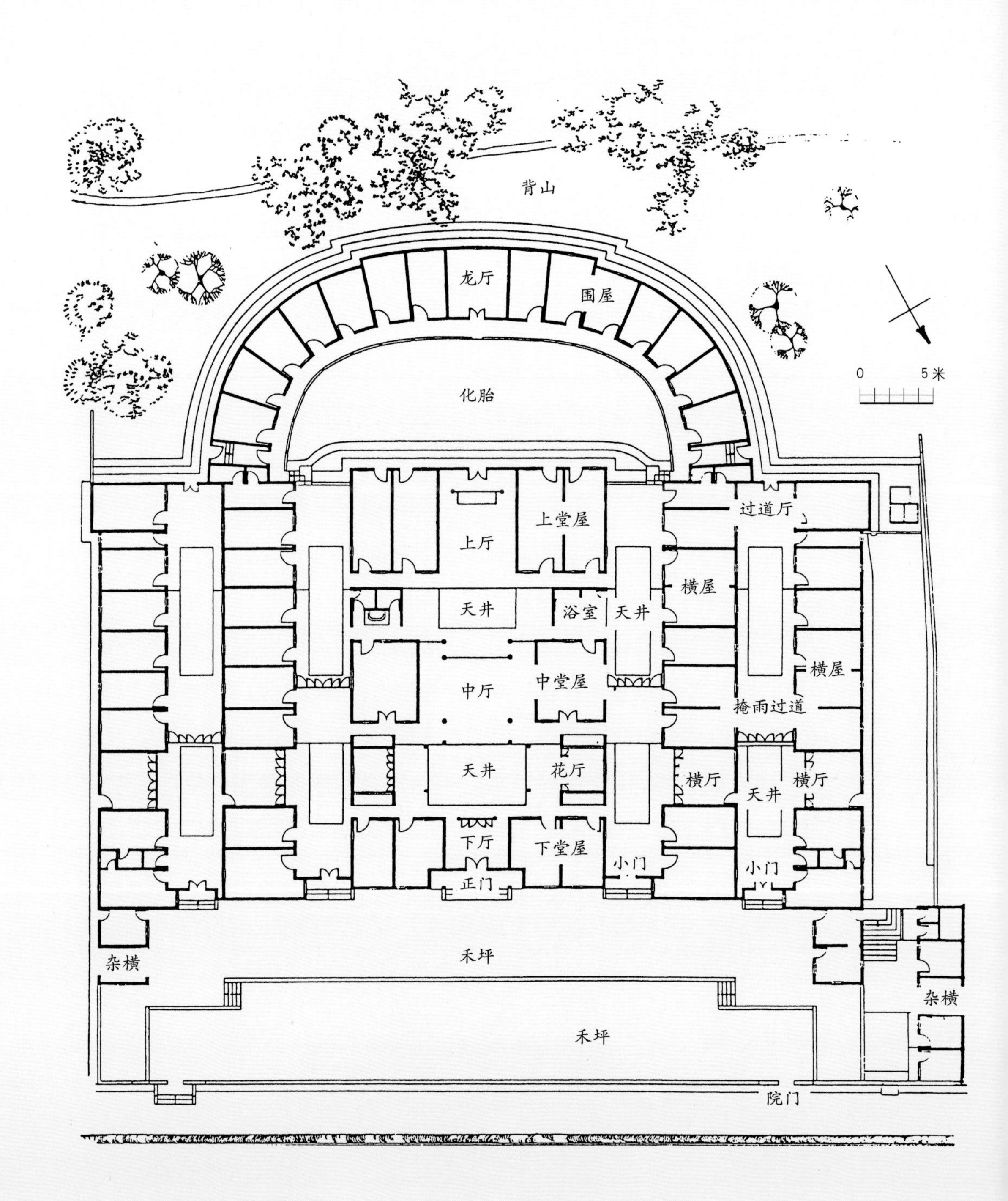

广东梅县典型围龙屋平面图

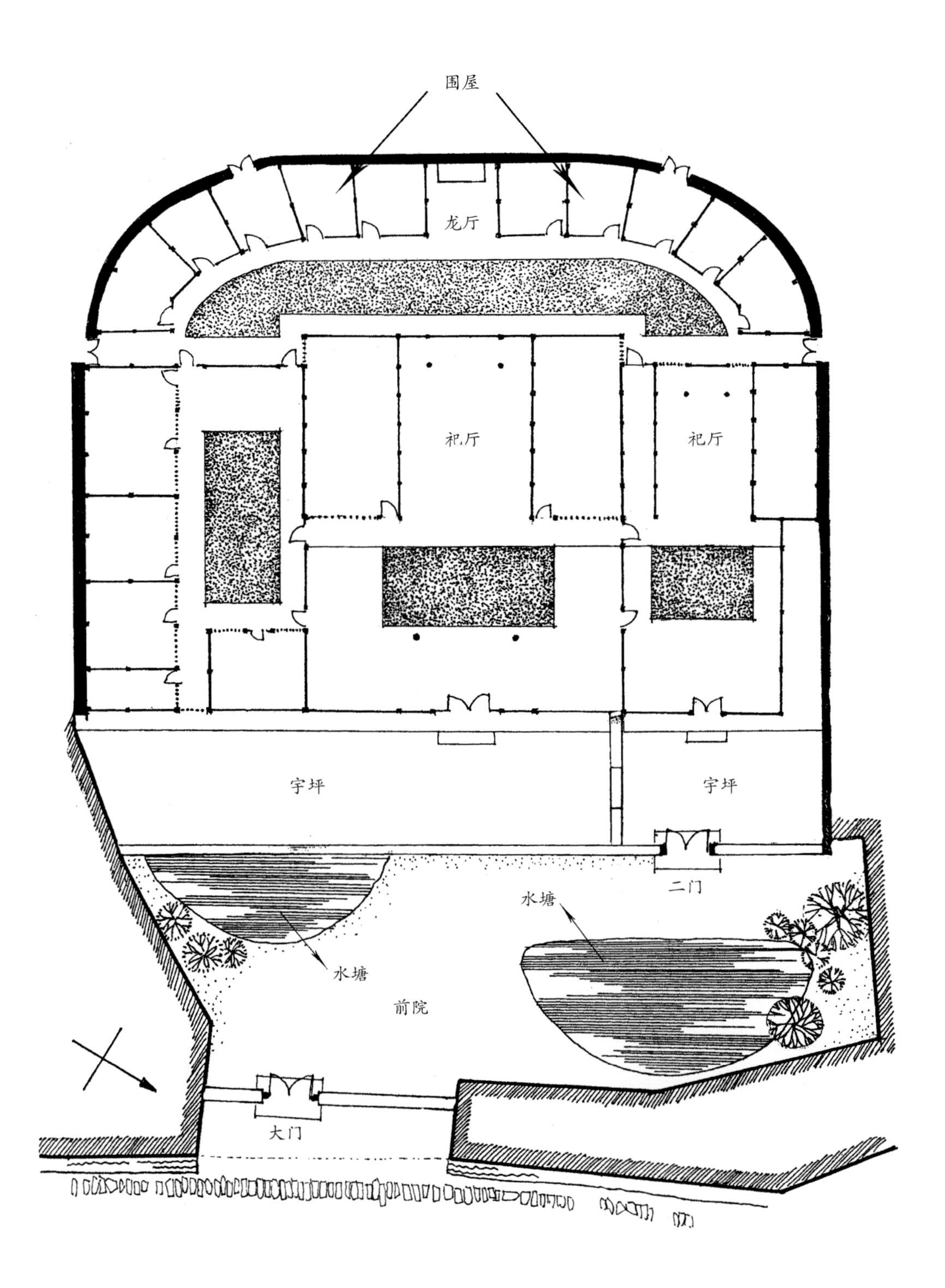
围屋
龙厅
祀厅
祀厅
宇坪
宇坪
二门
水塘
水塘
前院
大门

双善堂平面图

双善堂上厅中堂大匾

双善堂住宅原称“新屋”，是两堂两横单围屋式，即左右各一道横屋，后面一道围屋。住宅占地十亩，砖木结构。清咸丰年间新屋建造已久，便将其重新油饰修葺，雕梁画栋，格外华丽。咸丰八年（1858年）九月，太平天国军队袭扰培田时，为了劫掠财富，专拣新屋大宅抢劫，抢完之后则付之一炬，新屋就这样被烧毁，仅残存左侧横屋和后围屋部分。

同治五年（1866年），绥堂公经过四载筹资，一座围龙屋在新屋基址上重新建成。因资金有限，重建的新屋规模比原新屋要小些，但住宅格局，如厅堂门路、日月池塘，基本沿旧制。《培田吴氏族谱·绥堂先生墓表》中载：“族叔绥堂先生，培田岁荐生也。先生少聪颖，事亲以孝闻，兄弟友爱甚笃，度量洪雅，宗族间怡怡如也。博学经史，善属文，工书法，《地理挨星》一书，尤细心研究。晚年豁然有悟，著《福缘》五册以阐杨公[1]未传之秘。断人休咎，应验入神。”他曾为村中许多宅第勘基定位，是村中很有威望的乡绅。当时，子侄无居处，他“待子侄如一体。构一室，颜其堂曰‘双善堂’。不以己赀而独居也，与其堂侄同居焉”。为了使双善堂的风水利于家族子息的繁衍，绥堂公对原围龙屋的格局略加调整。围龙屋仍由合院、横

① 杨公，又称杨公仙师，即江西派风水大师杨筠松。

屋和围屋三部分组成。合院部分不变，上堂正中供祀缓堂先生之祖父十六世祖一觐公，上悬“双善堂”大匾，上题“光绪九年癸未冬月立，肇造丙寅”，落款为“监生吴默光制赠邑庠生昌皓、修职郎昌颖、修职郎贡均、修职郎太学生昌盛、修职郎明经进士太（泰）均、邑庠生作舟”。上堂左、右次间为卧室，缓堂公就住在这里。

双善堂右侧横屋不变，左侧原横屋位置改成与正房并列的小偏院，也坐西朝东，有上下两堂。正院和偏院之间是一条宽一米左右的走道。走道向前通到双善堂的天井，向后通到围屋。由于中轴双善堂主院是缓堂公居住的地方，缓堂公去世后，子侄为感恩，将中轴主院上堂设为专祀缓堂公的私己厅。

这两座并列的院子前是宇坪，在宇坪围墙之外还有一个外院。缓堂公精于堪舆，为了使宅子阴阳和谐，特挖有两口不大的半月形水塘。它们的形状很像春日萌发的两片玉叶，因此宅子又被称为“玉叶堂”。两座并列院子的后面是马蹄形的围屋，拥抱着双善堂。

另一座围龙屋是清光绪末年建造的双灼堂，它与双善堂的建筑形制一样，只是多建了一个中堂，为三堂两横单围屋形式，因建造得晚，建筑装饰很新潮，色彩也很亮丽。

双灼堂后围龙屋

双灼堂大门

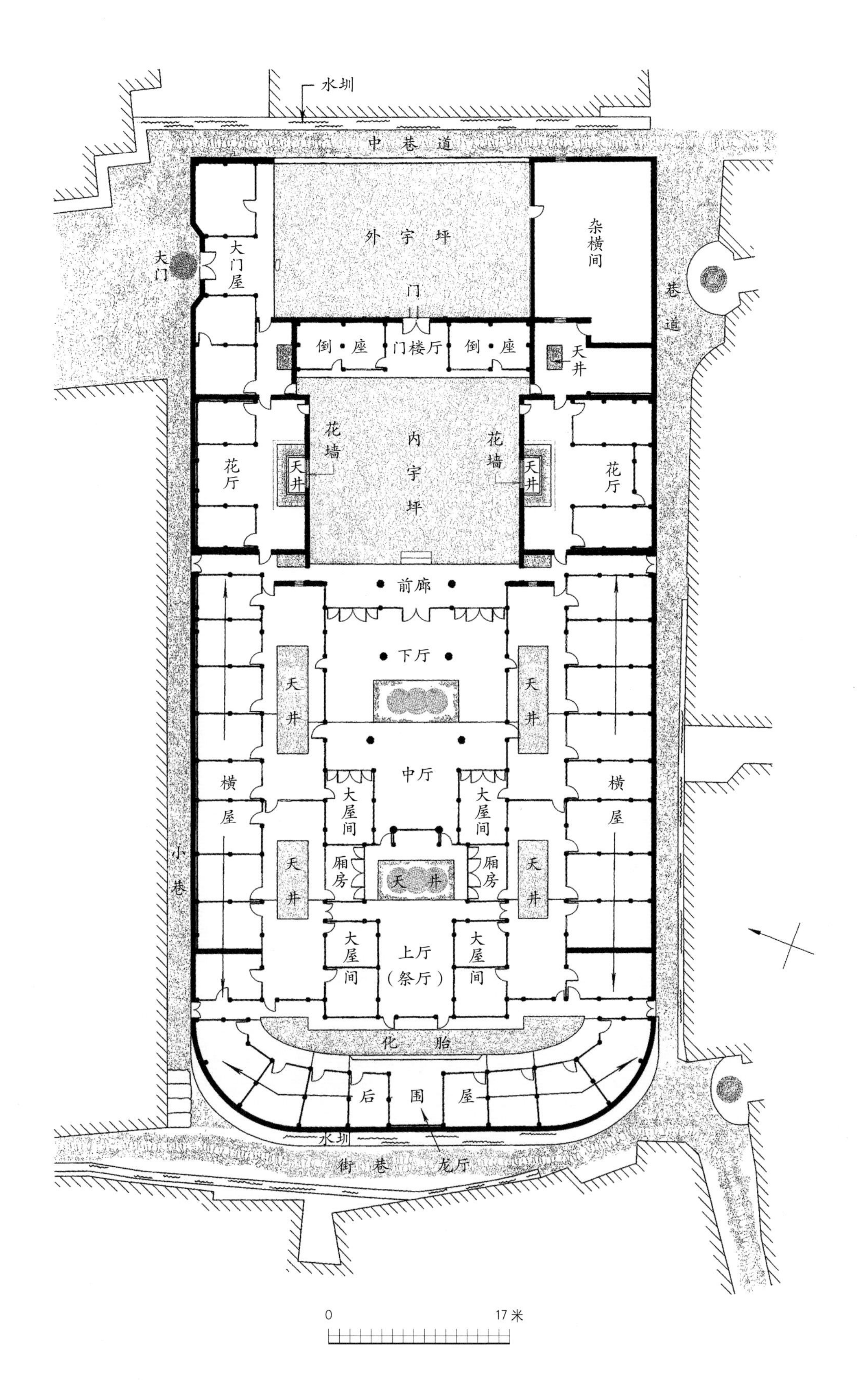

水圳
中巷道
外宇坪
杂横间
大门屋
大门
巷道
门
倒座
门楼厅
倒座
天井
花墙
内宇坪
花墙
天井
花厅
天井
花厅
前廊
下厅
天井
天井
中厅
横屋
大屋间
大屋间
横屋
小巷
厢房
天井
厢房
天井
天井
大屋间
上厅（祭厅）
大屋间
化胎
后围屋
水圳
街巷
龙厅
0
17米

双灼堂平面图

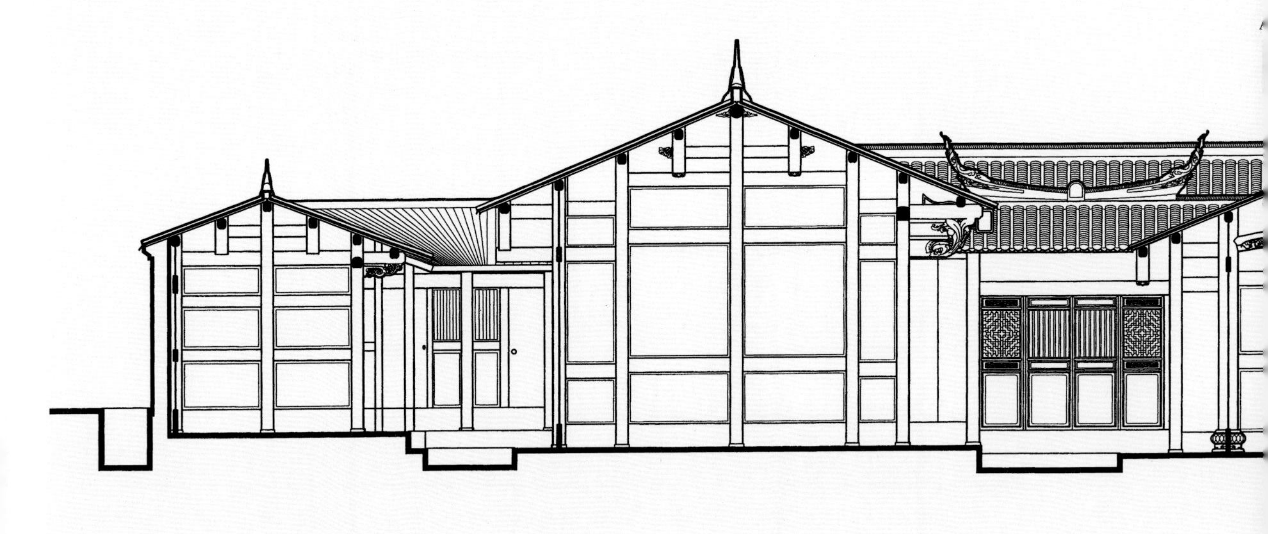

双灼堂中轴纵剖面图

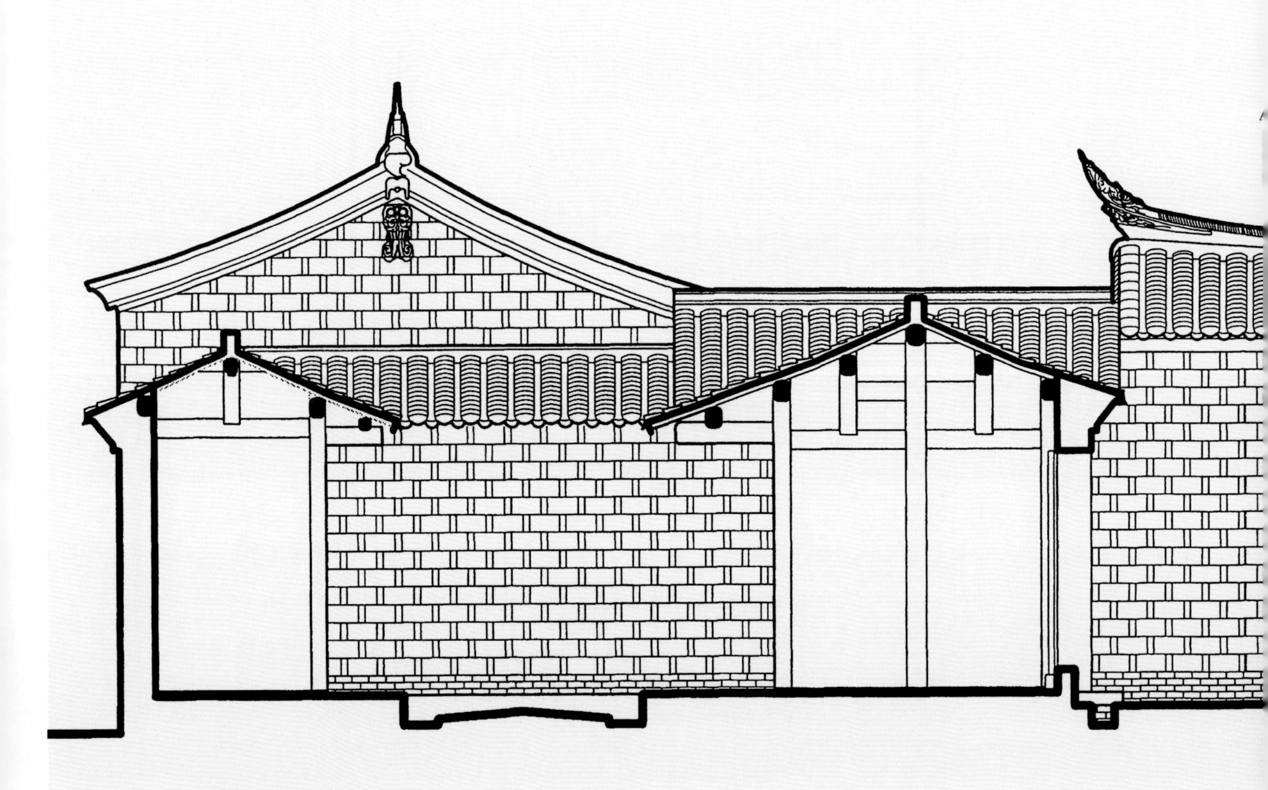

双灼堂一进横剖面图

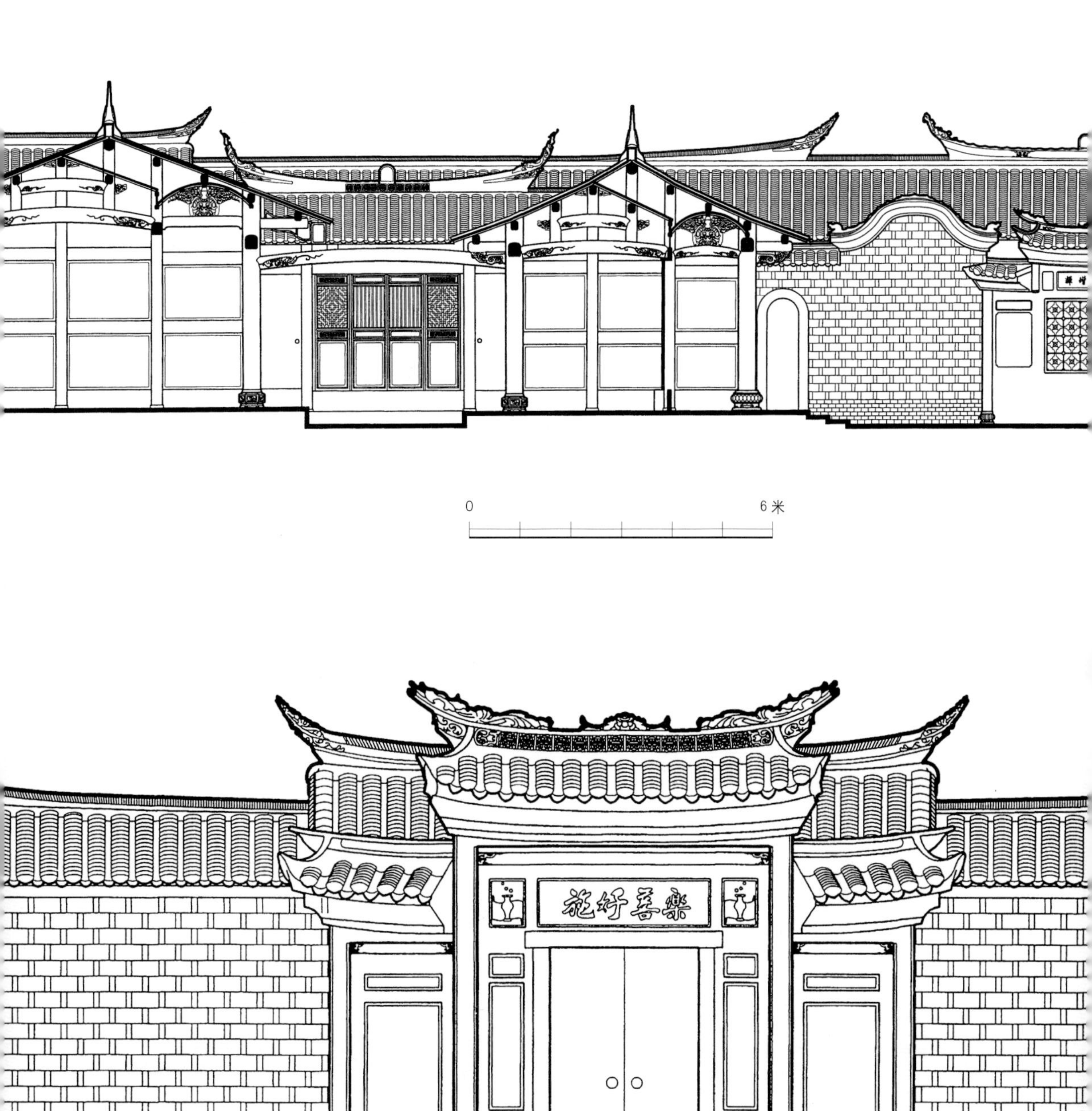
0
6米
樂善好施
0
5米

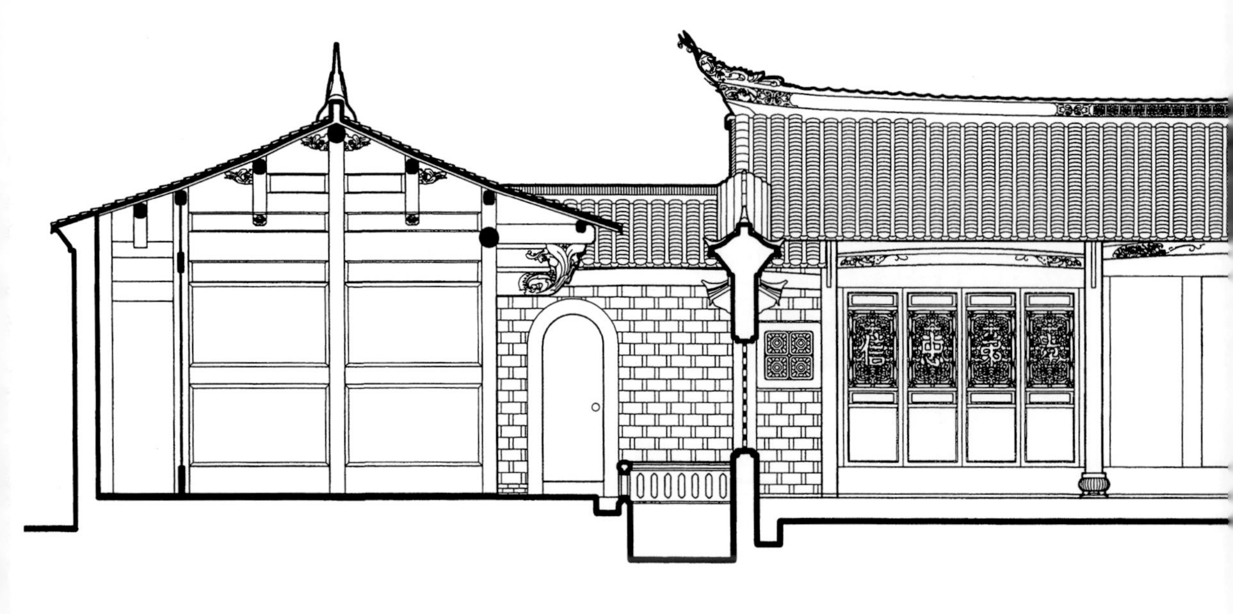

双灼堂二进横剖面图

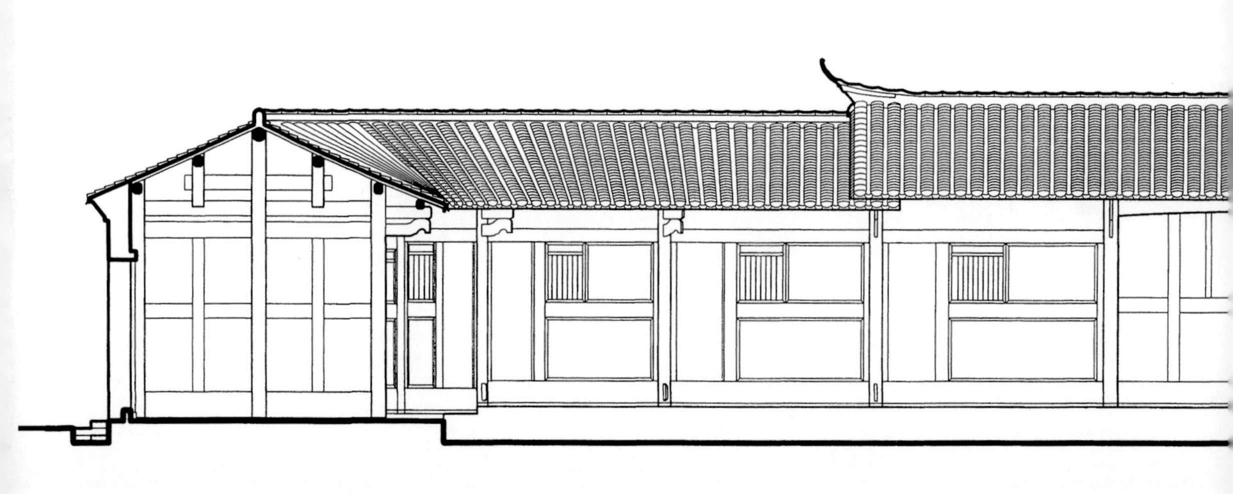

双灼堂后围屋横剖面图

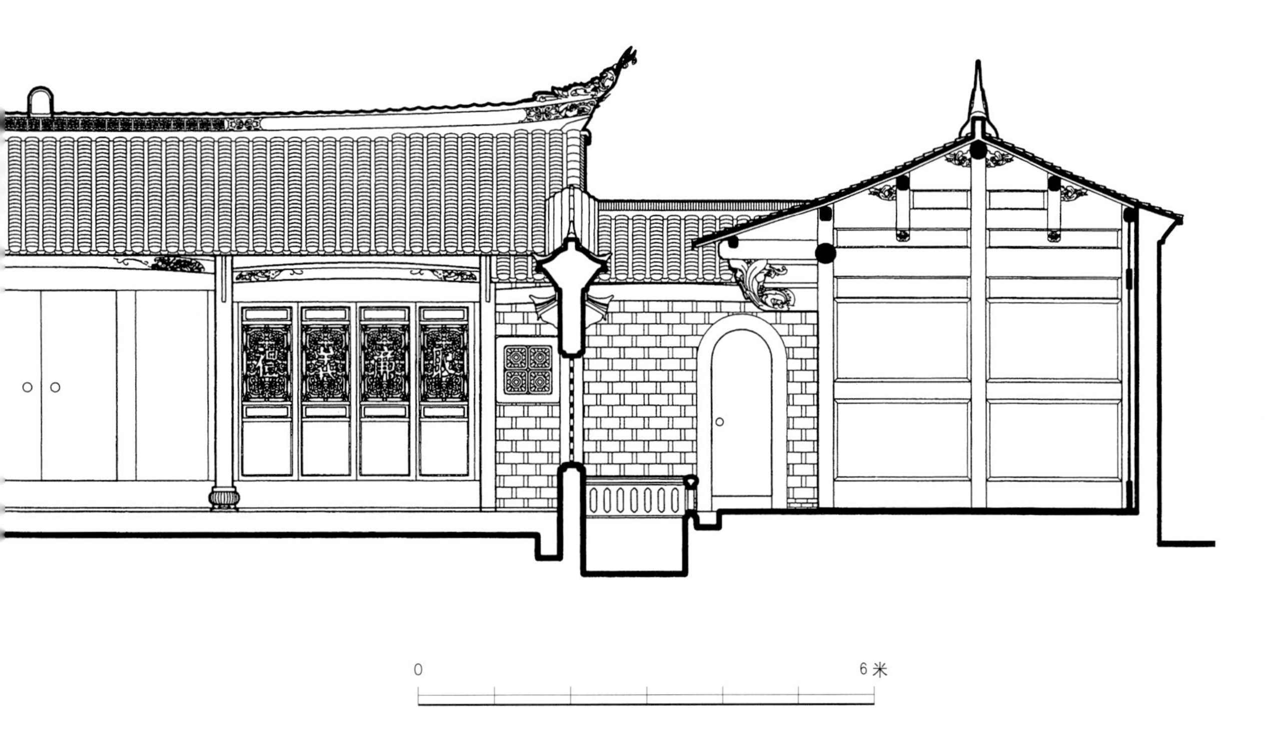
0
6 米

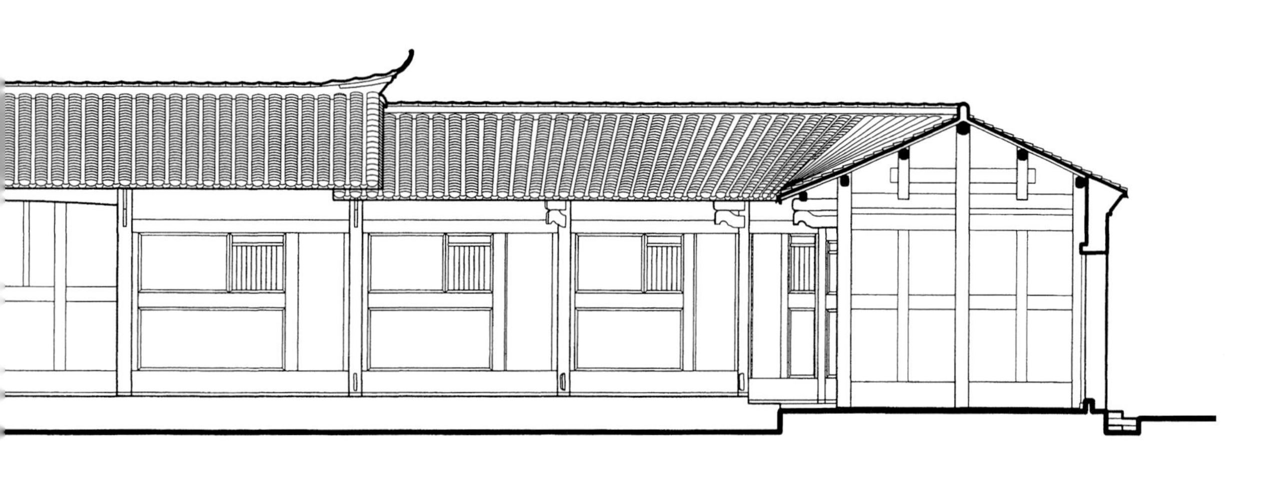
0
6 米

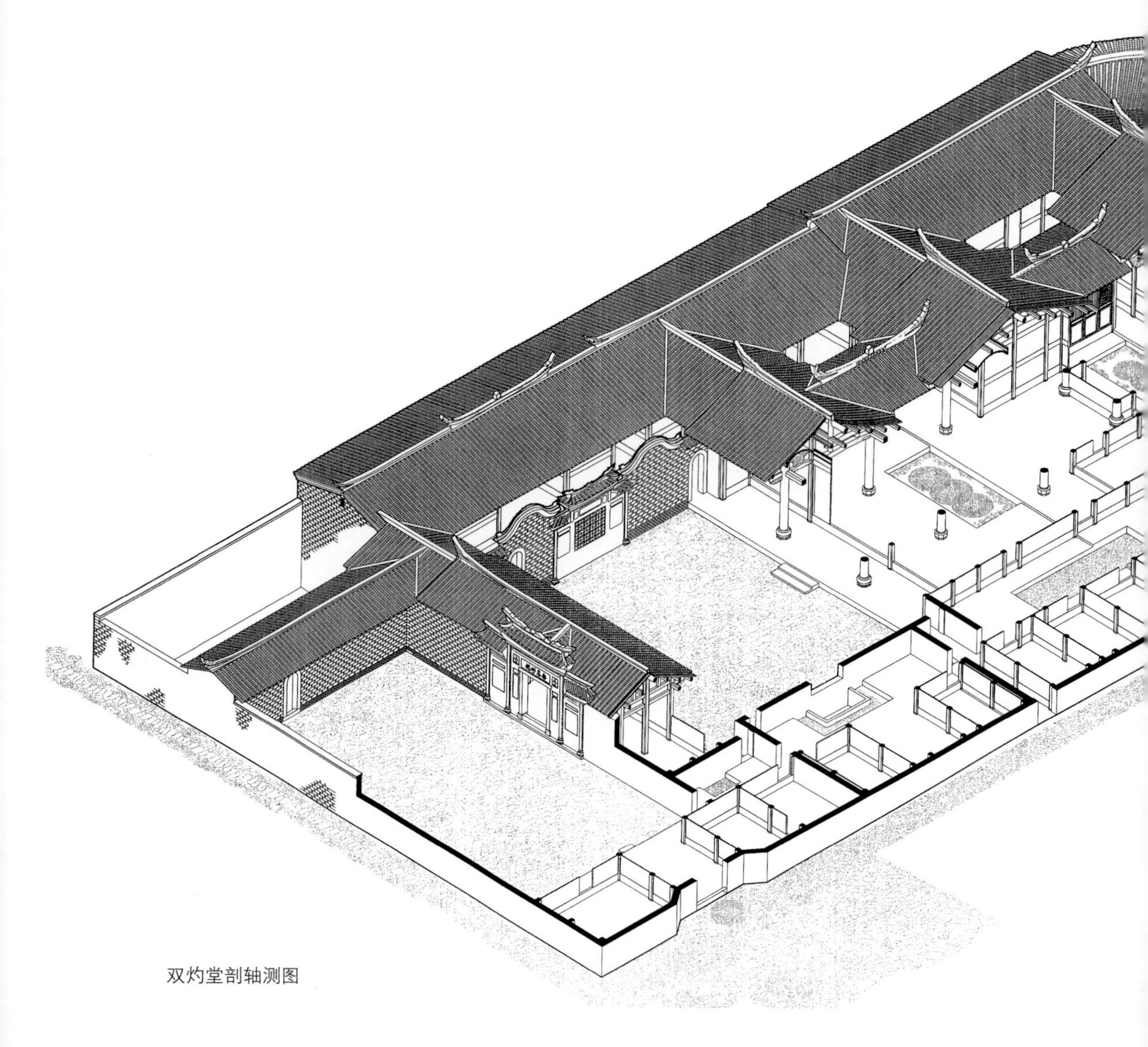

双灼堂剖轴测图

4. 九厅十八井

九厅十八井式建筑由中央厅堂部分及横屋部分共同组成。中央厅堂部分通常为三进至四进，即倒座、下堂、中堂、上堂。也有五进的，即上堂之后再建一座后楼。厅堂三开间或五开间不等。左、右横屋部分也不一定对称，而是根据地段的宽窄，建成一排或两排或三排横屋。长长的横屋在朝向、内外宇坪和中央厅堂部分厢房的位置，通常都分隔成相对独立的侧院，如三进的宅子，每侧横屋可有三个院子；四

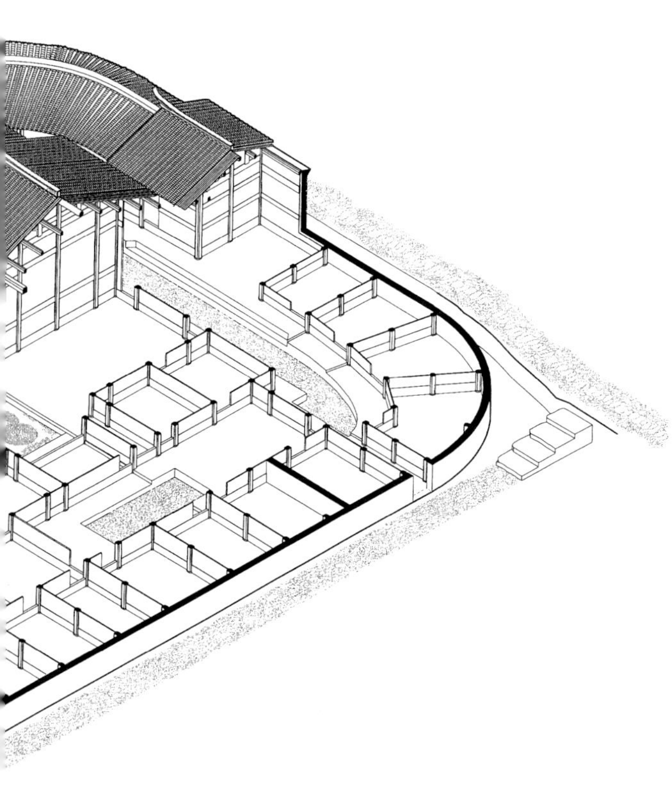

进的宅子，每侧横屋可有四个院子；五进的，每侧横屋可有五个院子；有外宇坪的通常还多建一个院子。每个侧院内均有小厅，很适宜大家族中的小家庭居住。在大型住宅中，朝向内宇坪的横屋院子，前照墙多为装饰性很强的镶嵌砖花或彩色琉璃花饰的镂空照壁，照壁前还常常栽种石榴及桂花，给宽大空旷略显单调的内宇坪增添些许生机。

九厅十八井是培田人对建筑规模的一种描述。在培田村建筑实例中，被称为九厅十八井的宅子几乎没有一栋严格遵循这样的标准数字模式。因此九厅十八井只是形容建筑规模宏大，厅堂多，天井院落多，同时取“九”和“十八”两个民间认为吉祥喜庆的数字。目前村中保存较好的称为九厅十八井式的住宅有五座，其中大屋（官厅）和继述堂两座现状最好。

大屋　大屋建于清康熙年间，已有二百余年的历史。宅子的主人吴日炎，“字纯熙，号宏斋。国学生候选州司马。生于康熙七年（1668年）四月十二日，卒于雍正元年（1723年）”[①]，乃培田吴氏十四世祖。他年轻时外出经商，有心计，善理财，赚钱之后首先想

① 引自《培田吴氏族谱·世谱》。

到的就是回乡建造大屋，显扬炫耀，也备落叶归根时居住。

清代初年，培田村的规模还不大，住宅多为锁头屋和四点金式小宅子。吴日炎所建的一栋大屋，相当于四点金式小宅子的几倍大，村人以前没有见到过这么大又如此气派的宅子，干脆直呼这栋宅子为“大屋”。大屋太大，造了十几年才竣工，花费银两无数。在这十几年里，吴日炎还同时建造了其他的宅子及银楼、商铺等。村人为他的财力之巨感到惊异，于是有了“吴日炎一生挖八窝窖藏，造七座大屋”的各种活灵活现的传说。据说，“培田往汀州府的山岭上有一窟涌泉。泉边有两块大砖，供人匍匐喝水时垫脚。砖块长期浸在水中，长满了厚厚的青苔。一天，吴日炎上汀州府办事，走累了便在涌泉边喝水，不小心脚从砖上滑落，擦掉了砖上的一片青苔，砖头呈现出亮灿灿的金光。吴日炎仔细一看，原来是两块金砖”。这就是“喝水得金砖”的传说。另一则说的是，吴日炎上山采药为母亲治病，一时内急，就蹲在草丛里大便，顺手拔了丛草擦屁股，没想到草丛连根带土拔起，下面露出了一瓮埋着的金银[①]，就又有了“孝心感地，拉屎得金银”的传说。另外还有“斗笠引斗金”“菩萨指点金和银”等说法，尽管是些传说，但村人都相信吴日炎一定在无意间得到了大量金银财宝。

当然这种传说也有一定的历史原因。民间一直传说唐代末年王审知、黄巢等曾率兵在培田河源峒一带争战，南宋时又有文天祥的部队以及罗天麟、陈积万的农民义军在此活动。在征战中，他们曾将聚敛的财宝埋藏在行军途中。上百年来，有不少人到此寻找这些财宝。而吴日炎能建造这样的大屋，人们自然将他和这些宝藏联系起来，于是猜测百出。

① 《培田辉煌的客家庄园》，陈日源主编，国际文化出版社2001年出版。

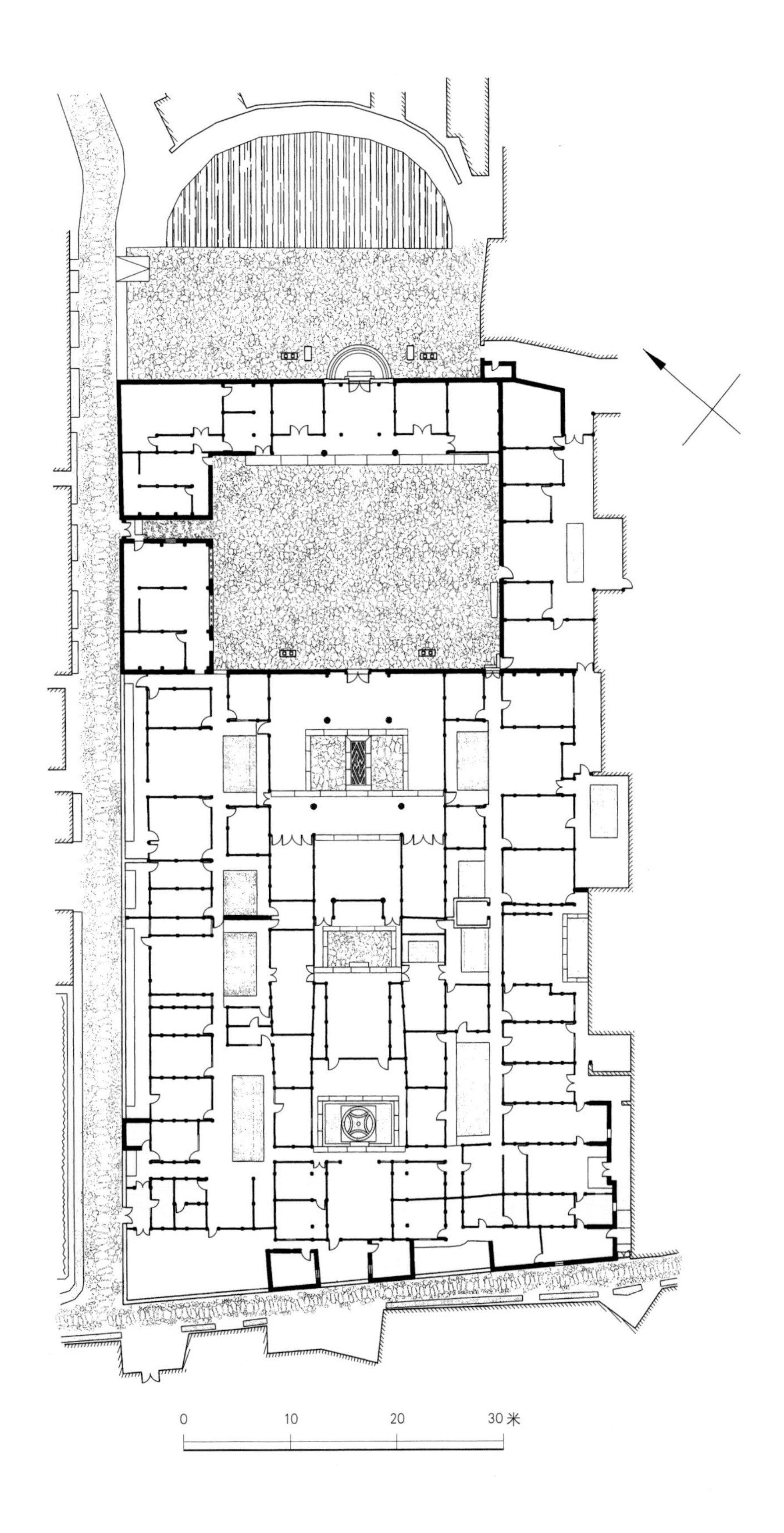

大屋（官厅）平面图

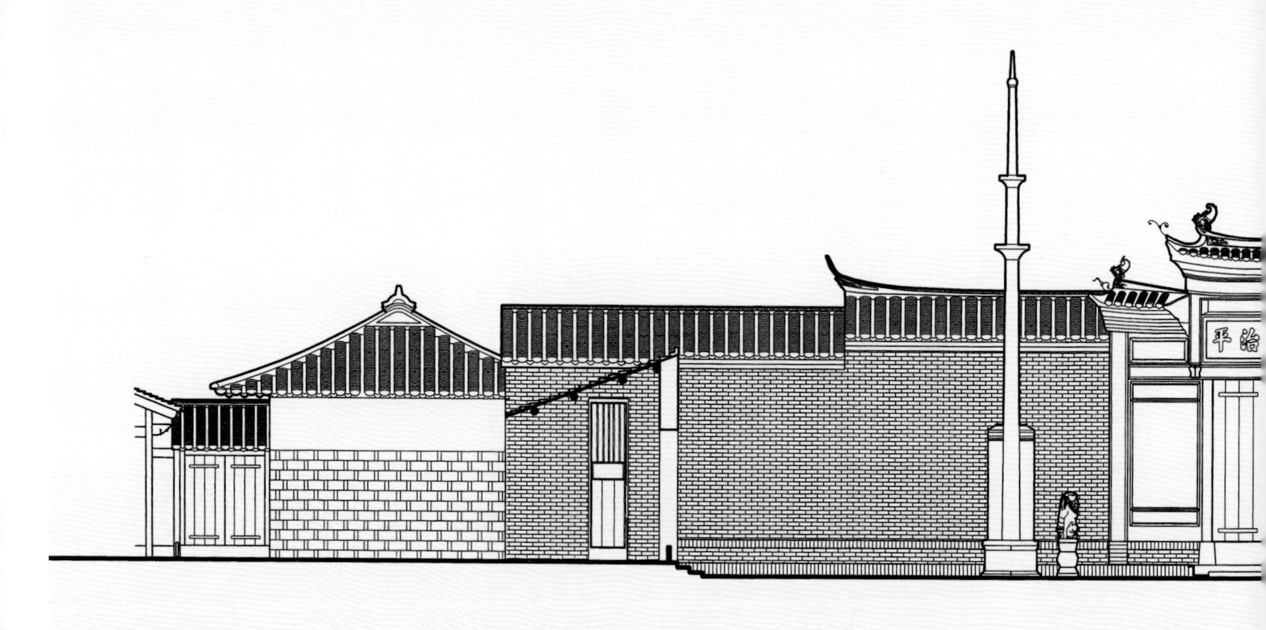

大屋（官厅）一进外立面图

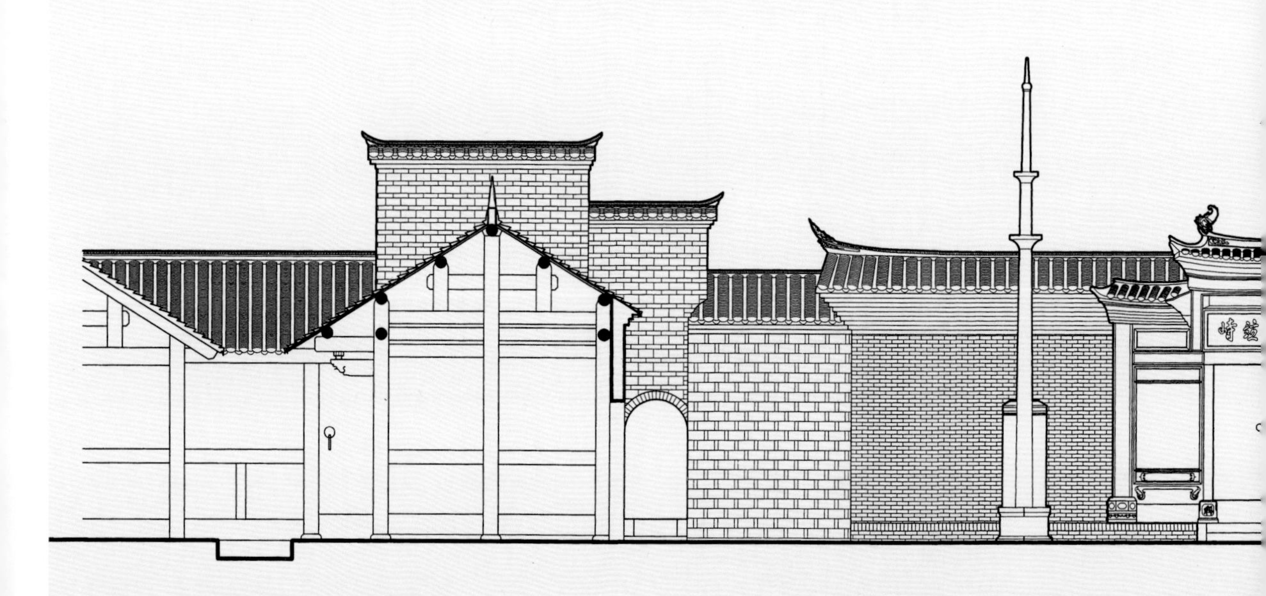

大屋（官厅）二进横剖面图

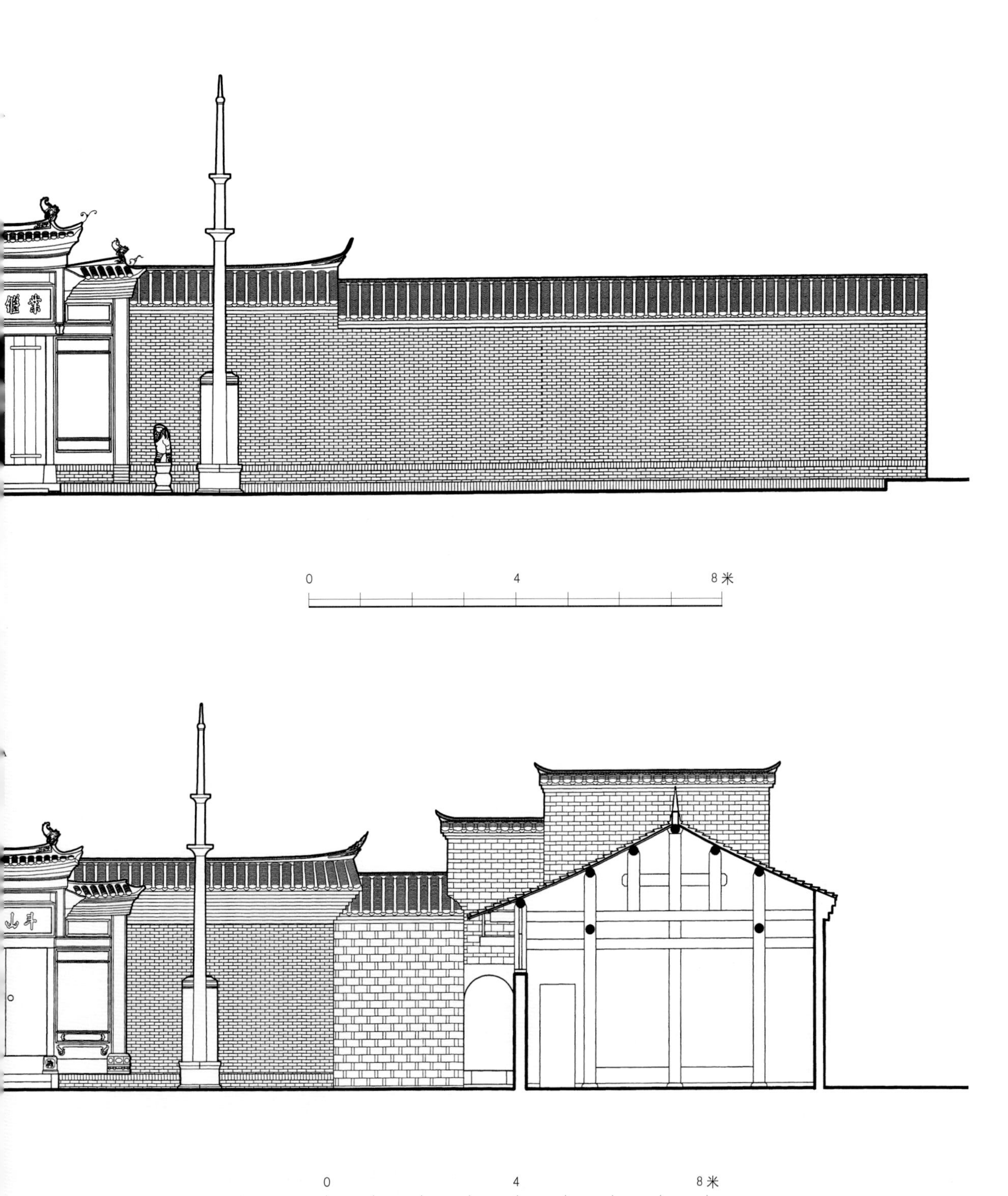
0
4
8米
0
4
8米

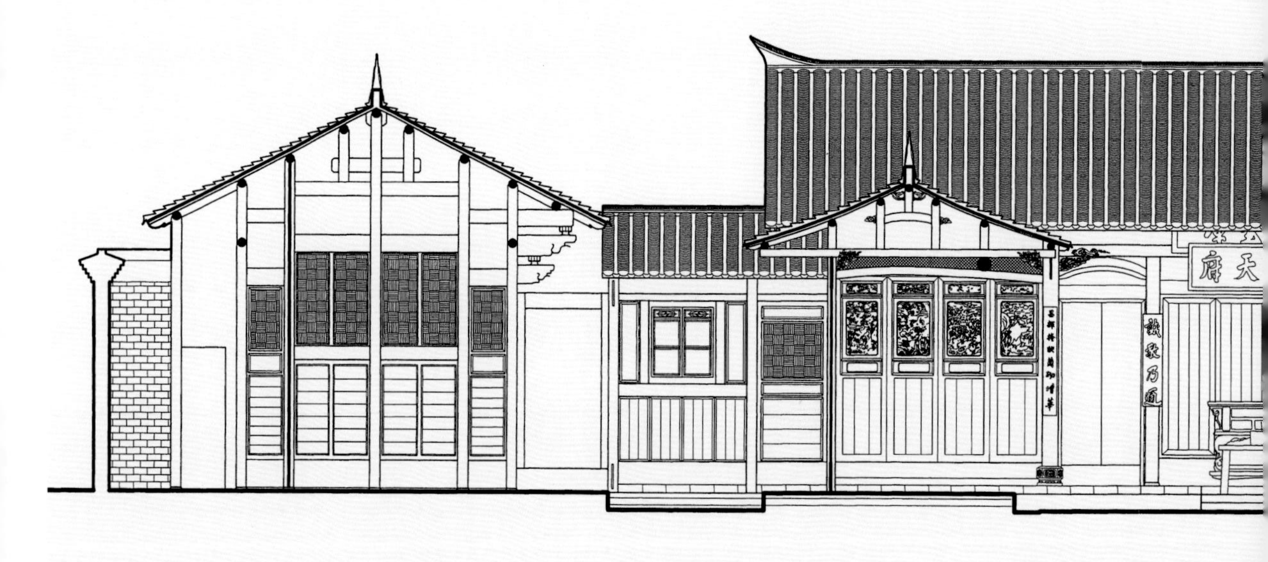

大屋（官厅）三进横剖面图

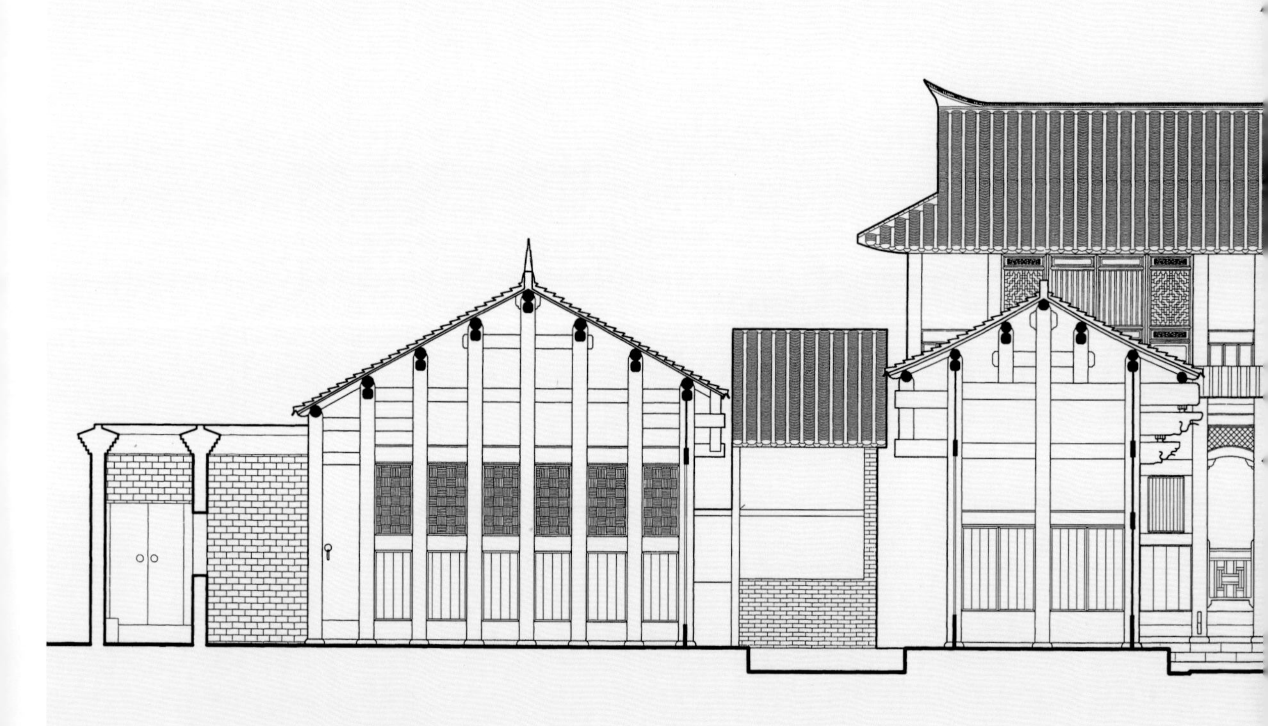

大屋（官厅）后楼横剖面图

0
4
8米
0
4
8米

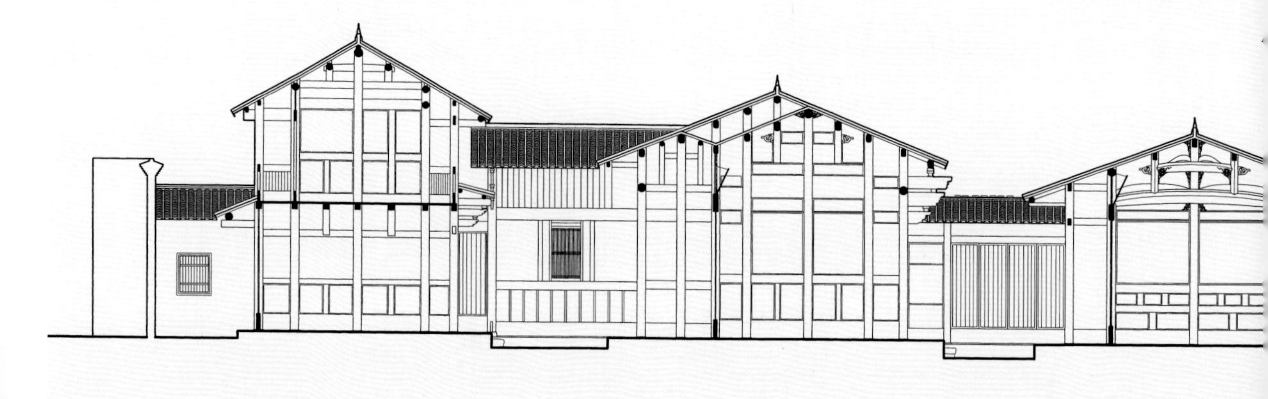

大屋（官厅）中轴纵剖面图

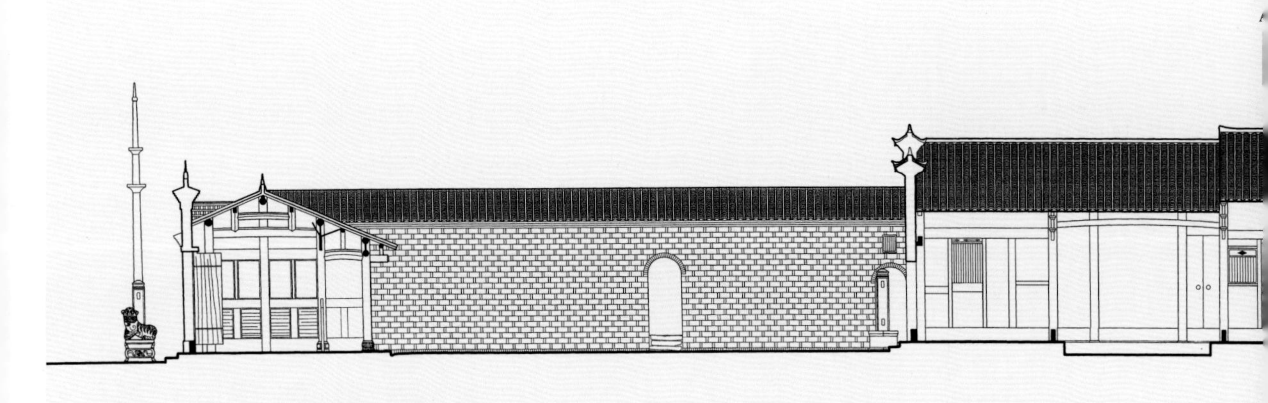

大屋（官厅）右侧横屋纵剖面图

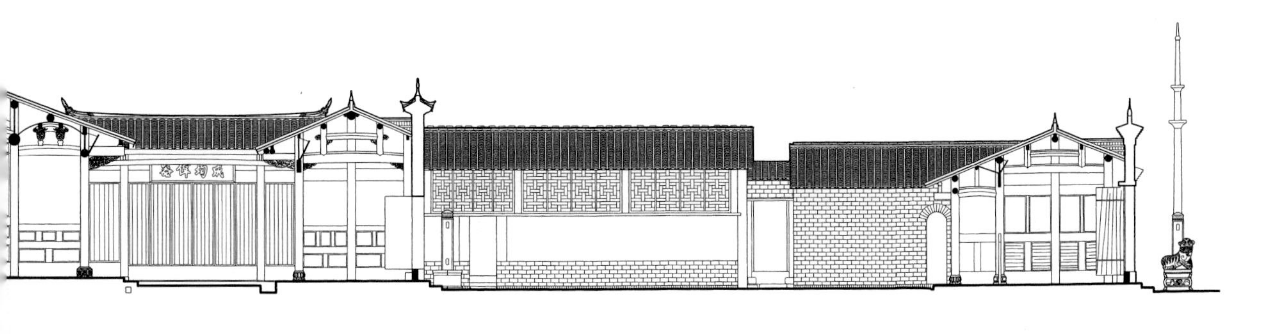

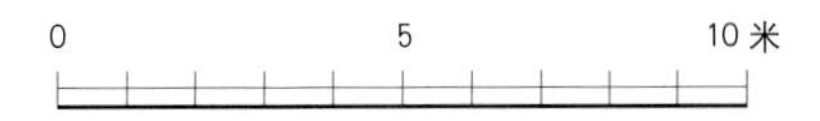
0
5
10米

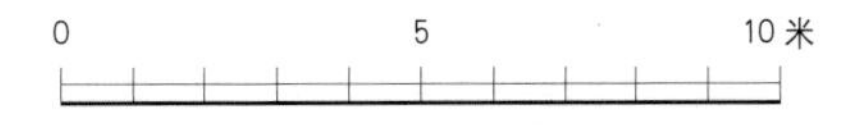
0
5
10米

大屋形制为九厅十八井式建筑，这是大屋内宇坪

大屋二门的门楼，门额“斗山并峙”

清中叶以后，汀、连两地的土山道逐渐铺上石块，山路好走了，往来的官员多了，普通村路便升格为官路。逢农历四、九日的培田义和圩集也日益兴隆。培田村作为汀、连两地的交通枢纽及商贸集散地的地位越显重要起来。凡有汀、连两地府、县来往官员，吴氏家族定要将他们接到村里歇息，并热情款待。大屋坐西朝东，正位于村东北入村的大路边，客人入村首先看到的就是这座高大气派的宅子，大屋自然成为接待官员最好的地方。村人便将“大屋”呼为“官厅”。

大屋是九厅十八井中轴对称式住宅的典型，但实际上它多达十一个厅堂、三十二个天井和院落，有房近百间，占地六千多平方米。共有四进房子，仅中轴建筑从第一进到最后一进的后楼，进深近一百米，面阔三十余米。第一进正房五开间，当心间为大门，又称“门楼厅”，前檐砌成牌坊式大门，上刊“业继治平”，左右一对石鼓和石狮。门前是十余米宽的外宇坪。大门口地面用卵石铺砌成双凤朝阳图案。外宇坪前是半月形水塘和照墙。村民说，清代时凡骑马的官员到此，马匹就拴在外宇坪。进入大门到第二进之间为内宇坪，面积达三百六十多平方米。凡乘轿的官员，轿子就停放在内宇坪。

第二进正房三开间，当心间为二门，称“下厅”，前檐做成三楼式牌坊门，门额题“斗山并峙”大字。

大屋两侧横屋之间有小门相通

大屋中厅

门前一对石桅杆。中轴路由卵石砌就甬道。第二进的三间后檐朝向天井，全部敞开，不装门窗。

第三进正房三开间，当心间称“中厅”。中厅的后金柱位置做樘板，两侧有腋门通向最后一进。两次间称“大屋间”，即卧室。中厅前檐开敞，与第二进的下厅相对。平日这里就作为乡绅们的休闲会馆。

大屋的前三进厅堂均为单层。为取步步高升的吉祥寓意，宅子每一进都要升高一步或几步台阶，第四进即最后一进是全宅最高处。第四进正房三开间，上下两层，称“后楼”，底层当心间称“后楼厅”。后楼厅的后檐墙有神龛，供奉先祖牌位。前檐敞开，两次间是大屋间。旧时培田吴氏宗族议事处就曾设在这儿的大屋间里。后楼的二层是藏书阁。清代中期吴日炎一房曾利用中厅宽敞明亮的条件开办学塾。据吴来星、吴念民等先生说，藏书阁内收集的历代图书颇丰，有几万册，其中还有不少外文书。1950年土地改革时毁掉不少，但直到1966年“文化大革命”开始前，还存有两万多册古籍，至“文革”浩劫，所有图书都被付之一炬。

大屋核心部分的四进正房建筑外侧是左、右横屋。其中位于正房第一、第二进之间的内宇坪左右的横屋独成一体，称为“花厅”。第二进至后楼左右的横屋分成八个独立的小院，相互间有门相通，还有通向住宅外的四个偏门。为防火、防盗，横屋外侧四围砌有青砖高墙，俗称“火墙背”。在宅子北侧的横屋背后和火墙背之间是宽约两米的巷道，巷道里有水圳，将村子中水圳的水引入院内，妇女们不用出大门即可洗衣洗菜，一旦有火情，宅内水圳的水可及时地用以灭火。

大屋建筑形制规整，宅子内、外装饰十分华丽，功能清晰，居住空间等级分明，长幼有序，男女有别。传说乾隆二十八年（1763年），纪晓岚在看到培田大屋的宏伟气势及住宅中的藏书阁时，高兴得连声叫好，足见这座大屋当年的辉煌与不凡。

继述堂 坐西面东，正对村东笔架山，始建于道光甲申年（1824年）之夏，历时近十一年，至道光甲午年（1834年）竣工，但也有另一种分析①。《培田吴氏族谱·继

① 关于继述堂的创建，吴念民先生有一些看法。

1. 继述堂称为“一亭公祠”，并非吴昌同所建。吴昌同是想建这座房子的，但“苦无基址”，在世时没有完成。继述堂是在吴昌同过世十一年后，由他的儿子吴引斋等人“仰承先志”完成的。

2. 继述堂的建造年份。它“创于甲申之夏，成于甲午之冬”。吴昌同生于清嘉庆二年（1797年），卒于同治十二年（1873年），继述堂如果是1824年建，吴昌同二十八岁，根据他的经历，显然还没有能力建这座大宅。

3. 吴引斋可能为创建者。吴引斋生于清道光十年（1830年）。如果继述堂始建于1824年，则他还没有出生；若1884年开工建设，这年他五十四岁，正当年。

4. 吴泰均可能为创建者。据宗谱记载，继述堂“坐向酉山卯水放甲艮，缓堂兄所定也”。缓堂，即吴泰均，生于嘉庆十一年（1806年），卒于光绪十二年（1886年）。1884年继述堂开工，“缓堂兄”七十八岁，德高望重，由他来“定坐向”正合适。据记载，吴泰均对“风水”的精通在村里是有名的。如果倒退六十年（1824年），吴泰均十八岁，显然还没有出师。因此，可以肯定，继述堂是1884年开工，1894年建成，头尾十一年。不是“始建于1824年，1834年竣工”。

述堂记》载，它“集十余家之基业，萃十余山之树木，费二三万之巨赀，成百余间之广厦。举先人有志而未逮者成之于一旦”，取《中庸》“夫孝者善继人之志善述人之事”，“颜其堂曰‘继述’，诚以父继述于祖，子继述于父，孙又当继述于子，子子孙孙无忘继述也”。[1]始建宅者十八世祖吴昌同，“字化行，号一亭。从九品，诰封奉直大夫，晋赠昭武大夫。生嘉庆二年丁巳（1797年）九月初二丑时，卒同治十二年癸酉（1873年）五月二十二日卯时。……咸丰戊午（1858年）董理长邑公局，三年失慎，多士荷培。同治甲子（1864年）逆陷南阳，调署汀漳龙道，赵均征剿，助军粮百担，蒙奖‘急公好义’匾”[2]。吴昌同得到朝廷“乐善好施”的旌表，并被诰封为奉直大夫、昭武大夫。为此，继述堂又称为“一亭公祠”，尊享后世子孙的祭拜。

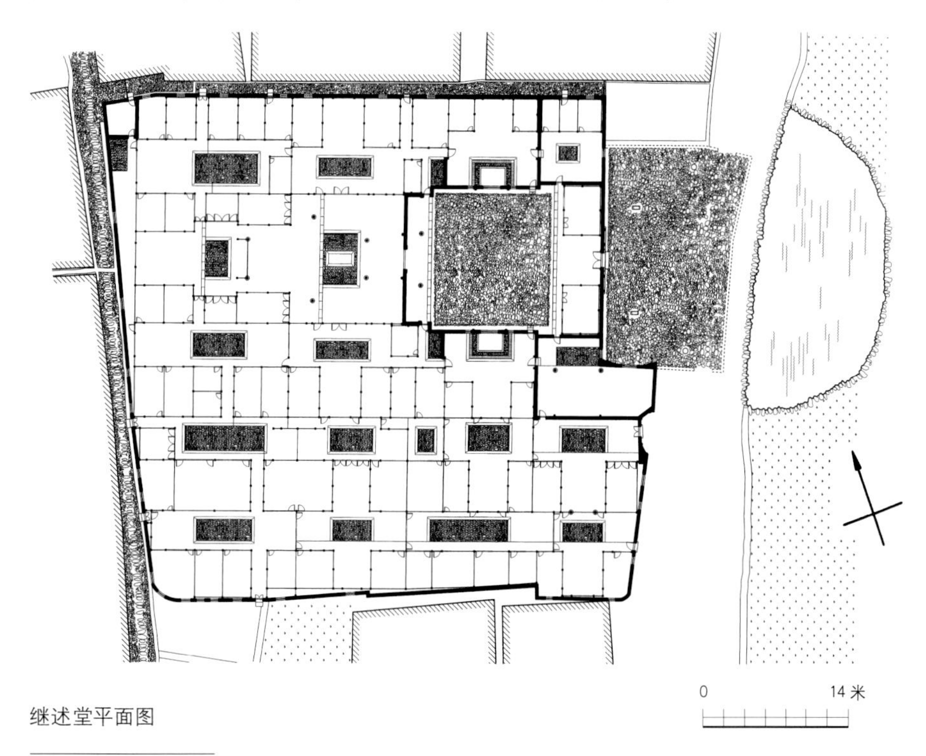

继述堂平面图

① 引自《培田吴氏族谱·继述堂记》。

② 引自《培田吴氏族谱·卷三·世系》之“吴昌同”。

继述堂一进正立面图

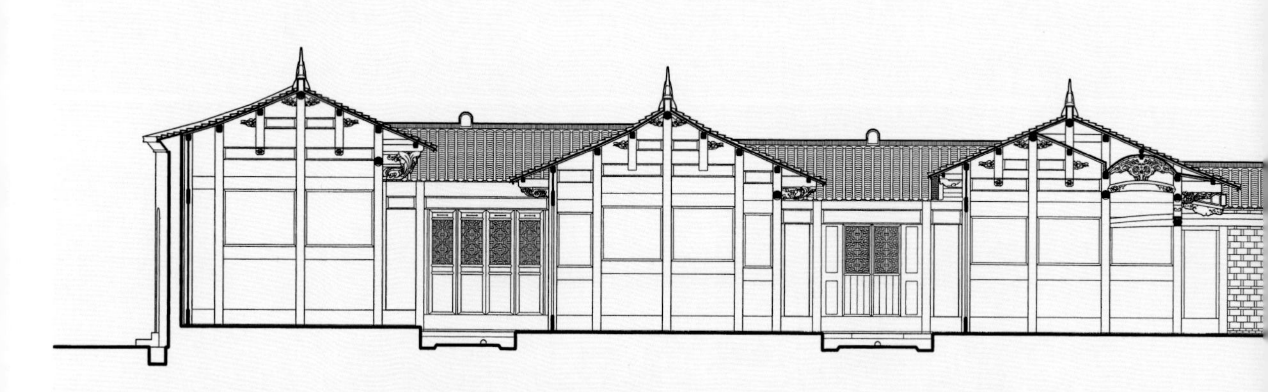

继述堂二进横剖面图

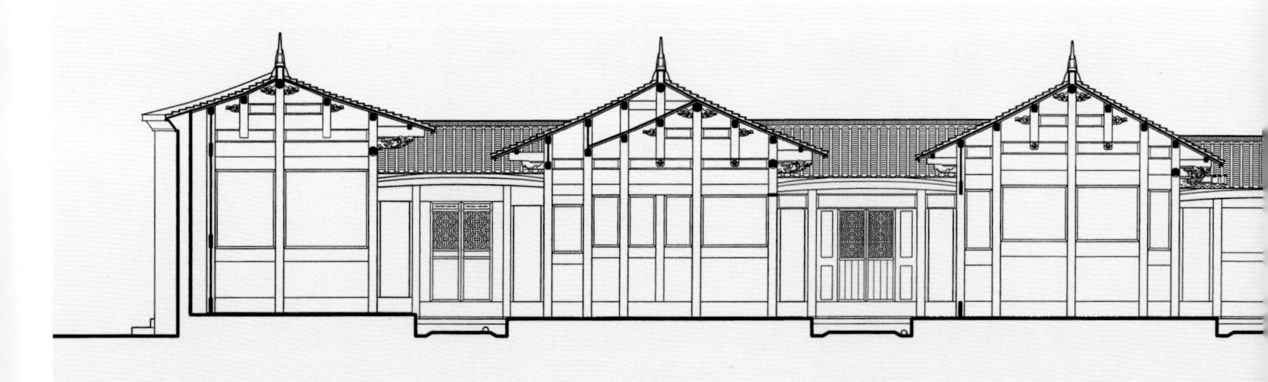

继述堂三进横剖面图

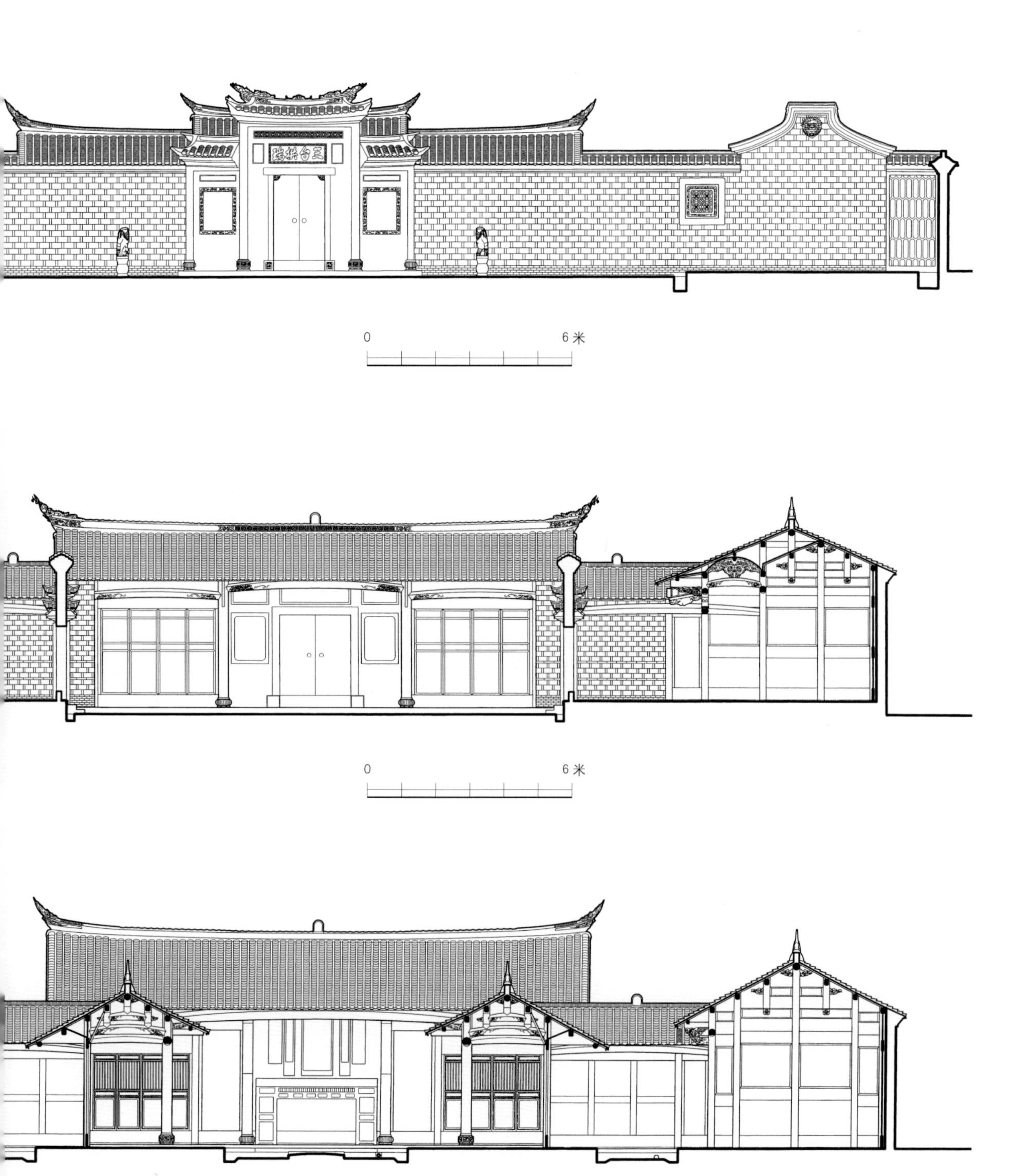
三台拱瑞
0
6米
0
6米
0
6米

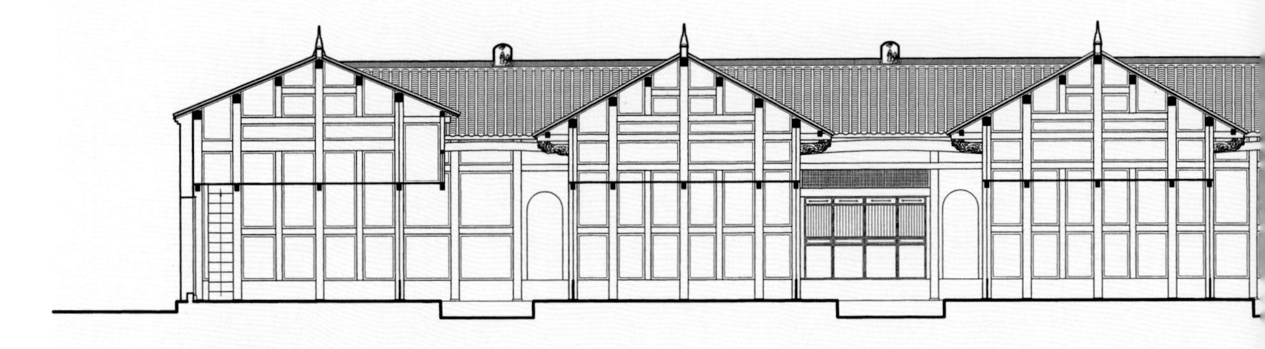

继述堂四进横剖面图

继述堂中轴纵剖面图

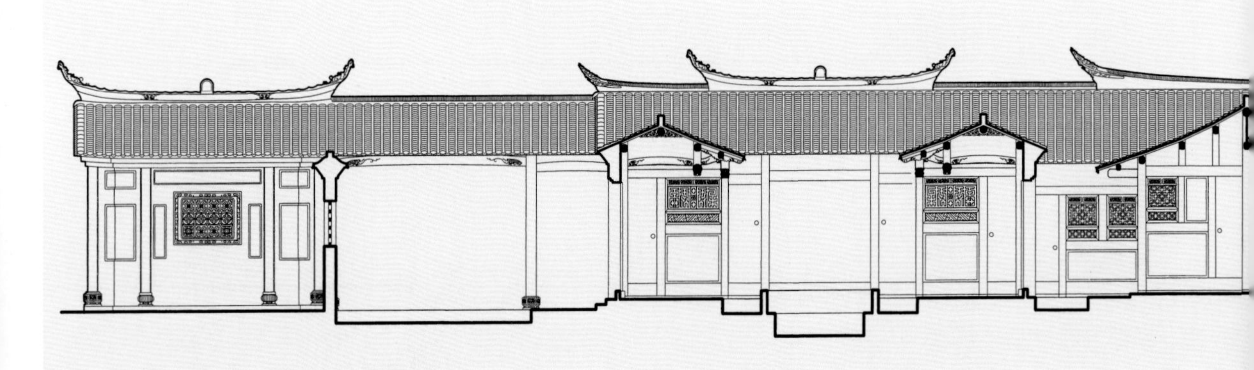

继述堂右侧横屋一进纵剖面图

0
6米
0
6米
0
6米

继述堂右侧横屋二进纵剖面图

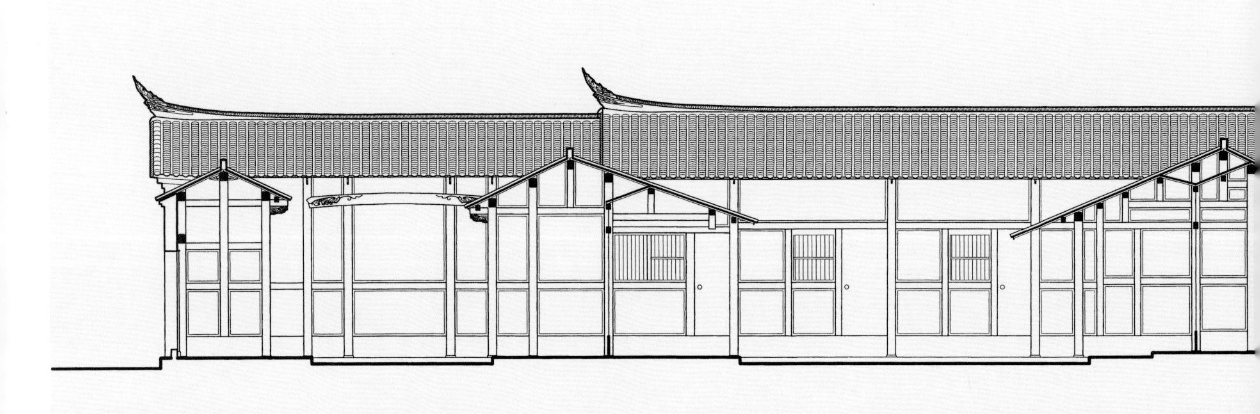

继述堂右侧横屋三进纵剖面图

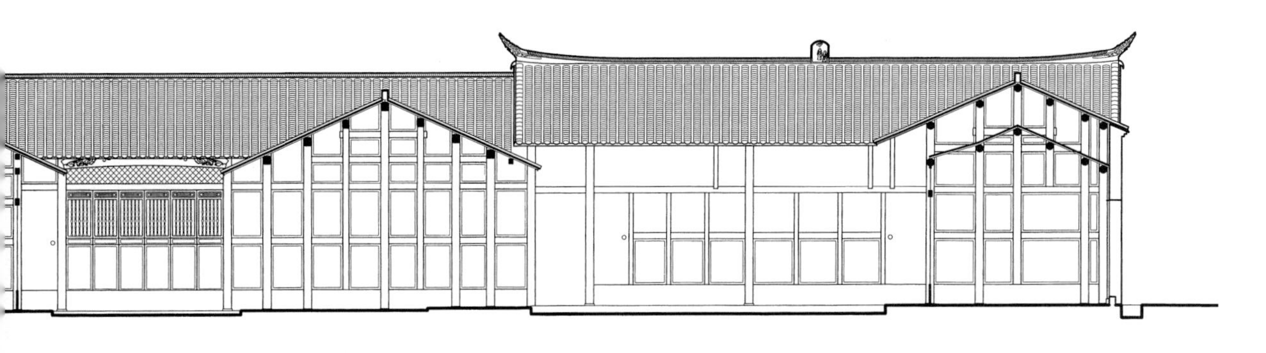

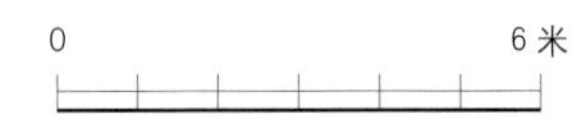

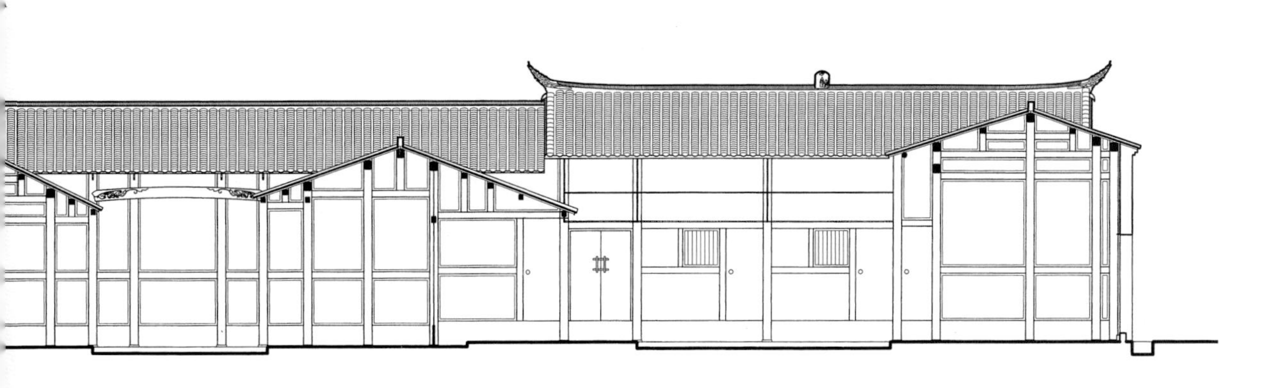

0 6米

俯瞰继述堂大宅

继述堂共四进厅堂，左侧一排横屋，右侧三排横屋。宅内共有十八个厅堂，二十四个天井和院落，一百零八个房间，占地六千九百平方米。

继述堂中轴正房部分前后四进，每一进都抬高一步台阶，寓意步步高升。第一进正房五开间，当心间为门厅，牌坊式大门，门额题“三台拱瑞”①。门厅外左右两边原各有一根文龙旌表石柱及一对石狮石鼓。左、右次间作杂物房。门前是三百多平方米的广场，为外宇坪，外宇坪再向前是半月形水塘。村路从外宇坪与半月塘间通过，宇坪边原有围墙，后为方便行人将其拆除。

门厅与第二进的中间是宽

① “三台拱瑞”：“三台，一说为汉代官职，尚书为中台，御史为宪台，谒者为外台；一说天子有三台，灵台以观天文，时台以观四时施化，囿台以观鸟兽鱼虫。培田村“三台拱瑞”意指住宅前所正对的金印、云霄、笔架三座重叠而起的山。

继述堂“三台拱瑞”门，意指住宅前正对的金印、云霄、笔架三座重叠而起的山

逢年过节，或婚丧喜庆，继述堂大屋的厅堂里都要摆桌设宴

继述堂横屋天井

大的内宇坪，占地二百五十多平方米。第二进正房三开间，当心间下厅为穿堂。次间前金柱位置为封闭的砖墙，内侧全部向天井敞开，有前廊。逢年过节、婚丧嫁娶时就利用宽大的内宇坪摆酒宴，唱堂会。有客人来时，骑马的将马匹拴在外宇坪，乘轿的则将轿子停在内宇坪。

第三进正房，三开间，有前廊，与第二进的三开间正房相对，与左、右厢房共同围合着中间的天井，形成一个完整的小四合院式空间。第三进正房的当心间称“中厅”，面宽接近次间的两倍，前面敞开，后金柱应为木

继述堂中厅

樘板的位置，做成四扇木槅扇，槅扇前放有长条案及八仙桌，左右各置一把太师椅，在左、右侧面靠板墙再各放三把扶手椅。木槅扇两边各有一个小门，称“腋门”，可出入后天井。中厅左、右次间是大屋间。平时这个由两厅、两厢组合的院子供宅内的人们休息、娱乐，有客人来时就在这里接待交谈。逢年过节或有婚丧嫁娶等盛大活动时，这里就成为重要的室内活动场所。

第四进正房，三开间，当心间称“上厅”。后墙正中为木制神龛，上奉祖先牌位，下奉土地神，前面是香案。上厅两侧次间称“后大屋间”，每逢有祭祖活动，打开中厅的木槅扇门，上厅、中厅与下厅及两个天井就成为一个连续完整的空间。上厅因供奉祖先牌位，平时人们不得随意进入。两侧后大屋间则由横屋侧门出入。

继述堂正房部分的两侧是

继述堂花厅琉璃照墙

横屋。左侧一排，右侧三排。为接待客人方便，也为住宅外观亮丽，朝向内宇坪的横屋，做成三间两厢的花厅小院，有透空的琉璃花墙与内宇坪隔开，墙面还装饰着壁画和浅浮雕。小院中有鱼池花卉，十分舒适。一侧花厅为客厅，接待往来客人，另一侧花厅多为长辈居住。

其他的横屋为并排几个三间两厢式小院，相对独立，又相互连通。第一排最内侧横屋多为居住使用，第二排的横屋卧室，更多的是用作储藏间、厨房等，第三排横屋除了用于储藏，还用作工房、猪栏、鸡舍等。

继述堂规模很大，为便于人们出入，避免建筑内部太多的穿行干扰，除了正门外，宅子两边横屋还有九个侧门，既方便了宅子内的交通，又使庭院空间有了分隔，既照顾礼仪要求，又满足平时居家过日子的需要，遇有匪患、火警时还便于及时疏散。

继述堂大屋内宇坪，用于打场、晾晒衣物、停放轿子及人多时摆席等

务本堂住宅的内宇坪

第三节 住宅主要部分的组成及使用

培田的住宅规模较大，但主要部分的组成及功能基本相同，只是面积的大小不同而已。

1. 内、外宇坪

大门内、外面积较大的场地称“宇坪”。大门前的场地叫外宇坪，不论大宅、小宅都很重视。外宇坪地面十分讲究，用河卵石铺筑，大多还在大门前铺成招财的古老钱纹样，也有象征吉祥的双凤朝阳图案，如大屋，也有铺成梅花鹿，即谐音“禄”的图案的。大门内的内宇坪与天井不同，天井主要满足住宅的通风、采光需要，宽大的宇坪则要满足大住宅内的公共活动、农业生产和日常生活的需求。

宅主出门，马匹就备在外宇坪，轿子则备在内宇坪。客人来了，男客在外宇坪下马，女客在内宇坪下轿。培田人爱吃各种干菜，人们就在内宇坪用笸箩晾菜干，如萝卜干、霉干菜、笋干、红薯干，晾晒自制的淀粉、挂面，还用竹竿搭架子晒衣服等。秋收时，内宇坪铺上竹席，晾晒稻谷，打场，脱粒。如果内宇坪地方不够，还可在外宇坪上铺上竹席进行，因此老百姓又俗称宇坪为“谷坪”。晾晒衣服、被褥通常只在内宇坪。外宇坪是住户的门面，整齐、干净、庄重。每逢年节、祭祖或红白喜事等，总是要族人参与，大户人家会在住宅的厅里大宴宾客，一旦地方不够，内宇坪就是最好的宴会场地。有时还会请来十番锣鼓乐队唱堂会，或请戏班子来家演戏。第二进正房前廊，通常作为演戏的戏台，内宇坪就是最好的观众席。据说，继述堂吴昌同的媳妇当年过六十大寿，就在继述堂内摆了一百二十桌酒席；[①]还请了戏班子，一连演了三天戏，连附近村落的人都来看戏，场面宏大，气派且热闹。

① 按照培田一带的地方习俗，宴会摆酒桌一般不在露天空间，只在厅堂内、两厢房里，当室内空间不足时，才会在宇坪露天摆桌，并在露天场地搭起遮阳篷。

2. 中厅

一般小住宅如锁头屋和四点金，没有中厅，只有前后三进以上的宅子才有中厅，位于第二进的中堂的明间。连城县新泉镇杨家坊的杨仁生老先生讲[①]："最能体现一幢大宅好坏等级的就是中厅。中厅结构特别，有前廊，有卷棚等，最能体现等级。结构上大多要做'假栋'，十分复杂。木工的精细度从中厅大梁上就能体现出来。整个住宅最难施工的也是中厅。一栋大宅中厅做好后，工匠就可以喘口气了。"由于中厅通常建造等级较高，雕梁画栋，次间（即大屋间）前檐大多做成与之相称的四扇雕花窗，有的还沥粉贴金。为避免破坏花饰的完整性，不少大屋间特地从侧面开门，使大屋间的花窗形成完整的装饰面，衬托出中厅的华贵和气派。

中厅是住宅的公共活动厅堂。通常正房当心间的中厅与下厅隔天井相对，下厅三开间及左、右厢间全部向天井敞开。中厅两次间为大屋间，前金柱位置做雕花槅扇窗。中厅前檐敞开，与下厅、天井、两厢共同组成"十"字形空间。中厅后檐是木樘板，樘板左右是通向后天井和上堂的"腋门"。每逢祭祖，中厅四扇木樘板及左、右腋门全部打开，与上厅形成一个共同空间。上厅面积小，仅容下辈分高的家族成员，其他大多数家族成员均在"十"字形的中厅及两厢空间内。济美堂的中堂楹联"飨亲巨典经遵礼，格祖清音雅叶诗"，飨亲和格祖，便是中厅所起的作用。

为显示家族法规的严肃性，凡家庭议事和处理各种问题都在中堂进行，[②]如兄弟分家、建新房、红白喜事、年节活动的筹备等。

① 杨仁生先生，连城县新泉镇杨家坊北村人，1924年生，为杨家坊大木匠世家。杨仁生的堂叔就是当年培田双灼堂的建造者。

② 一些小宅只有上、下厅，家庭议事和处理各种问题就在上厅解决。

在有中厅的住宅内，为表示家族对贵宾的真诚和尊重，凡重要活动中邀请来的重要客人，都在中厅上坐，其他人则在下厅或两厢内落座，因此中厅也称“客厅”。逢重大活动有宴请时，中厅只限家中长辈和重要客人入席。平时人们休闲、娱乐，或课子读书都在下厅、中厅和两厢内，不进后堂。每逢中厅举行活动时，下厅与中厅围合的天井地面全部用樘板铺架好，以与厅堂地面平齐，这样中厅、下厅即可连为一个面积完整的空间，使用更加如意。

从天井看继述堂上厅香火堂

香火堂与天井常常融为一个大空间

3. 上厅

住宅的中厅之后就是上厅。上厅有两种格局。一为单层的，当心间称“上厅”。一为上下两层的后楼，底层当心间称“上厅”或“后楼厅”，祭奉先祖，两次间为大屋间；上层作藏书阁或储藏间用。

凡有中厅的住宅，上厅左、右厢房多为两开间。上厅前檐

香火堂供奉的祖先像

横屋内香火堂又是平日人们休闲之所

开敞不设门窗。上厅内后檐墙正中设神龛。神龛分上下两部分，上供祖先神主牌，下供土地神，有的还在神龛的右侧供杨公仙师的神牌。神龛前是香案桌，靠上厅两侧壁各放一条长凳。后堂的上厅一般只供高、曾、祖、祢四代，因此神龛都不很大，却雕饰得十分精巧，色彩也十分华丽，在色彩单一朴素的上厅中格外抢眼，也更显神圣和肃穆。

在只有上下两堂的小住宅，如四点金、两进式住宅，厢房多数敞开，上厅既可祭祖，又兼用于日常待客及充当活动的场所。

住宅的上厅在经过几代之后，有些改为先祖的专祠，有的改为房祠。

4. 天井

天井的功能之一是解决住宅采光、通风问题。大住宅房间多，居住密度大，如继述堂右侧为三排横屋，相互距离较近，有

天井内种植花卉，人们在此做家务、休闲娱乐，很舒服

了一个个小天井，基本解决了住宅通风、采光的问题。

天井的功能之二是用于排水。水在风水术中被视为“财”的象征，由于四面屋顶雨水泻向天井，形成“四水归堂”。因此，天井又具有重要的风水意义。在住宅，尤其是大宅子建造之前，要先进行水道的设计，将纵向和横向的天井通过地平高差联系起来，使水能顺利排出住宅流进大门前的水塘，再通过水塘排入大田或溪流。

5. 大屋间

中厅、上厅的左、右次间均称“大屋间”。它们不是普通意义上的卧室。横屋内的卧室，才是宅子中的主要住房。这几个大屋间既可作卧室，又是财产和名分的象征。

宅子初成时，大屋间由家中高辈分的老人住，待儿子长大成家时，按照左大屋间高于右大屋间的等级来安排。通常长子分在中厅左大屋间，次子在中厅右大屋间，三子在上厅堂左大屋间，四子在右大屋间。老人有条件的通常住到厢房的花厅内，没有条件的就住在普通的厢房里。儿子多，房间不够分时，大屋间通常分成前后两间，原有两间的大屋间可分成四间，有四间大屋间的就分成了八间。这样，每个儿子在大宅中就都有了属于自己的房子。一般家庭未到老屋住满儿子之时，就会另造新屋，让儿子搬出去，老屋的大屋间就不再住人而空置起来，成为这一支子孙人人有份的共有财产。没有条件造新屋的家庭，其子孙大都住在老宅左右横屋（即厢房）内。上辈分到的大屋间就相当于后代儿孙的厅房（礼仪空间）。如族人中有过世者，在弥留之际就要将其送至属其所有的大屋间内，子孙到场围在周边为其送终。从人咽气到出殡之前，尸体一直放在大屋间内，灵堂就设在住宅的中厅中。那些规模小的住宅，如果人去世后家中无法停放棺木的，就到家族的房祠中设灵堂。

6. 花厅

花厅位于内宇坪左右，也称“客厅”，为横屋的一部分。花厅的装修、大木雕饰以及墙饰等可算是美轮美奂、别致玲珑。花厅与下堂正房、中厅正房共同围合着内宇坪，平日来了普通客人，一般都迎至左侧或右侧花厅内，既不妨碍主人家的正常生活起居，又令来客不受干扰。花厅面朝内宇坪，进入住宅左右即是花厅。为显示家族的实力和气派，花厅

庭院里

建造得很讲究。清代以前建造的花厅，分隔花厅与内宇坪的照墙中间砌有一面透空砖墙或以灰塑为装饰，墙头做瓦面，并采用中间高、左右低的分段跌落形式。清代以后花厅照墙中常用瓦或绿色琉璃做成透空的花墙，周围粉刷白墙，亮丽而富有装饰效果。

花厅通常为三开间，与两厢围合一小天井，左右两侧有厢房。当心间是敞开的小厅，左右是卧室。小天井中通常有水池，养一些观赏鱼。有的还在水池中种些莲荷，在池边造花台，摆各

种花卉。照墙上还绘有水墨画和对联。如：继述堂住宅左花厅联“花露澹笼秋夜月，茶烟轻扬午晴风”，横批为“兰室生香”；右花厅联“明月清风无人不有，抚琴作赋自足以娱”……这些联句道出了花厅内的闲适自在和住宿之外的其他功能。

花厅在大宅之中相对独立，通风、采光都好，建筑精致，居住舒适，成为老年人颐养天年之所。培田人很重视自身修养，活到老，学到老，一些老人利用花厅的有利条件，读书绘画，吟诗作赋。双灼堂花厅照壁内侧题联“鱼跃鸢飞皆妙道，水流花放尽文章”，横批为“兰馨桂馥”，正是他们生活情趣的真实写照。

7. 横屋

住宅中轴线上的厅堂两侧，平行于厅堂纵轴线方向排列的房子为横屋。横屋有单层的，也有两层的。横屋有等级之分，通常最靠近中央部分的横屋等级最高，建造质量最好，越靠外侧的横屋等级越低。一列横屋可分为三至四组相对独立的小院，等级较高的横屋每组院子都由小厅、卧室、厨房、杂物房等组成，供一户人家生活所用。等级较低的横屋通常只作为厨房、储藏间或专门畜养马匹用。为使整个住宅四面房屋形成向心的动势，左、右横屋由内向外一排高于一排。最外侧横屋或做很小的砖窗，或不做后檐窗，则是为了防御与安全。

敦朴堂

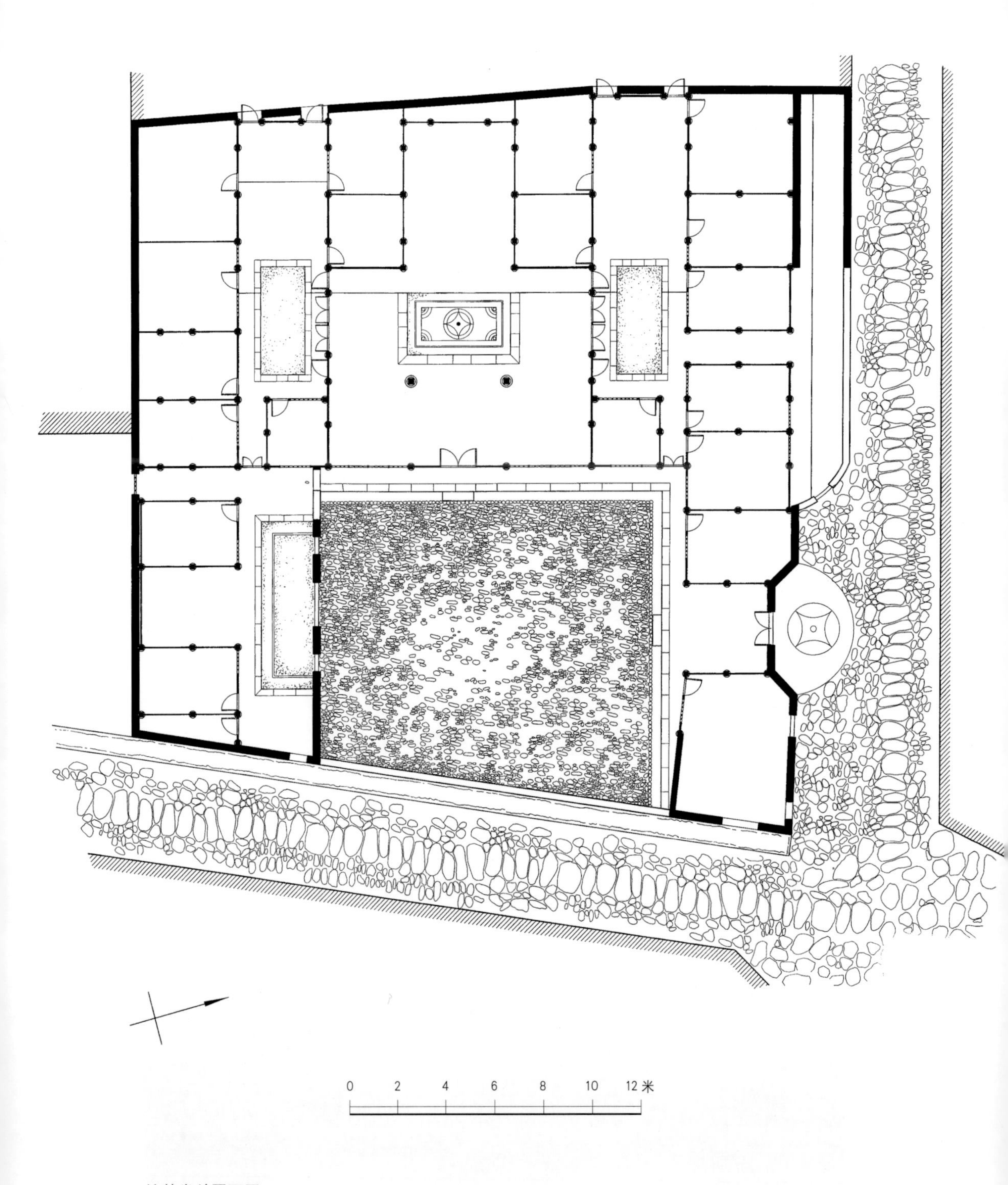

敦朴堂总平面图

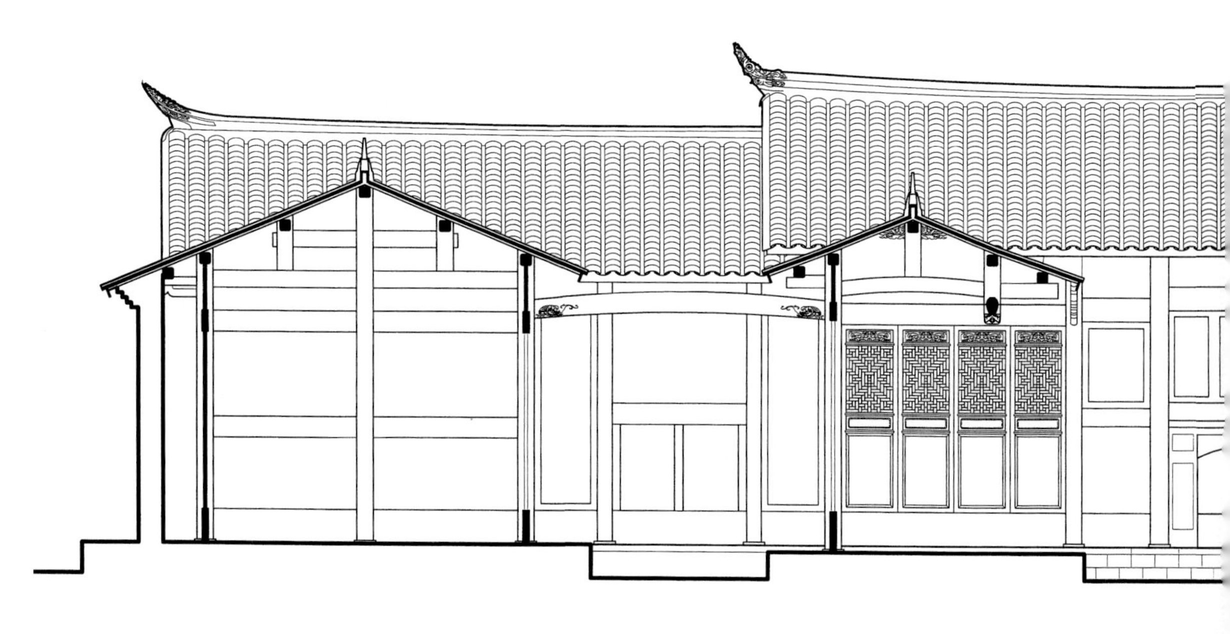

敦朴堂二进横剖面图

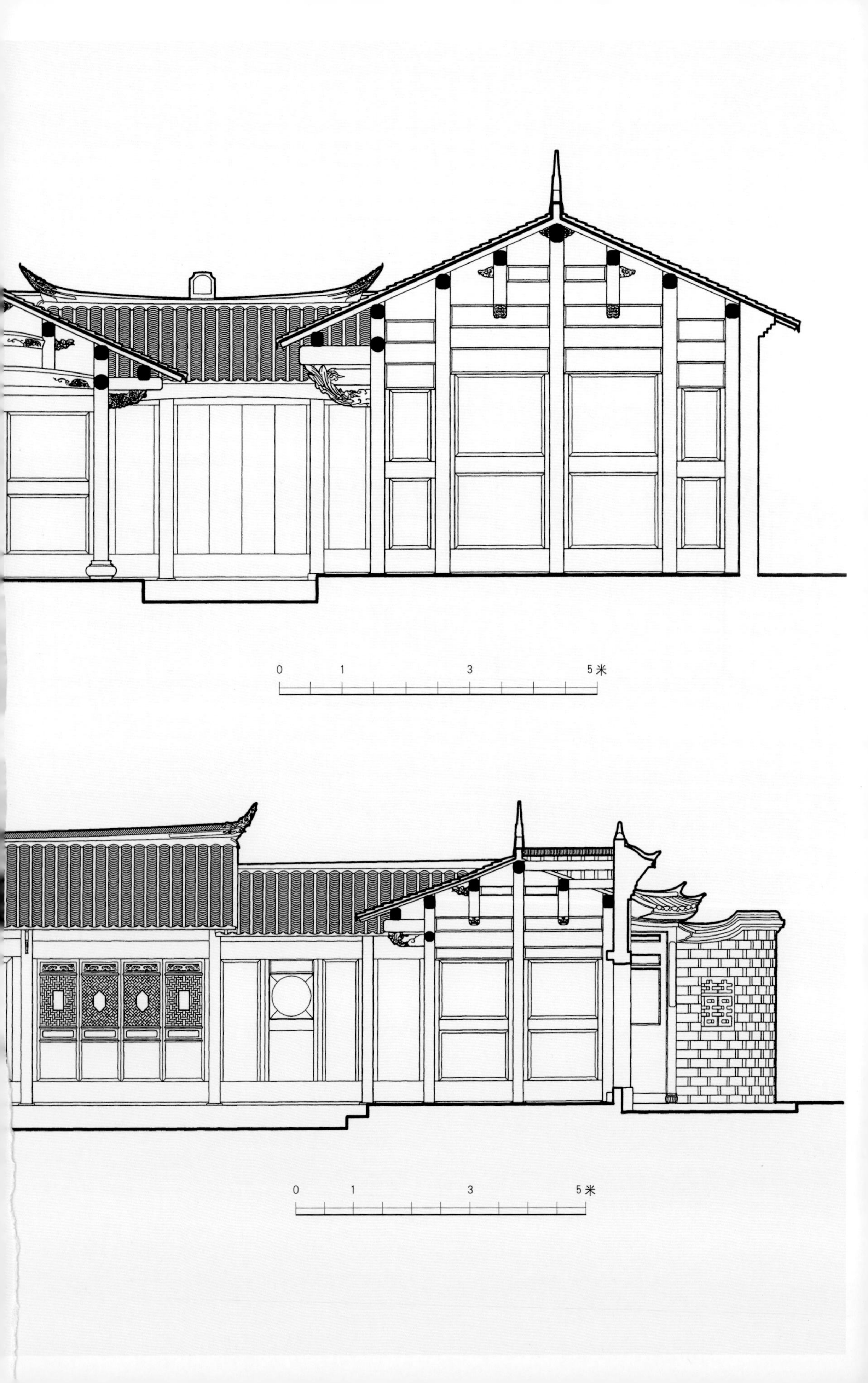
0
1
3
5米
0
1
3
5米

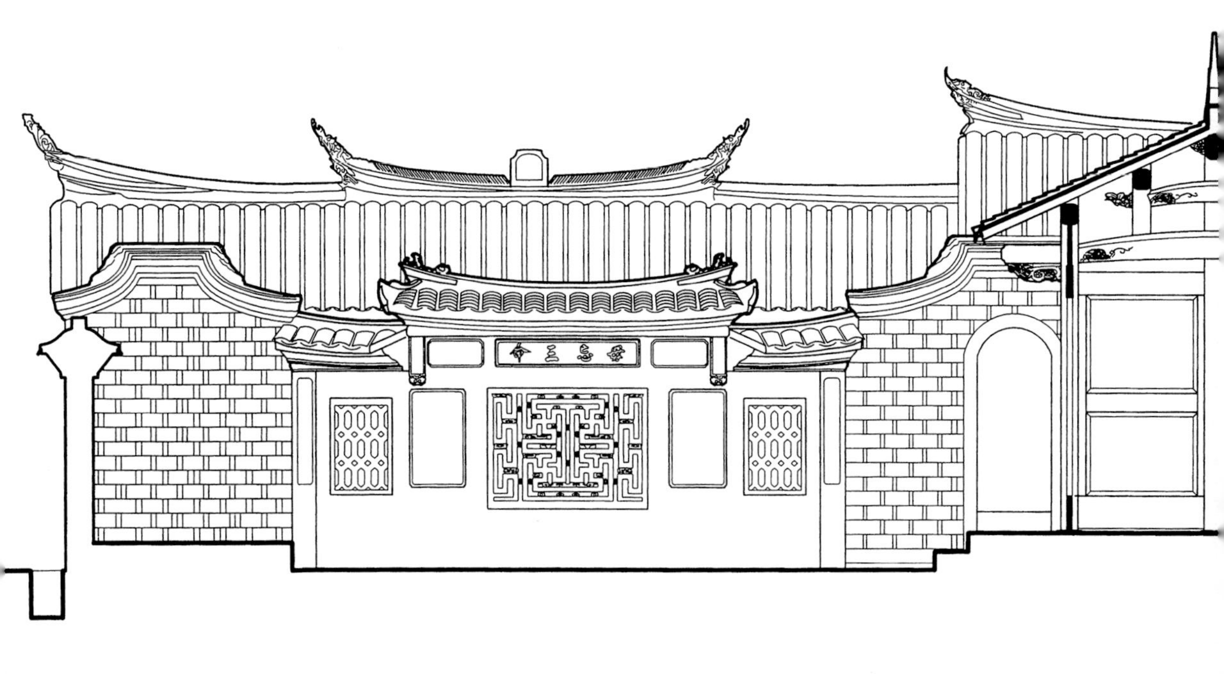

敦朴堂纵剖面图

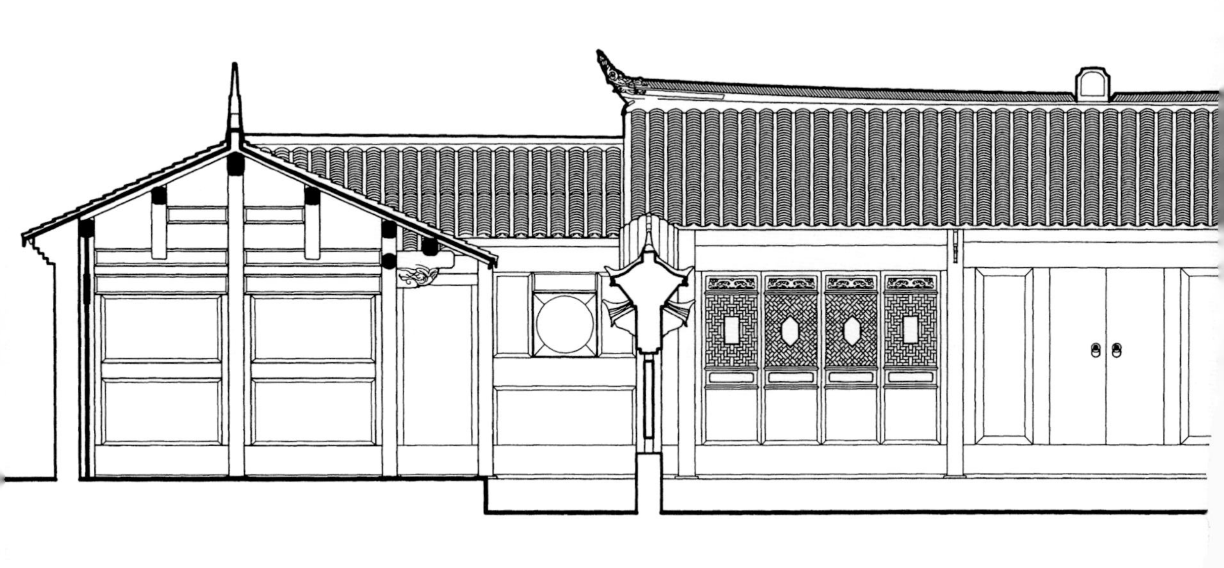

敦朴堂一进横剖面图

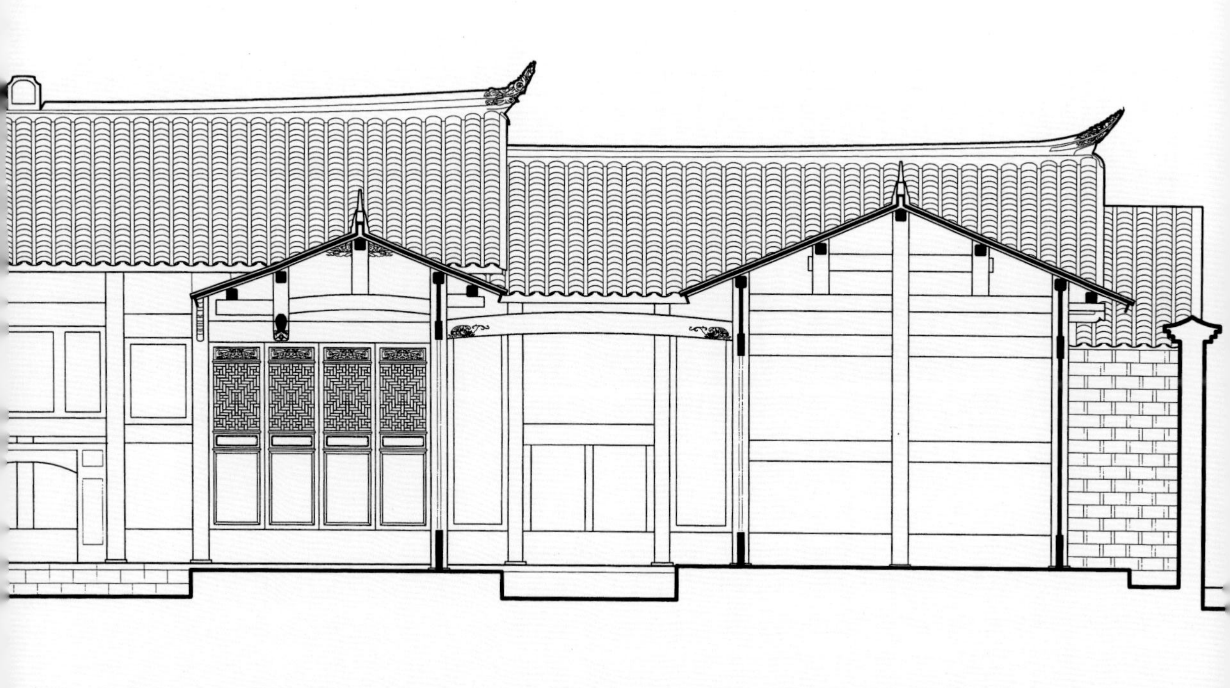
0
6米

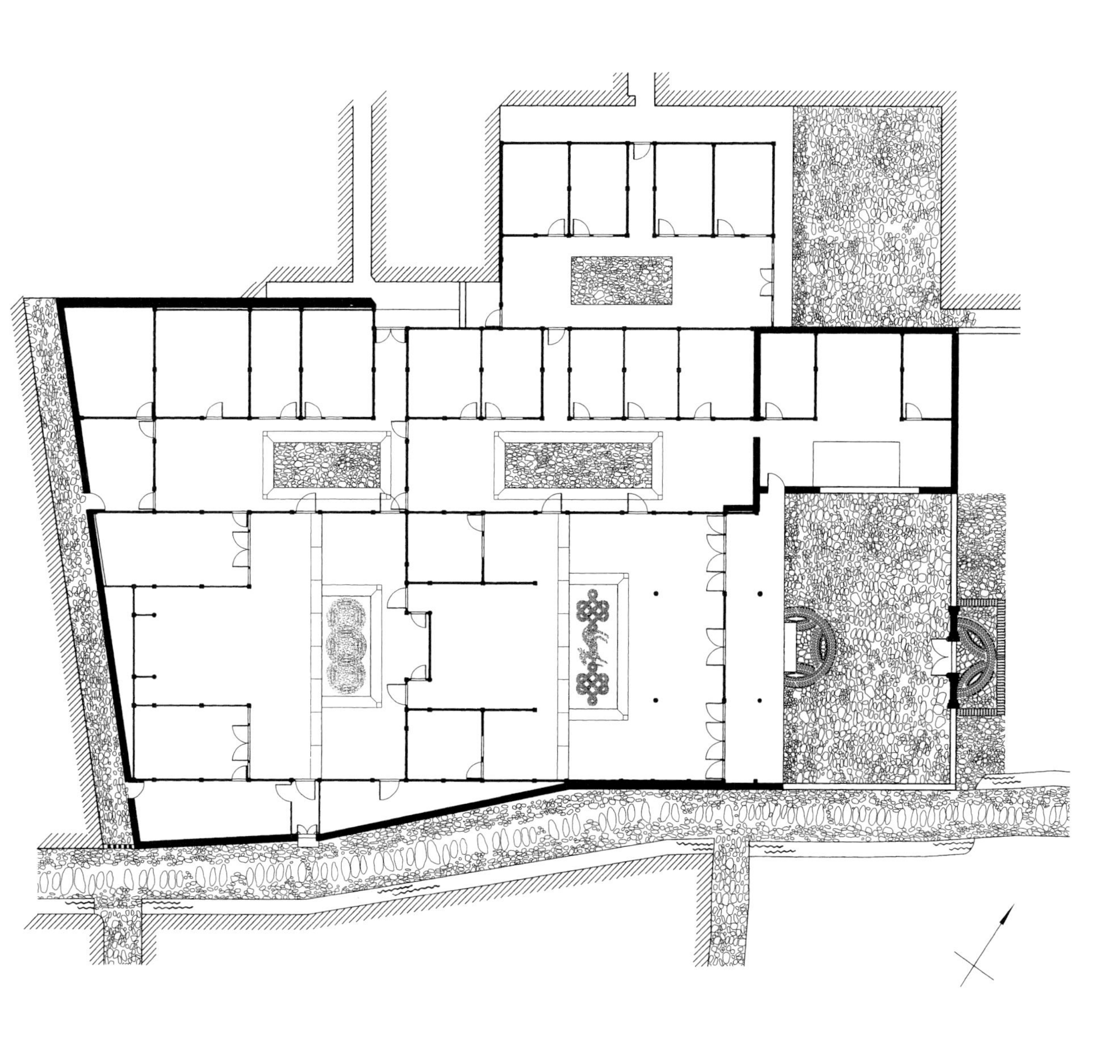

济美堂总平面图

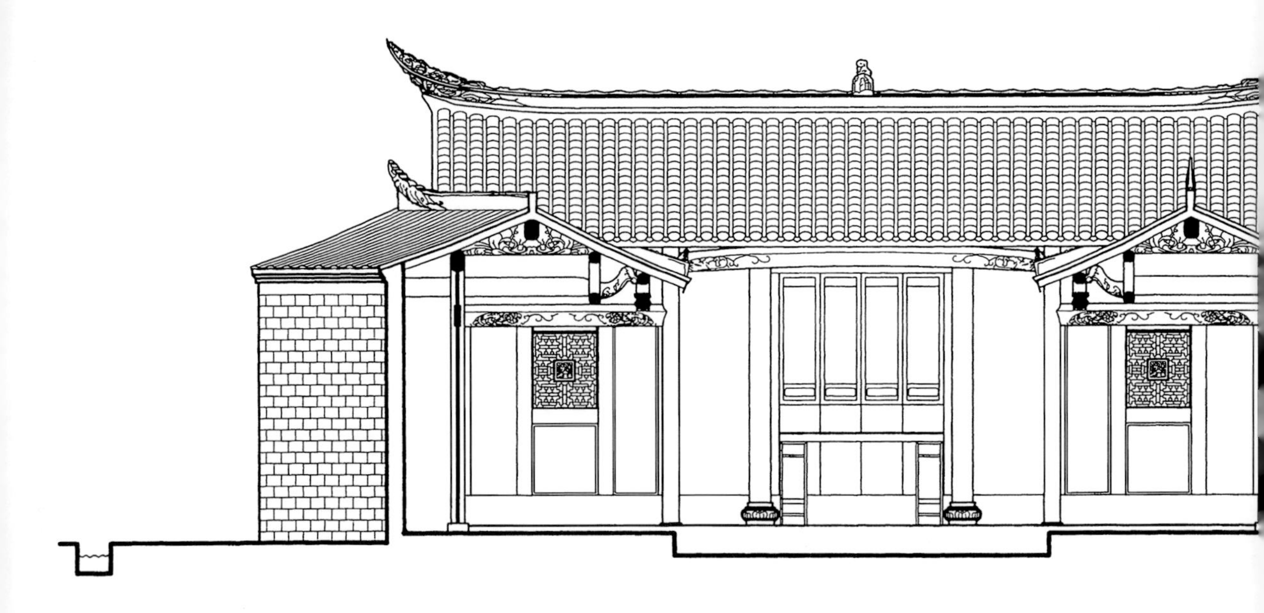
济美堂二进横剖面图

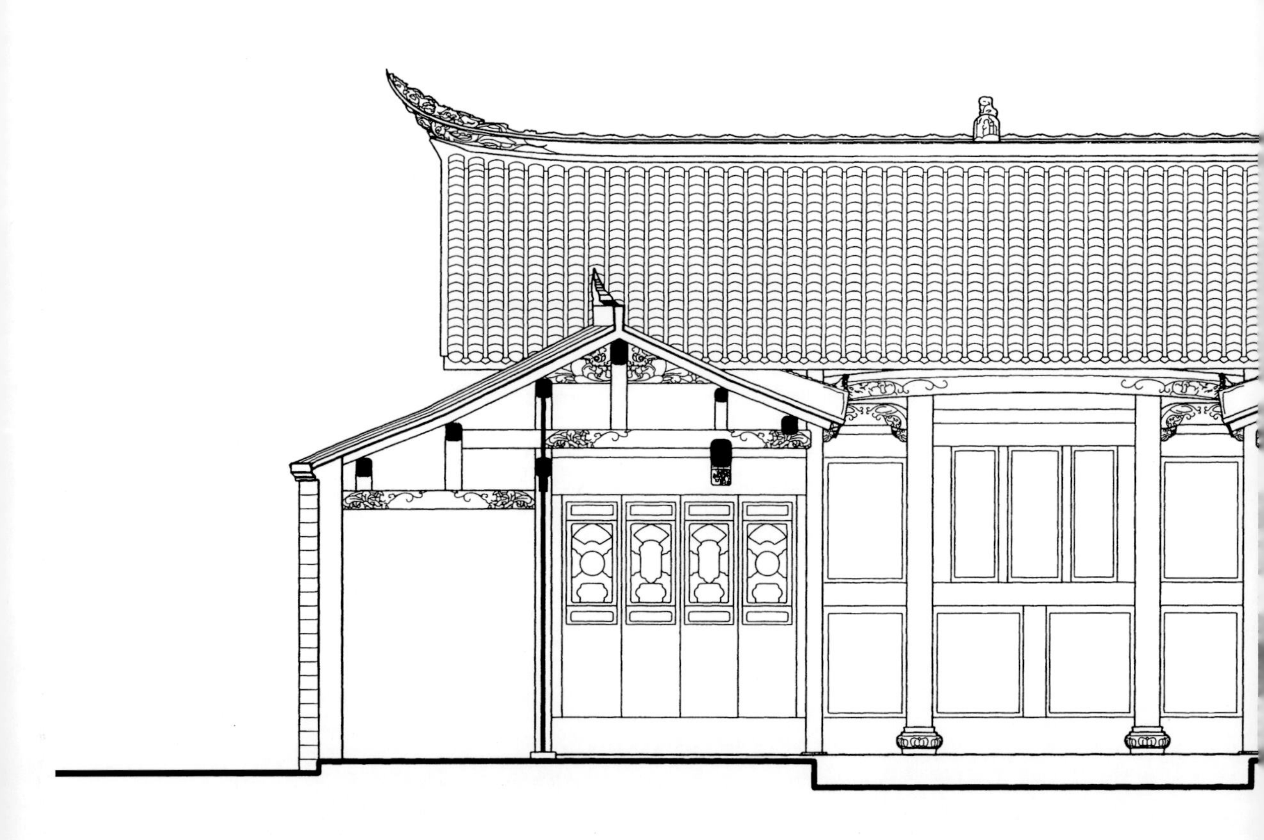
济美堂三进横剖面图

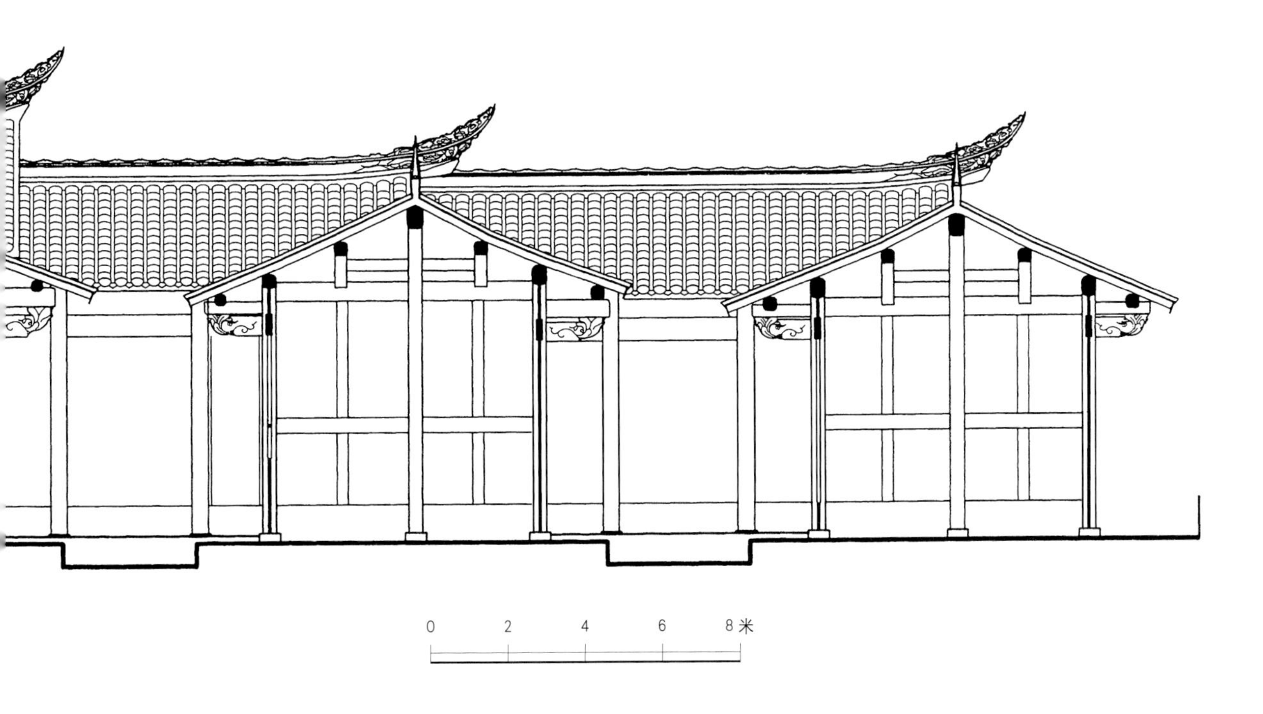
0
2
4
6
8米

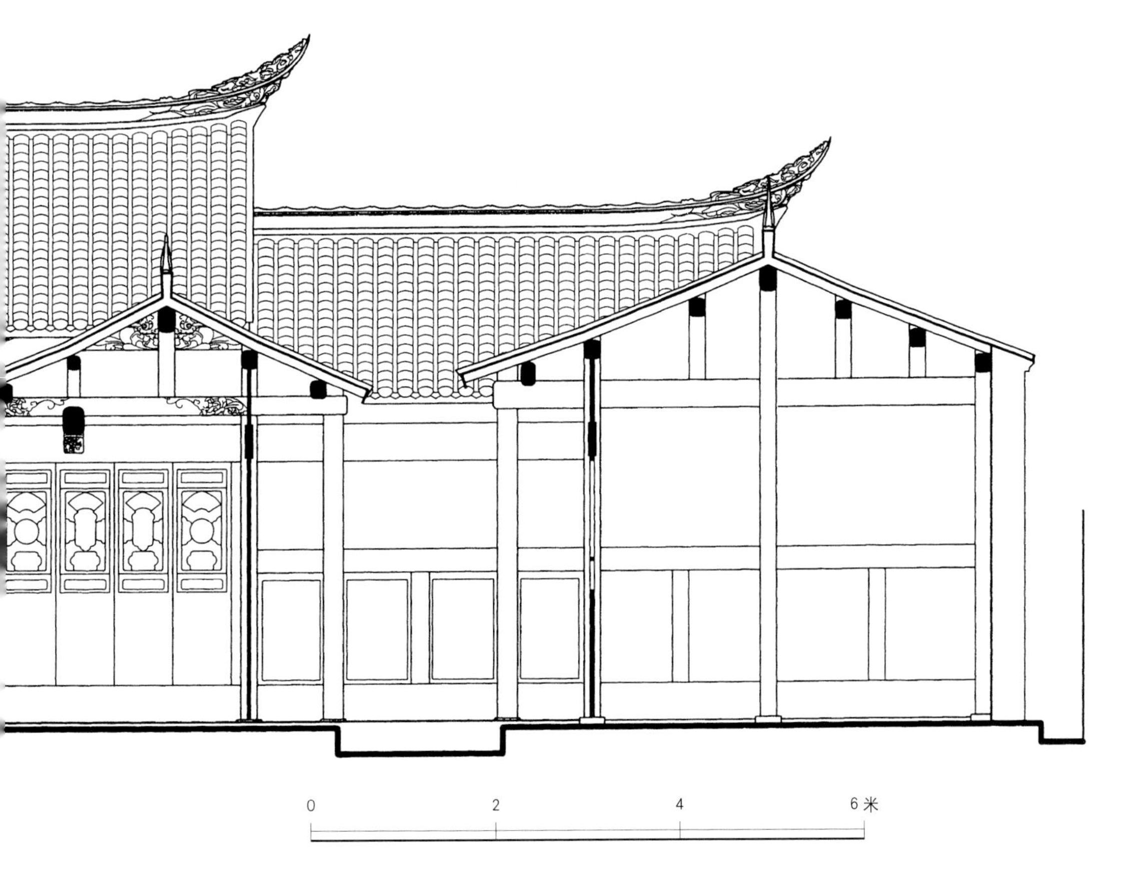
0
2
4
6米

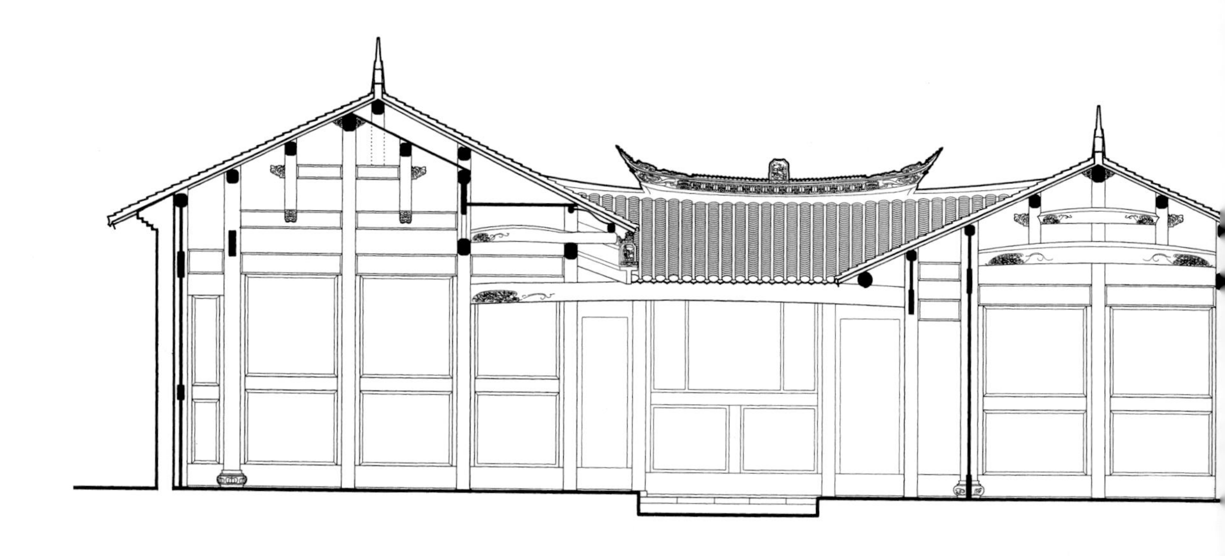

济美堂纵剖面图

8. 茅厕和牲口圈

茅厕和牛棚、猪圈、鸡舍等通常不建在住宅内，但牲畜又不能放养，《培田吴氏族谱·族规十条》中规定："乡内六畜务宜雇人看守，不准滥放。违者处罚。至于盗窃者加倍处罚。"因此，六畜棚圈都建在住宅区周边靠近农田的地方。不过，六畜棚圈也要看风水：一是不妨碍本住宅的平安吉利，二是有利于牲畜的生长繁衍。培田有民谣："前怕栏，后怕坑。"栏，指的是猪圈、牛栏、鸡鸭舍等，认为住宅前建猪圈、牛栏、鸡鸭舍等是不吉利的，它们只能造在宅子的左右和后面，并依据风水术来定方位。如猪，五行中属木，猪圈就要朝向东方才好。牛食草，牛栏门要朝向草木茂盛的山冈。坑就是茅厕。所谓"后怕坑"，是指在住宅后面建茅厕不吉利。因此，茅厕大都建在住宅的左侧或右侧，用大缸埋入地下储粪，缸上铺木板，搭起草棚。茅厕建在宅外，老人、孩子、妇女们如厕十分不便，于是家

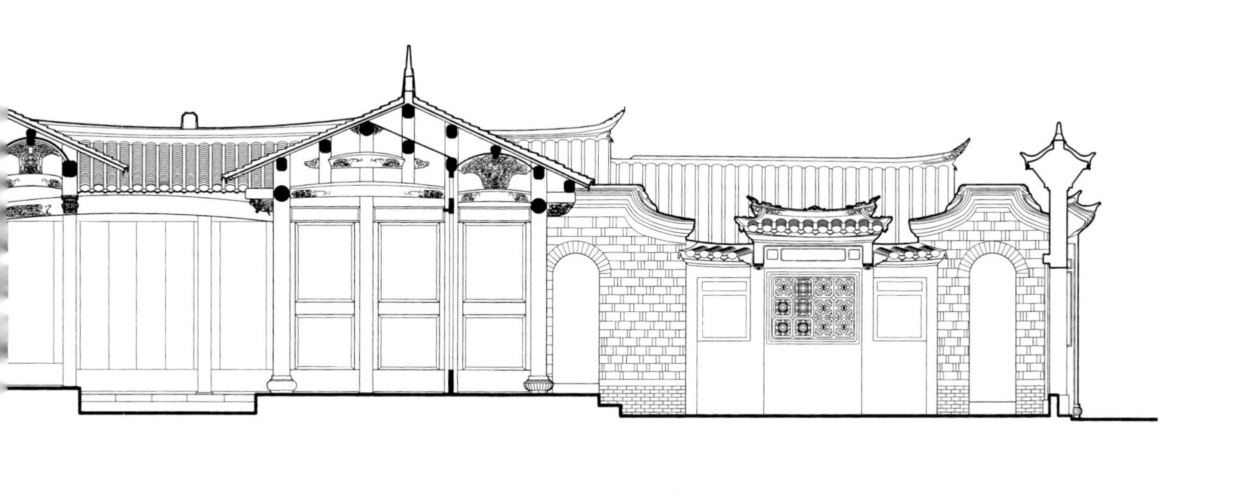

家户户都使用便桶，并随时将屎尿倒入茅厕粪缸。

第四节　别业及花园式住宅

培田村住宅平面形制变化十分丰富，有可住几辈人的大宅，也有满足小家庭和特殊要求的宅子。吴氏族人多从十几岁起外出经商，南来北往，见多识广。当他们在外地见到那些清新幽雅、秀丽别致的别墅和园林建筑时，便在家乡有意仿效。恰恰培田又是林泉佳地，风光无限，于是一些富裕的具有一定文化品位的人，尤其是一些赋闲在家的乡绅们，便在大住宅之外另行建起一处处别有情趣的花园别业来。这类小别业占地通常不大，但种竹养花，营造出一派园林式环境。这里既是书斋画室，又是居所苑囿；既可陶冶性情，又可颐养天年。这里没有大宅中的琐事杂务，却有清风明月的闲趣。吴氏族谱中留下了不少士绅们描写花园别墅生活的诗文。如吴梦庚曾自建一座小别院，内有一泓小池，四周种满竹子，称为“竹园”。平时，吴梦庚独居于此，读书作画，吟诗作赋，以风月为伴，以竹林为友。他在《伏天即事》诗中写道：

才过夏至伏当初，
酷热频侵懒看书。
偶步园中风入袖，
始知无竹不堪居。

在《春日有感》诗中写道：

连绵细雨一春深，
只有园林惬素心。
载酒花前珍重赏，
毋忘一刻值千金。

诗作反映出他恬淡高雅的生活情趣，即使没有钱，心里也安稳。

这种所谓小别墅式住宅，通常规模不大，建筑为锁头屋或四点金式，但有较大的院落，建造灵活，且很别致。20世纪30年代以前，培田村有六七处这样的小园林住宅，如南坑口内卧虎山半山上的“清正轩”，依山而建，凭借卧虎山的自然景观选景布局，在宅院中处处可见秀丽风光。此宅何年始建不详，已毁。据村人回忆，该建筑只有三开间，是专门用来避暑的，环境十分幽静，距小院不远处还建有一座八角草亭，夏季酷暑时村人常到亭内乘凉闲话。一些大宅院，如民国年间由吴华年所建造的都阃府大宅，为尽量将有限的空间点缀得风雅些，庭院中都摆上花卉。就连“绳武楼”作为义仓的横屋，也在上下两层楼的廊子上做美人靠式坐凳[①]，大门小门的对联更是充满诗情画意。如大门联“松间明月当庭照，冈上清风入户来”，小门联“安闲方享山林趣，定静何知世界忙”。现在培田村保留有独立的小花园别墅

① 美人靠式坐凳多用在别墅、花园内的建筑上。位置在建筑前廊的檐柱之间做条凳，朝外檐一面做有靠背护栏，有些护栏为了美观还雕饰出各种图案。由于女孩子们常喜欢倚栏而坐，人称“美人靠”。

式特征的住宅仅两处，一处为修竹楼（竹雪园），一处为雪寓（小洞天）。

1. 修竹楼

修竹楼位于村落西部卧虎山脚下，初为十世祖乐庵公的“竹雪园”。《培田吴氏族谱·乐庵公行略》中载：“太高祖讳钦道，字在敬，乐庵其别号也。”乐庵公“晓天文谙地理，以祖堂左畔空旷，作绳武楼为翼卫，雅爱竹，后山左园皆植之，当暑辄枕箪其下，因取坡仙‘苍雪纷纷落夏簟’之句，名其园曰‘竹雪园’”[1]，后来的“修竹楼”就建在它的基址上。

据吴树曦[2]讲，修竹楼由吴震涛筹资建成于清代末年。“震涛（1855—1926年），讳埕，字韻松，号继澄，清辛卯（1891年）廪生，丁酉（1897年）贡生，戊戌（1898年）特授建宁府松溪县儒学正堂，任教谕，领五品衔；甲辰（1904年）母丧回籍丁优守制；孝节毕，未返仕途，留居故里，兴办教育；清末废科举后，于1906年将培田南山书院改制为‘培田两等小学’（含初、高两级），亲任校长，不授薪俸。”“震涛是个家教甚严的文人，为了让儿孙们在校外有个集中复习和研读功课的场所，而又有利于作集中的辅导和管教，于是就筹建了修竹楼。震涛将自己在松溪教谕任内迎娶的庶房高氏夫人安排在修竹楼内居住。依培田客家方言，我要称呼高氏夫人为‘细嬷太’。细嬷太是个知书达礼而又性格开朗的女性。安排她在修竹楼居住，一来是为了与正房夫人有个适度的分隔，二来她也是辅助教导和照管孩子们的上好人选。”之后，不仅村里的孩子们在此读书娱乐，村中的文化人也渐渐喜欢聚在修竹楼写诗

① 引自《培田吴氏族谱·汝清命名记》。

② 吴树曦，1937年生，培田第二十二代。1956年考上南京工学院。后获吉林工业大学硕士学位，曾往加拿大做访问学者。吴树曦的曾祖父是第十九代吴震涛。他的祖父是第二十代吴建德（爱群）。

修竹楼现状

修竹楼门额

修竹楼建筑内部二楼美人靠

作画，自娱自乐，修竹楼俨然成了村中的娱乐中心。年节时，这里还请小戏班来唱堂会。

建筑的背后是出入村子的村西路，修竹楼坐西朝东而建，为小四合式的夯土筑造的两层小楼，门额上题“修竹楼”三字。它的一层正面五开间，中间为小厅，次间用作粮仓；倒座五开间，其中当心间为大门，左侧两次间为上二楼的楼梯，右次间现为粮仓[①]，左、右厢各一间，敞开不设门窗；中间围合的是天井。二层与一层的布局相同，但前檐柱与前金柱之间为一圈跑马廊。前檐柱间有一圈美人靠坐凳。倒座和正厅当心间均敞开，左、右次间在前金柱位置设雕花槅扇门。右侧即北侧厢间敞开。

二楼厢间就作为演戏的小戏台，乐队就在戏台左右。南侧厢间就是主人观戏之所。有时还邀同好，东、西正房便成为观众席。清末民初，逢年节

① 乐庵公在竹雪园居住时，此建筑如何使用未见文字记载，也无人知晓。

演戏时，培田的清音戏班子还在此排演练唱。修竹楼这座小别业一派浓郁书香。

楼的东面是一个狭长的院落，东西长四十余米，南北宽十几米，其中水塘占据了院落约四分之三的面积，其余空地基本上植满竹木花草，整个园子显得澄澈明净，绿意葱茏。闲暇之时可泛舟游玩，园中还可领略四季变化丰富的景色。吴梦庚曾有《秋夜玩月》诗："明蟾满满一庭秋，正为今宵乘兴游。妙绝风光宜领取，过时无复此清幽。"实在是惬意无比。

别业的院门在院落的南侧，月洞门，两侧有"非关避暑才修竹，岂为藏书始建楼"的联句。吴震涛建这座修竹楼的本意是居住，但幽雅宁静的环境，高雅脱俗的氛围，以及后来的文化氛围使这座建筑成为了兼有多种功能的文娱性的建筑。可惜修竹楼周边环境已遭毁坏，水塘在20世纪80年代中被填平，盖上了猪圈，竹木砍伐殆尽，月洞门也行将倒塌。好在修竹楼本身保存完好，多少还能感受到一些昔日的风雅。

2. 雪寓

雪寓位于培田村东北侧，紧靠吴纯熙所建大屋，据说建于清代中期，是吴纯熙某一后代闲居之所。它由一栋三开间建筑和一个半亩大院落组成。三开间屋坐北朝南，中间厅堂为穿堂，南面大门正对街巷，北面是院落。对着院落的一面，向前伸出一个小厦子，三面敞开，前檐有美人靠，十分别致（现美人靠损坏，仅留下部分横枋）。西侧（即右次间）存放杂物兼厨房，与当心间相通。东侧（即左次间）不与当心间相通，门做成月洞门，开在右次间的山墙面，两侧开小窗。月洞门门额上题"小洞天"三字，两边对联为"半亩花影云生地，贰枕泾声月在天"。进到屋里，厅上悬挂着一块大匾，上书"雪寓"两个大字。看到这"小洞天"，再看到"雪寓"的匾

别业小洞天现状

额，仿佛感受到了当年宅主超凡脱俗的生活情趣和气质。

后院原来是个花园，种着各种奇花异草，还有些名贵的药材。这使人想到吴氏族谱中大量咏花的诗文。如吴大年的《菊榭》诗写道：

菊届三秋正可人，
开从霜后倍精神。
金英采采迎佳节，
玉蕊芬芬谢俗尘。
茂赛松筠称寿客，
雅宜兰蕙结芳邻。
抬杯相赏传陶令，
也笑秋光胜似春。

族谱中另有关于夹竹桃、月月红、杏花、金钱花等吟花诗，也许都与“雪寓”“小洞天”这类住宅有着一定的联系。雪寓的花园现已改为菜地。

第八章 | 文教建筑

第一节　学塾、学堂和书院
第二节　各类专业学堂

中国封建社会的价值观以伦理为本位，它的核心是人伦关系，家庭作为一个最基本、最重要的社会组织，因此受到极大的重视。但如何使家族更具威信和凝聚力呢？人们认为其中最重要的是培养后代，对他们实施文化教育，提高家族子弟的整体文化素质，使他们获得能够安身立命的本领，因此，历史上培田村曾建有书院、私塾和文、武学堂等十八处之多，还有各种文教建筑，如文庙、武庙、字纸炉等多处。为支持在外子弟们就读，在汀州、连城、漳州等地还建有吴氏家族的学馆、书院，文昌阁、魁星阁等。除此之外，宗族还成立了一些文化组织，如孔圣会、朱子惜字社、文社等来烘托浓郁的文化氛围，培田村因此成为汀州、连城一带著名的文墨之乡。

第一节　学塾、学堂和书院

1.学塾初创，开长连十三坊书香之祖

培田六世祖郭隆公主持族务时，吴氏家族已人丁兴旺，整体的经济实力堪称河源里之首。但当时整个河源里，文化教育还很薄弱，没有一个像样的学堂，只得请先生到家里来教授，也有几家孩子凑在一起请个先生的。这种方式对家族整体教育程度的提高十分不利。吴祖宽公是科举考试上榜的培田第一人，当看到这种情况，他决意创办自己的家塾。

培田村原石头坵草堂，即吴氏家族第一座学堂，由祖宽公创建，现只留下这块大岩石佐证了

祖宽公为吴氏七世祖，郭隆公次子，郡庠生，明成化十二年（1476年）丙申岁生，卒年不详。《培田吴氏族谱·祖宽公石头坵草堂记》载："吴君（祖宽公）少读书，有远志，十四好剑术，三十成文章，名擅当时。征士缪恭称其诗为闽海最。"但两次入闱不利，乃援例赴阙。不久祖宽公回乡，于明正德年间在培田村北侧"以余赀在石头坵建书塾为讲学之所"，创办了吴氏家族第一座学堂——石头坵草堂。《培田吴氏族谱·祖宽公石头坵草堂记》载："山川蜿蜒翚飞乎陇云之间，渤海培田也；地幽势阻若陶潜之松菊三径，则石头坵草堂也。作之者谁，有伊君子吴祖宽也。"

石头坵是村北山道边的山坎，这里有一块五六米高的突兀而立的大石头，环境又十分静谧，很适宜读书，学堂便在石头坵边开工营建。后来不少人到此都赞这块巨石，有人说也许祖宽公当时就想到了“他山之石，可以攻玉”“学要有恒，心如石坚”的道理才选择了这地方造学堂的。

学堂坐西朝东，为三开间三进的土坯草顶房，下厅为大门，中厅供奉着文宣王孔子的牌位。其他房间有供孩子读书的教室，教书先生的宿舍、厨房，上厅还有藏书房、书画间等。书院前有泮池，大门正对村东的文笔峰。学堂依石头坵景观取名为“石头坵草堂”。

石头坵草堂建成之后，招收宗族子弟，“延学士谢桃溪先生训其后昆”。谢桃溪先生特为石头坵草堂大厅题匾为“草堂别墅”。为保证学堂的各项开支，祖祠衍庆堂每年支付学堂租谷百担。以后南郇公祠也承担起部分学堂经费。

石头坵草堂填补了培田学塾的空白，使吴氏子弟有了稳定的系统学习之所，“开长（长汀）、连（连城）十三坊书香之祖”。明代进士、吏部尚书、清流人裴应章来到培田，为吴氏家族对教育的重视所深深感动。他感受到了整个吴氏家族中浓郁的文化氛围，兴奋之际，专门为石头坵草堂题写了一副对联：“距汀城郭虽百里，入孔门墙第一家。”后来南山书院替代了石头坵草堂，成为家族的学堂，这副对联就移至南山书院的大门上了。

2. 明末至清中叶，学堂书院建筑大发展

北宋文人胡瑗有句名言：“治天下之至者在人才，成天下之才者在教化，教化之本者在学校。”继吴祖宽创办石头坵草堂之后，明代末年至清代初年，培田又陆续建成上业屋云江书院（又称二学堂）、紫阳书院，下业屋宏江书院，十世祖在宏公办起宏公书院（又称十培山学堂），十四世祖健庵公办岩子前学堂，十四世祖君健公办白学堂书馆，十五世祖配虞公办业屋学堂和伴山公馆，十五世祖锦江公办南山

原紫阳书院，早已改作住宅

书院，十六世祖纯一公办清宁寨书院。这些学堂或书院遍布村落中，随处可听到学童们琅琅的读书声。

培田吴氏家族读书之风大兴，学堂、书院都由各房派自建，以满足读书求知的需求。学堂书院的建设高潮，也正是人才辈出的高峰期，仅十五世登科入庠者九人，十九世达十三人，文化带来的自信让吴氏家族为之骄傲和自豪。

上业屋的云江书院、紫阳书院，下业屋的宏江书院，宏公书院、白学堂书馆、业屋学堂等，均设在住宅内，其中辟一二间作学堂。现在这些学堂大多已不存在了。仅存的下业屋宏江书院，虽已空空荡荡，残破不堪，但厅堂上悬挂着的“渤水蜚英”大匾，仍能让人感受到文韵的浓郁，想象出一品大员纪晓岚在培田巡视时，为宏江书院题写匾额的情景。岩子前学堂、清宁寨书院均为独立建造，规模较大。其中岩子前学堂建在南坑口

一座宅子的门头上写着"业绍草庐"，村人说这里曾是一所家塾

西部，是个三间两进的小院，院前农田阡陌，院后古树奇岩，溪河傍院而过。清宁寨书院建在南坑口北侧高冈上，是三间两进院落。冈子犹如一艘停放在水面上的帆船，中间参天古树，就像吃满风的布帆，正欲驶向广阔的海洋。学堂选在这里，也许寓意着要子弟们努力学习，将来学成远航。清代中后期这些学堂书院中有的因缺少生员而停办，有的因经费不足而停办，一些学堂房屋长期无人管理而塌毁，有的转卖给他人改建成住宅。清光绪《培田吴氏族谱·六学堂拾遗记》中载："石头坵之草堂，祖宽公创之，李钱塘记之，诚先人育俊首善之区也。殊初更为屋，再垦为田，沧桑代易，为日久矣。自是有在宏公十倍山学堂。相传前辈人文悉出于斯。由明迄清，风霜剥尽，而古柏一株，森森蔽日，至今抚之犹想见公之手泽焉。白学堂则君建公所造也。道光初公裔有克绍者，以大学束装归自衡湘，议将石门间天一公祠移构于

此，扩大规模，馨香俎豆，殆学堂可更为飨堂，飨堂亦可作学堂，与对门业屋配虞公之学堂在焉。前则巨川公啸傲多年，后则伴山公馆教几载，道光甲午渐塌，今惟荒基存耳。至于健庵公岩子前学堂培植多材，觉堂公其最著者。嘉庆、道光间为铁厂。咸丰初为大墓，而曩年人物孝行，故老犹传。清宁寨下学堂乃纯一公自辑数椽，时而属二三子弟课读诗书，时而邀二五良朋唱和琴酒，自公赴修文，椽亦就倾。夫学校人才之所从出，虽年深日久，物换星移，而雅化作人，余风未泯，详不可悉，略不可湮，故特拾其遗以告后之有志斯文者。”

南山书院在众多的学堂、私塾、书院中能够保留下来，一是学堂地点选得好，便于清静读书；二是教学质量较高，教授认真仔细。村人说，清同治年间南山书院就已是河源里一带有名的学堂，附近村里有钱人的孩子都到这里读书，一年学费要四五担

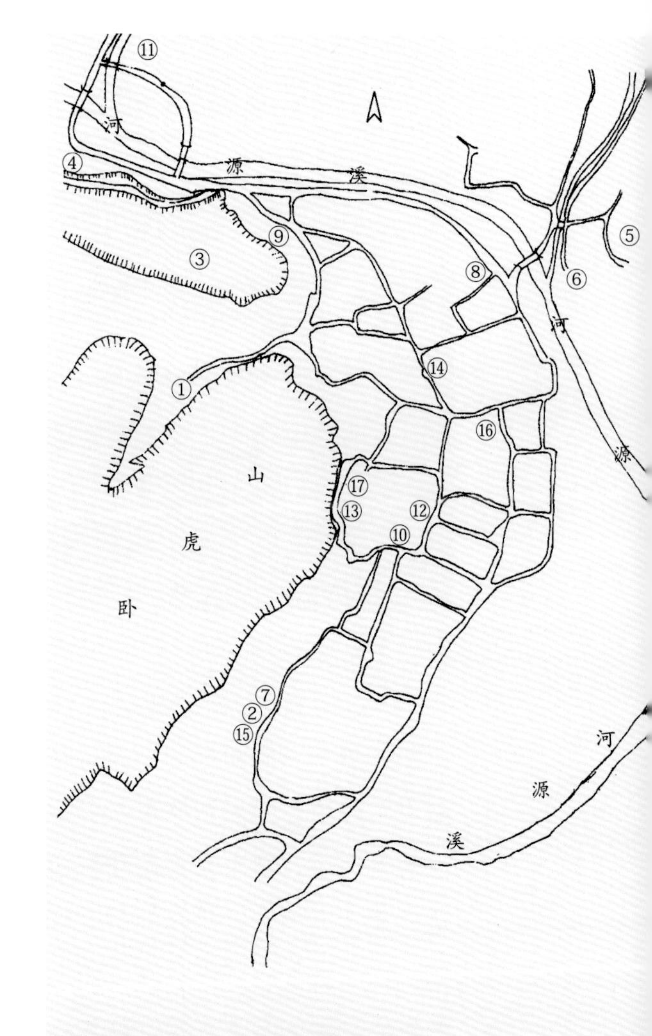

① 南山书院	⑩ 容膝居
② 紫阳书院	⑪ 张元山胜林公私塾
③ 清宁寨书院	⑫ 锄经别墅
④ 岩子前书院	⑬ 修竹楼（初为住宅，清中后期成为家族的娱乐场所）
⑤ 云江书院	⑭ 馥轩公学馆、藏书阁
⑥ 上业屋学堂	⑮ 上篱学堂
⑦ 白学堂	⑯ 天锡学堂
⑧ 集勋厂武校	⑰ 水云草堂
⑨ 石头坵草堂	

1949 年以前培田村文教建筑分布图

谷子。这时石头坵草堂因规模太小停办，南山书院在清代中期以后替代了石头坵草堂，成为公认的家族书院。

3. 南山书院的崛起

南山书院由培田十五世祖吴庸（字声闻，号锦江）[①]于乾隆甲子（1744年）创建，距今已有两百多年的历史。它位于南坑口内，卧虎山北侧的山脚下，依南山北坡而建，依陶渊明《饮酒》“采菊东篱下，悠然见南山”的诗意，取名南山书院。清翰林庶吉士，任教于书院的曾瑞春在《南山书院记》中描述：“岁庚申（1860年），承吴君化行昆玉召典西席，馆余于南山。嘉木葱郁，胜概清幽，鹿洞鹅湖，殆不啻也。……知令曾祖文翁（即声闻）雅意栽培，延滋九邱先生（邱振芳）训令大父于此。先生率上杭袁南宫维丰，永定温孝廉同事笔砚……”[②]南山书院所在的南坑口东有一条延伸的山鼻梁，林木茂盛，隔开了村内村外，挡住了村中嘈杂喧闹的声音，使南坑口内自成一体，意境幽深，十分僻静，有利于学子潜心读书。它也是培田新八景之一[③]，吴爱仁有《南院书声》诗描写这里幽雅的环境和读书的气氛：

步上南山境僻幽，
琅玕诵读韵悠悠。
蕉窗雨冷偏逢夜，
竹院风凉又报秋。
金石一声天地震，
简编万卷古今搜。
朝晴早起人倾听，
鸟语书声乐唱酬。

南山书院坐东南朝西北，由两座院落并肩排列组成，

① 吴庸，字声闻，号锦江，贡生。生康熙四十三年甲申（1704年）正月，卒于乾隆三十年乙酉（1765年）。

② 引自《培田吴氏族谱·南山书院记》。

③ 《培田吴氏族谱》中有“八景”、“老八景”和“新八景”诗。

南山书院环境悠然静谧

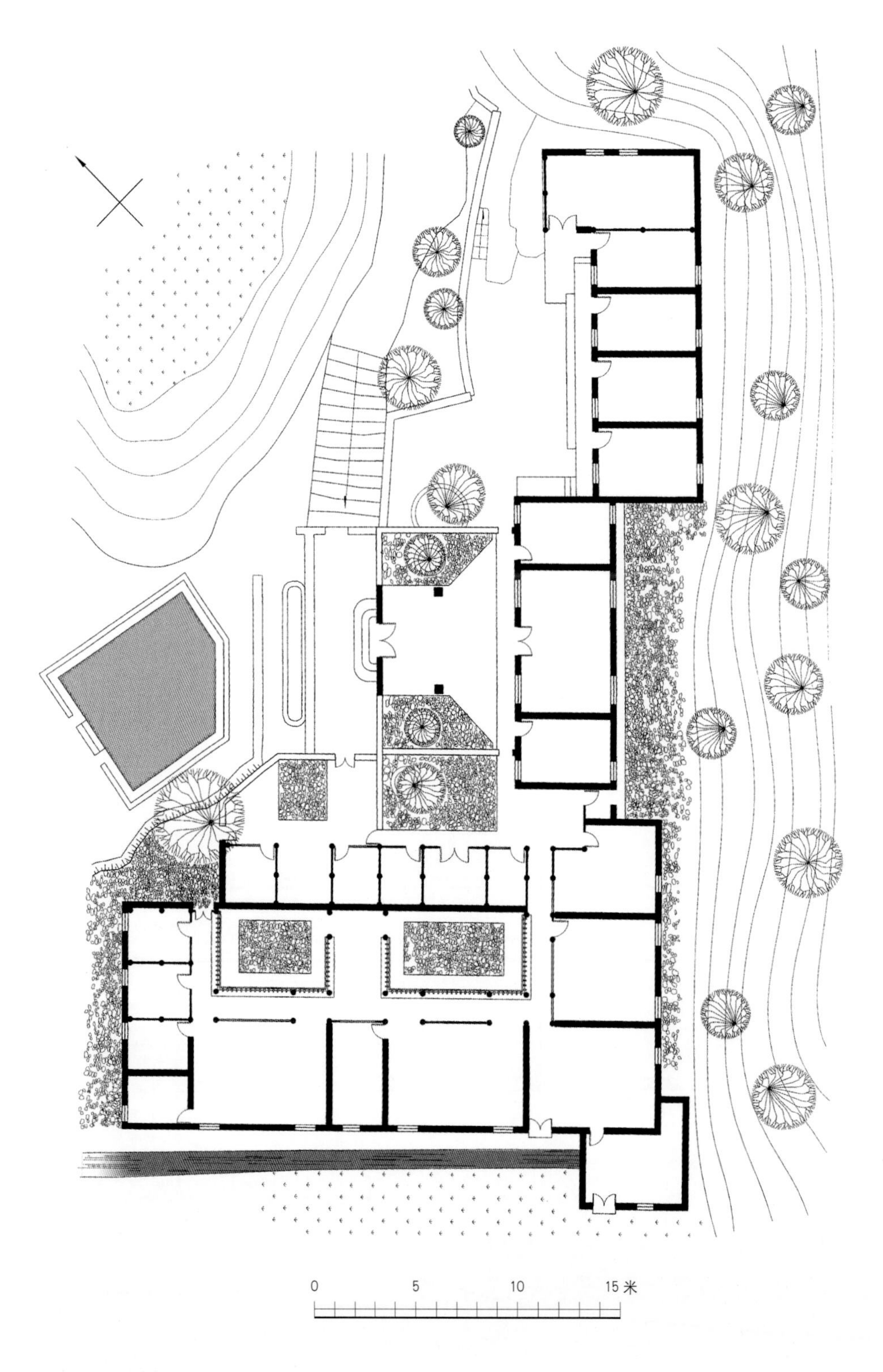

南山书院平面图

南山书院正立面（北立面）图

0
10米

南山书院大门一侧环境

南山书院大门房内侧

南山书院深深小院

东侧院落正房五开间，上下两层。底层当心间厅房供奉着孔子牌位，并“书‘德造庐’于门之外，‘培兰植桂’于门之内，朱子‘读书乐诗’于东西壁”。墙上还挂着朱子语录：“观古者圣贤所以教人为学之要，莫不使之讲明义理，以修其身，然后推己及后。”[①]次间作为学生的教室。清道光年间，十八世祖吴昌同曾对东侧一组建筑进行了修缮，东院至今保存较好。教室前有不大的院落，牌坊式大门居中，朝向西北，大门内、外门额上原来都有“南山书院”的题字。大门外额因几易校名，题字无存，内侧的“南山书院”题字则依旧保存完好。门外两侧砖门柱上的对联

① 引自《培田吴氏族谱·南山书院记》。

是尚书裴应章为石头坵草堂题写的，后移至南山书院的“距汀城郭虽百里，入孔门墙第一家”。

西侧院落与东侧院落相连。西院比东院低六七步台阶，是一个四合院式的两层建筑，南和西两侧底层前檐廊设美人靠。这里是当年教书先生居住、备课的地方。两院之间是一个窄长的砌有花墙的院落，有小门通向书院外。整座书院顺山势高低而建，错落有致，精巧秀美。书院外有一半月形水塘，是为泮池，又是文房四宝的“砚池”，与南山书院前如文笔的山峰，正好形成“文笔蘸墨”的风水。小门前还有一株几百年树龄的罗汉松。传说纪晓岚到培田视察时就曾在此住宿两天，对南山书院的清雅环境赞不绝口。

南山书院从最初的房派书院发展成为吴氏家族的书院，首先是因为吴家人聘请了名师，不惜重金请来福州人邱振芳。邱振芳天资聪颖，从小得名师指教，精通四书五经、易理术数，是乾隆年间福建有名的“鬼才”，但因不善八股，屡试不第。邱振芳一怒之下，撕下科名榜。此举触怒官府，邱振芳只得悄悄逃到培田避难。他一到这里，就被眼前美丽的田园风光和客家人的勤耕苦读精神吸引，顿时忘却了仕途失意，在吴氏族人的恳请下，决意在此专心教书育人。从此培田学子进步很快。许多培田以外的学子也都慕名而来，一些高学名士为能到南山书院讲学而深感自豪。

又如，宁化名儒曾瑞春出仕前在南山书院执教多年，他边任教边潜修，吴氏家族不仅信任他，还为他提供了优越的条件。曾瑞春在《南山书院记》中写道：“岁庚申，承吴君化行昆玉召典西席，馆余于南山。……始于厅事见‘抗颜敢诩为时望，便服何妨尽日眠’句，细看旁注，知令曾祖闻翁，雅意栽培，延滋九邱先生训令大父于此。先生率上杭袁南宫维丰、永定温孝廉恭同事笔砚，句其自题卧榻者也。

而先生之负重及美章罗先生次年避榻，谦衷、佛谷先生述传謦欬皆得而悉。”十年后，他进京会试，金榜题名，“钦点翰林院庶吉士”。《南山书院记》刻为石碑，至今保存完好。

正是有这些饱学之士，南山书院培养出来的人才越来越多，名声也越来越大。村中其他学塾、学堂或书院则因生员和经费不足等各种问题而关闭，石头坵草堂也因规模太小，不再运作。

有人说，南山书院是好风水带来的好运气。南山书院大门朝向西北，正对着乾方一座叫龙峰的山。这座山峰形如笔，峰前百米处有如桌案的案山。一条溪流从山上发源，从书院前环绕向东。水的源头正好位于书院的丁位上。“丁”与“登”谐音，堪舆上说，丁水入甲预示“登科入甲”，主科第大发。

也有人说，南山书院有罗汉松神灵相助。这其中有一则传说故事。在创建南山书院时，书院前的罗汉松已有三百年的历史。建了南山书院后，罗汉松闻得书声琅琅，于是经常化作小女孩到教室门外，或趴在窗口与学生一起诵读。小女孩的出现，不仅分散了学生们的注意力，而且经常惹得学生们哄堂大笑。先生赶她，忽而不见其踪影。

有一次，罗汉松刚刚化身小女孩，走到书院门口，被负责巡视校园的先生看见。当时重男轻女，书院不收女孩。先生看见女孩立即驱赶，女孩转身而去，一溜烟儿消失在罗汉松旁。先生顿悟，原来罗汉松是棵神树，会变为小孩干扰学校教学秩序。于是，他立即向村里的族长反映，并强调说：“此树神不治，学生无法求学，势必误人子弟。”即日，族长召集书院董事会议，商定请道士作法制服神树。几天后，请来的道士在南山书院做了七天七夜的法事，每天做完法事在神树上钉七枚铜钉或铁钉，从下至上钉了七七四十九枚，每钉一枚钉，神树就出一次血。神树被钉了七七四十九枚铜钉、铁钉

南山书院现改为幼儿班。图为孩子们在上课

后，再不能化身女孩来听课捣乱，而罗汉松依旧生长茂盛。[①]

南山书院的经费除了由祖祠衍庆堂和南邨公祠支付外，至清光绪年间，五亭公吴昌风以田42.3亩、租谷731斗的代价，建立义学仓，在家族中开了设立助学、奖学基金的先例，让更多的子弟有接受教育的机会。

4. 清末民初的培田学堂

清代末年西方教育思想不断传入中国，废科举，兴新学，成为当时社会的潮流。1905年，清政府宣布“废除科举”。第二年在松溪县任教谕的吴震涛[②]回乡为母奔丧守制期间，经过与培田文化人的积极思考筹划，将原南山书院改为现代小学，“培田

① 《培田辉煌的客家庄园》，陈日源主编，国际文化出版社2001年出版。

② 吴埕，学名吴震涛，字韵松，号继澄。生于清咸丰五年（1855年）九月十四日，卒于光绪十九年（1893年）。五品衔赏戴蓝翎。光绪戊戌年（1898年）选授建宁府松溪县教谕。府宪玉贵记典考语：“品学兼优，课士有方。”府宪谢启华记典考语：“廉隅谨饬，启迪攸资。”

两等小学堂（含初等、高等）”，这是继祖宽公后又一次大胆的改革，是长汀县第一所民办完全小学，也是闽西第一所。这所学校的体制一直沿续到20世纪50年代。

吴煐《韵松家老夫子六旬加六荣寿》[①]一文载，吴震涛“将南山书院改作高等小学，增筑堂舍，购图书仪器，聘教员，遵章教授，自任校长不受薪修”。首任学校的教导由邑庠生吴建贤担任。办学需大量资金，村中士绅鼎力相助。吴南邨公家族每年为培田学校捐资。五亭公婆（吴昌风夫人，震涛母亲）曾遗言愿捐腴田数十亩用于教育等公益事业，“诸子克受教，完其志”。

学校规模扩大后，培田更是人才辈出。其中，前往日本东京明治大学留学的吴建德（又名吴爱群），赴法国勤工俭学的吴乃青、吴暾、吴树钧，还有黄埔军校学生三人，都是当年培田完全小学培养出的佼佼者。

吴乃青留法回国后曾兼任“长汀县南宣乡区中心国校”的校长。任职期间，吴乃青进行教学改革、宣传新的思想，新的文化观念

清光绪三十二年（1906年），南山书院改称“长汀县南宣乡区中心国校”，1941年改为“国立吴坊小学”，1945年改为“宣和第一中心小学”，1950年改为“吴坊中心小学”。不论校名怎么改，学校的体制都没有变化。1956年培田村从长汀县划归连城县，校名也随之改为“连城县宣和乡培田小学”。

清末以前，南山书院的课

① 引自清光绪三十二年《培田吴氏宗谱》。

孩子们下课了

程主要是《三字经》《千字文》《增广贤文》《幼学琼林》《中庸》《论语》《四书集注》及应试科举的八股和吟诗作对等。教学改革后，全部用新的课程代替，学习课程为国文、作文、修

学生们在晨读

身、算术、历史、地理、英语、音乐、手工，体育课有教授单杠、双杠、篮球、乒乓球，还有赛跑、甩铁饼、掷铁球等项目。抗日战争时期设军事课，也有扎绑带什么的。战时有段时间还有“童子军”组织。

这时期的生源除培田本村的，还有上篱、前进、紫林，以及五寨、曹坊、科南、朋口、马埔、文坊、长汀、中复等地方的学生。学校的思想十分开放，有不少女孩子上学读书。培田吴念民[①]回忆：“1949年以前，学校每星期一举行‘纪念周’活动。唱国歌，读孙中山‘总理遗嘱’等。平常每天有升降旗。”

学校教学管理很严格，常用的惩罚是打板子，多为打手心，也有罚跪的。受体罚的学生的家长是不敢去找老师的，因为那是为孩子好。

教室上课都讲“国语”（普通话），他们多数穿长衫，也有穿中山装的。教师、学生都要有一套“制服”，专门在操练时和节日穿。“制服”都是自己出钱，由学校统一买布，请裁缝定做。培田和上篱的学生回家吃饭。外村的学生寄宿，自带米、菜（多为咸菜），学校有工友烧饭，生活是清苦的。

教师薪酬很微薄，每月一二担谷，但大家都很尊重教师，过年过节都有人请吃饭或送些肉、粽子之类。学费很少，困难的甚至不收。尽管如此，因为村人穷，上得起学的还是不多。

1946年，为纪念培田新式学校建校四十周年，学校举行隆重的庆祝活动，长汀县里还有官员前来参加。培田距长汀县六十华里（30公里），交通极为不便，足见培田小学堂的名气和影响力。

1920年前后，南山书院学生已达四五十人，校舍拥挤，无法容纳这么多的学生。此时吴氏家族考虑准备重建一座新校舍，

① 吴念民，1944年生于培田，1954—1955年在培田小学读书一年，后随父母离开培田到长汀。

地点就在老祖宗文贵公所建望思楼的地方。据吴念民先生讲，新校舍大楼在第一次土地革命之前就已筹建并打了地基，备好了材料。后来因为红军的到来，建楼之事暂停下来。1935年以后校舍大楼重新筹建动工，建成时间为1939—1940年，楼下礼堂及教室先投入使用，楼上因楼板尚未全部铺设又拖了一段时间才竣工。

校舍大楼坐西朝东，面阔九开间，上下两层均有一圈跑马廊，四坡顶砖木结构。底层分成三个房间，正中较大是礼堂，两侧是教室，二层是三个教室。由于新楼正好卡在南坑口的口上，楼左侧沿山坡做有台阶上下，再通过一段天桥到达二层。楼的右侧从二层建起一段天桥，直通到南山书院内。那时南山书院中的教室依旧使用，教师办公、寄宿生住宿、厨房都安排在那里。学生多了，新楼东侧又买了一片农田，开辟为操场。

吴念民先生向村中年长者了解①，红军来之前已有的新校舍方案，估计是校长吴蓉永先生设计。后根据当地绅士和风水先生的意见确定了地点，征用了本村某房人的田地。1950年土改时被征用过地的贫下中农说吴蓉永霸占他们的土地，要求镇压吴蓉永。土改工作队干部认为征用土地建学校，属于公益事业，吴蓉永才没有获罪，但划为地主成分。吴蓉永做了一辈子学校的校长②，也就到此为止。

抗日战争时期，吴乃青的岳父陈性园为躲避战火来到培田。陈性园是福州人，曾在京汉铁路任工程师，于是吴蓉永就请陈性园来设计这座新式校舍。但在此

① 吴念民先生访问的老人有以下几位：吴树升（1921年生于培田，1942年连城师范毕业，在培田小学教书）、吴树晁（1931年生于培田，1947年培田小学毕业）、吴玉冰（1931年生于培田，1944年培田小学毕业）、吴德初（1937年生于培田，1950年培田小学毕业）。

② 吴蓉永是吴震涛之孙。1921年长汀中学毕业后到1950年，除中间五六年特殊年代以外，一直担任培田小学的“教导”和“校长”长达二十多年。在二十多年间，宣和一带无人不晓“镜初先生”（蓉永字镜初）为培田小学的奉献。

培田村1939—1940年所建新校舍“洋楼” 培田村吴念民先生绘制

之前地基已做好，墙角就不能再变动。陈性园只好在原有基础上设计，用砖木材料，由本村工匠施工，村人称之为“洋楼”。陈性园对施工质量不太满意，预言用不了多久。1989年这座楼墙壁开裂严重，被作为危房拆除。

这座新校舍的建设费用仍由吴氏宗族支付，因费用较高，除各房捐资外，经宗族商议还将长汀位于塘湾里长久闲置的“吴氏家祠”出售，所得之款用于学校建设。新学校的教学经费依然靠衍庆堂及十七世祖南郇公祠的六七十担田租支付。尽管当时学校开支很低，但能办得起像培田小学这样学校的村子不多，距培田四五公里的曹坊，就因宗族没钱，只好将学堂停办。培田小学自有了新校舍“洋楼”，更加名噪一方。改为新学教育后，1906年至1949年，培田学校共培养出小学毕业生四百余人。

第二节　各类专业学堂

1. 武学堂

除了文学堂外，为强身健体，许多人家请武师从小教孩子打拳舞棒、骑马射箭。培田历史上就有“吴孝林拳打猛虎”“吴良辅单身赴穴擒盗匪”“吴拔桢临危救驾”以及“众乡勇保家苦战太平军”等许多故事。这些吴氏家族历史上的英雄，个个都武功高强，勇猛善战。但早期练武都是在自己家中，直到清末时村里才有了两座专门的武学堂。一座是集勋厂，是四品昭武大夫吴昌同于清同治年间所建；另一座化成厂也于同期建成。这两座武学堂相距很近，均位于村落东北的官道边。集勋厂规模不大，坐西朝东，化成厂坐北朝南，均为四点金式的小四合院，下厅为大门，上厅正中供奉着孙武的神像和牌位。讲授武功要领和练拳脚均在馆内，练刀枪棍棒及骑马射

武校集勋厂现已成为住宅，但门前因长期抓摸而留下深深的印记的石块却印证着当年武校的辉煌

箭都在官道的空场上。不论练什么，学生们每天都要先在上厅烧香，拜完行业神后才能操练。练武很苦，要起早贪黑，冬练三九，夏练三伏。每年还有几次武功考核，武师就坐在集勋厂小四合院内的正厅中，学子们一个个按照武师的要求操练。每逢此时，村民都来观看助阵，犹如过节一般热闹。尤其是考骑射时，在义和圩的空场上，沿河源溪插上一排草把子，学子们骑在飞跑的马上，或搭弓放箭，或握刀劈杀，当箭正中草把，或草把一路被砍倒下时，都会赢来人们的阵阵喝彩。

至今集勋厂武馆门口还放着当年练武所用的已磨得十分光滑的上百斤重的石块，上面还隐约有长期抓摸留下的手印。

培田人常说“文可修身齐家平天下，武可健体保国护家园”，明清两代吴氏家族出了郡武庠生三人，邑武庠生十六人，武举一人，武进士一人，获有军功者六人。

2. 妇女学堂

清嘉庆年间，培田经济、文化的发展都处于鼎盛阶段。汀、连官道上文人、官宦、商贾往来频繁，与吴姓结亲的人家也多了起来。但后来却发生了一件让吴氏家族十分难堪的事。据村人传说，一位女子外嫁他姓前，听信了新婚之夜如何可怕的谣言，在出嫁时将自己的下身用布层层缠死，并随身藏了一把锋利的剪刀。结果没有几天，这位花容月貌的女子就被休，退回培田，[①]让培田人丢尽了脸。但在采访当年参加过妇女学堂学习的罗兰芬老人时，她却说培田并没有出过这种事情。办妇女学堂是为了让嫁出去的女儿和娶进来的媳妇们能知书达礼，掌握必备的生活知识，以及与大家门户相称。罗兰芬老人说，清嘉庆年间，吴氏

① 《八百年的村落——培田纪行》，吴国平撰文，海潮摄影艺术出版社2002年出版。

罗兰芬老人是培田村唯一健在的参加过“容膝居——妇女学堂”学习的人，这是她在容膝居学习之后所绣的枕花和部分花样

罗兰芬老人在讲述当年她在“容膝居——妇女学堂”学习的情况

十八世祖吴昌同捐资建造了妇女学堂。学堂经长汀县督学亲自批准并注册。为此，县里还专程派人来村里检查过，查学员人数、教师情况、教授内容，非常认真。学堂初建时，只为吴昌同一个房派服务，不久根据家族其他房派的要求，全家族的女子都可以到这里学习。学堂很小，起名“容膝居”。

容膝居，一说源于《韩诗外传》“结驷连骑，所安不过容膝”，一说源于陶潜《归去来兮辞》“倚南窗以寄傲，审容膝之易安”，也有说源出明末清初才子葛芝的故事。明亡后，葛芝把自己不大的居室称为“容膝居”，潜心理学，写了大量作品，其中有《容膝居杂录》等。但不管来源如何，“容膝”都指地方很小，而最终的意思是落在“易安”上。

容膝居位于村落中街中段，坐北朝南，是一座三间两厢的小院，当心间是厅堂，左右为辅助房，堂前是小天井，左右侧

妇女学堂——容膝居大门

各有一间厢廊，全部敞开不做门窗。右侧厢房为大门。大门额上题“容膝居”，左、右对联为“庭来竹友心胸阔，门对松冈眼界宽”。中厅上大匾为“玉国伟人”，道出办妇女学堂的宗旨是提高妇女的文化修养，开阔她们的心胸。这是一种很有远见的做法。妇女的修养高了，心胸开阔了，孩子们自小就可得到良好的教育和熏陶，整个家族、整个村子的文化教育水平自然就提高了。

妇女学堂的学员是本族的媳妇、闺女，老师就由她们的母亲、婆婆或长嫂担当。授课的内容有家教家规、三从四德、妇女生理卫生、相夫教子和女红、家务等，还要学一些封建宗法制社会下的妇道规矩。如：妇女衣领要高，不能让脖颈轻易外露；衣衫前要遮胯，后要遮臀；裤要宽松，不能紧绷身体；坐时不能大张两腿；笑时不能大开口显露全齿；晨昏要向公婆问好，请安；装饭时不能挖饭心，等等。还有出行时不能走村

容膝居内影壁墙上写有“可谈风月”

中街，只能在后龙山旁的小路和村东头的边路上行走；村中街一带的住户不能在村子的中水圳内洗涤，住在村中街附近的只能担水在家里或在自家的水圳里洗菜；[①]在衍庆堂看戏时，不得到大厅和宇坪，只能在左、右厢房戏间内观看；月经期不能参加祭祀活动，以免亵渎神灵；梳洗时落下的头发不能随意乱扔，要揉成团，放在梳妆盒里，等等。这里还教授一些妇女卫生及生儿育女的常识，为避免女子们的羞怯拘谨，小院内正对厅堂的照壁上还题有“可谈风月”四个大字，让妇女们大胆谈论。

① 水圳四通八达，常常从一些住宅院落穿过，如大屋住宅的横屋院内就有水圳，属自家专用。

参加过当年妇女学堂的，在培田现仅剩下八十多岁的罗兰芬老人。罗兰芬老人1922年生，十六虚岁时从培田南十几公里的文亨嫁到培田村继述堂。丈夫吴树元为吴氏第二十三代，是吴昌同的曾孙。小兰芬嫁到继述堂这样的大户人家，要侍奉婆婆、奶奶和太奶奶三代人。婆家规矩多，唯恐一不留神做错什么事，生活压力很大，人也变得封闭起来。村里叫她参加妇女学堂，婆婆不同意，后来丈夫说服了婆婆，罗兰芬才得以进入容膝居学习。

培田村的妇女大多都会剪纸

老人说："上妇女学堂的有村里过门不久的媳妇、待嫁的闺女，也有些年轻寡妇，总数三十多人，最大的二十六七岁，小的十七八岁。学堂每天下午学两个小时，老师是本村的男子吴德春，当时三十多岁。"

老人还说："妇女学堂学的内容很多，主要是学文化，写字，读书，还学算术、乘除法、记账，是为了那些失去丈夫的妇女能管理起家中财产，收租等。学习女红，有绣花、剪纸、制衣、做鞋等。学礼仪，孝敬老人，友爱兄弟。早上给老人穿衣、洗脸、梳头；冬天要把衣裤烤热；裹脚布清洗，缠裹；侍奉丈夫。客人来家，女人要进房躲避；平日在家吃饭时，男人吃完，媳妇才能吃。用竹竿晾晒衣服，男衣要在上，女衣在下。学做家务，洗衣做饭、养猪、养鸡、养蚕、纺线、织布，学会勤俭持家等。妇女学堂还讲妇女要自珍自爱以及养育孩子的常识。

在学习文化的同时，还让她们排练些小戏（如《小姑贤》《孔雀东南飞》等）以自娱。后来因家务事太忙，断断续续读了两年多就不再读了。”说着，老人拿出了她当年的一些绣品和剪纸，自豪地说妇女学堂真是让妇女受益很多。在两年时间里，罗兰芬懂得了许多道理，尤其是认识了几百个汉字，能看、能写简单的信件。她觉得眼界宽了，生活也充实多了。这座充满了妇女活力的浪漫小屋至今完好地保留着。它屋小不起眼，但名气却很大。

3. 锄经别墅

锄经别墅位于培田村中街中部，是座私塾。初建于清末，曾多次修缮，现为三开间三进两院式建筑，坐西朝东，正对中街。第一进三开间，正中是大门，门额上题“锄经别墅”四字，门联为“半亩砚田余菽粟，数椽瓦屋课桑麻”，有村人说这是一座兼教农耕知识的学堂。这使人想起培田《八景》诗中稚子学扶犁的生动描写：

溶溶秋水绕曹溪，
杨柳垂垂两岸低。
罢耒老农闲弄笛，
补蓑稚子学扶犁。
垄云漠漠天将晓，
坝草萋萋日已西。
扣角荷锄归小径，
乱山深处鹧鸪啼。

第二进当心间为中厅，左右曾为教室，第三进当心间为上厅。村民说这座启蒙学堂，主要教些《三字经》《百家姓》之类的。1949年以后，锄经别墅改为住宅，并几易其主，建筑几经改造。天长日久，以前的事情已很难弄清了。

第九章 商业与商业建筑

第一节 义和圩集
第二节 村中商业街
第三节 商业建筑类型

道
光
通

始迁祖八四公在定居培田村以前曾是个“隐贩汀连者”。定居后，在鼓励子孙努力耕读的同时，他也没有放弃经商的机会。传说八四公经营着布匹生意。有一次，潮州张老板随船押送来一批货给八四公。张老板带了五根金条准备返程时购买些木料。为了路上安全，他把金条夹在布匹中，没想到货船刚到永定的丰市，张突患重病，只好留在永定，由他人帮忙押货到培田。晚上，八四公验货时发现了金条，猜想里面定有原因。十几天后，张老板病愈，焦急地来找八四公，将布匹中暗夹了五根金条的事情告诉他。八四公听了这番话，确定金条定是张老板的，便完璧归赵。张老板回到潮州见人就讲八四公的高尚美德，八四公的名声很快传遍潮州商界。几百年来，培田人与潮州人广有联系，姻亲不断，至今村中还有十来位媳妇是从潮州嫁过来的。①

五世祖琳敏公经商富甲河源里，大灾之年输谷千石赈济贫民。以后历代子孙经商致富之后，修桥，铺路，善举频频，并建造豪华大宅。《培田吴氏族谱·家训十六则·勤生业》中就明确说明：“民生在勤。勤则不匮。”培田许多住宅大门、天井

① 吴来星先生提供。

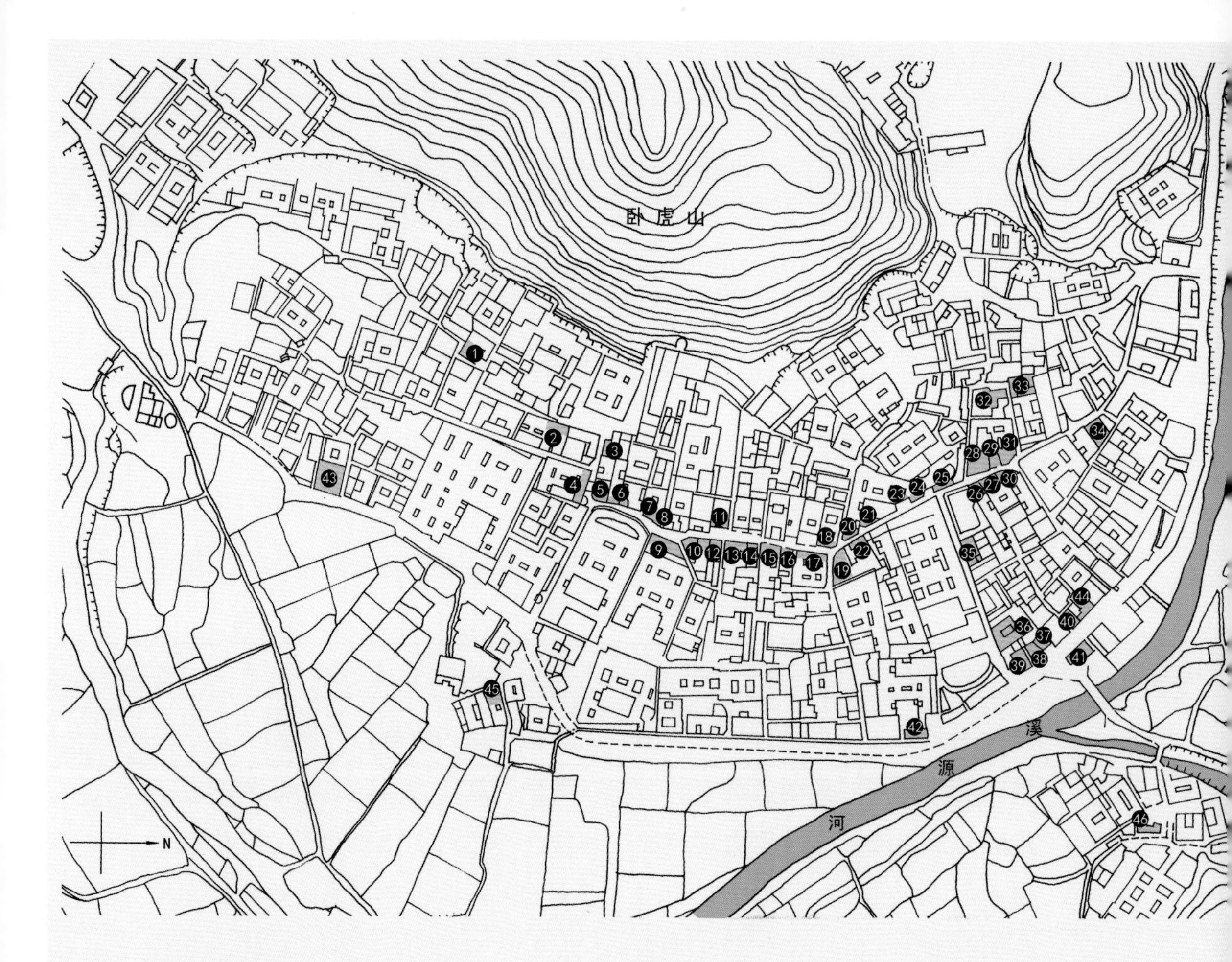

① 吴汝湘店
② 吴德春店
③ 吴永富豆腐肉铺
④ 原吴广文店
⑤ 原永官酒店
⑥ 聚福号
⑦ 寅官杂货店
⑧ 凤年百货店
⑨ 吴年华裁缝、豆腐、酒店
⑩ 吴祥顺店（赌庄）
⑪ 衡三公祠（布店）
⑫ 佐均店（凉果杂货）
⑬ 彩生店（铁器店）
⑭ 松树店（香、蜡烛、鞭炮店）
⑮ 焕朝店、药店（批零、收购药材）
⑯ 利仁诊所兼药店
⑰ 树荣豆腐、酒店
⑱ 三让堂肉铺
⑲ 敬以居肉铺
⑳ 建章凉果杂货店
㉑ 建绥绸缎、丝线店
㉒ 瑶阶店（酒、花生）
㉓ 建义店（豆腐、酒）
㉔ 流生小食品店
㉕ 树银店（凉果货）
㉖ 树店槐（米、食品）
㉗ 春娥店（豆腐、酒）
㉘ 有源店（香烛、鞭炮）
㉙ 庆孜店（小食品）
㉚ 鸿哲店（剃头店）
㉛ 济阶店（裁缝）
㉜ 河源客栈、轿行
㉝ 仁昌布店
㉞ 汲三杂货店
㉟ 博记永和药铺
㊱ 树绪店（布匹）
㊲ 春寿客栈
㊳ 添永店（酒店）
㊴ 鸿银店（杂货）
㊵ 梅生店（糕饼）
㊶ 振华新布店
㊷ 早珍号纸庄
㊸ 人和堂药店
㊹ 农副土产店
㊺ 淑英店（绸缎、丝线）
㊻ 硝炮厂

1949 年以前培田村店铺分布图

等的地面，都用河卵石铺成古钱纹样，也从侧面反映出族人的求发财、求人丁兴旺的意识。培田村很早就有了小区域性的圩集，以后村内又形成了商业街，商业、服务业都相当发达。

第一节　义和圩集

培田村自然条件好，粮食旱涝保收。清代以后，吴氏家族的土地增多，培田成为河源里著名的储粮大村。粮食盈余，竹木丰茂繁盛，都需要外运贸易，但唯一能够进行商品交换的圩集只有朋口码头。清康熙年以前，丰水季节河源溪上还能用小船载粮，以后溪上水陂修多了，水运不畅，运粮送货只能用牲口驮或肩挑人背，很不方便。培田为汀、连两县间联系必经之地，往来的人多，凭借这个优势，家族在村东北河源溪西岸，万安桥北侧叫大坝里的地方开始了简单的商品交换。时间久了自然形成了圩集，每逢四、九为圩日，初期称“大坝里圩”，以后称为“义和圩”。

圩集形成的具体年代已不可考。但老百姓说它的历史很久，有人说清代初年形成，因为村中流传着“吴超五义和圩集惩戒恶牛贩”的故事。《培田吴氏族谱》载，吴超五为吴氏第十二代，生于明末，卒于清康熙朝后期。清康熙年间，国泰民安，经济繁荣，逢四、九圩日，培田大坝里圩场更是人头攒动，叫卖声此起彼伏，一派繁荣景象。市场繁荣，总难免有欺行霸市者，其中有一牛贩子自恃会两下拳脚棍术，不仅欺行霸市，而且经常放纵牛群糟蹋民众庄稼。不少农民敢怒不敢言。吴超五得知此事后，便想出一计惩戒这个牛贩子。这年春天的一个圩日，吴超五一早就叫人在牛市旁边搭上一个棚子，棚顶用鲜嫩的芒草盖着，芒草上面再压上几块石头。棚内放几个酒坛，酒坛盛水，再放进一些酒糟。放酒坛的位置正好对准压芒草的几块石头。时至中午，那个牛贩子走去吃饭喝酒，饿了半天的几头大牛对草棚顶上的芒草早已垂涎三尺。见主人离去，即走至草棚伸长脖子去拉顶上的芒草吃。哪知一拉芒草，顶上的石头就掉了下来，几个酒坛都被砸烂，酒糟和水流了满地。吴超五便以此为由向牛贩子索赔。牛贩子看了现场后，自知是哑巴吃黄连，不敢逞强，只好按损失如数赔偿。吴超五等人得到牛贩子的赔偿后，即将赔偿款分给庄稼被糟蹋的农户。这位欺行霸市的牛贩子经过这次教训后，悟出了许多做人的道理，从此恶行也收敛了许多。后来“诱牛吃草棚，惩戒恶牛贩”的故事，就逐渐在民间传开。①

也有人说圩集是清代中后期才有，因为吴氏族谱中没有清代中期以前有关圩集的记载，只在清代末期《培田吴氏族谱·灾异记》中有一句：“光绪十八年（1892年）壬辰十一月二十三连日大雪，街巷（积雪）厚尺余，二十九日义和圩寂无一人，折损树木无数。”2001年新编《连城县志》载：“清道光年间（1821—1850年），境内较大的乡村如四堡、姑田、北团、朋口、新泉、莒溪等均有圩集交易。之后，湖峰、文亨、罗坊、宣和、芷溪、庙前等乡镇，也逐步设圩交易。”村民说，义和圩很早就有，只是道光以后才经过正式注册。以上两种说法已无从考证。

义和圩集繁荣时期是在清道光以后。村民讲，义和圩在溪边的一片空场上。圩场买卖只有半天时间，人们很早就赶到这里，天一亮就开圩做生意。赶圩的人很多，有朋口及周边十三坊的，多进行山货、牲畜、土纸、燃料、竹器和布匹等商品交易，汀州、连城、清流、朋口的人，多专程到这里采购木料、粮食、药材和山货。圩集由自发的行会组织管理，公买公卖，不许欺行霸市。义和圩实际上成了汀、连两地间重要的产品交换、集散中

① 《培田辉煌的客家庄园》，陈日源主编，国际文化出版社2001年出版。

心。在没有圩集的日子里，义和圩空场兼作武校的操练场。

民国以后，随着龙汀公路、永连公路、连宁公路的修通，培田失去了汀、连两地陆路交通要冲的重要地位，不再是龙岩、上杭、长汀、连城等地往来的必经之地，义和圩集很快衰落了。

第二节　村中商业街

村中商业街是随着村落发展而逐渐形成的。义和圩的兴盛，给培田带来许多商机，即使在没有圩集的日子里，也会有不少商人前来谈生意，订购竹木、土纸或山货。村里大户人家需要更方便的商业服务环境。往来官员、路人和邮差，也需要一个落脚吃饭、住宿的地方。于是，村里沿中街两侧有了小客栈、饭铺、肉铺、酒店、杂货店、布店、理发店、豆腐店，进而有了茶店、药店、纸店、轿行、首饰店、棺材店、纸坊、铁器竹木器店、十响锣鼓店等，凡一般生活所需的行当这条街上都能找到。清末，村内商业街的繁荣达到极盛，那时培田不足百户人家，五百多口人，而商业街曲曲折折近千米，有近五十家店铺，门类齐全。培田人自豪地夸耀道：“三家一店铺，一家一丈街。”至今在商业街“至德堂”大门上仍保留着一副对联——“庭中兰蕙秀，户外市尘嚣”，生动地描述了当时培田村庭院内的幽雅和街市上的繁华景象。

至德堂住宅大门上至今保留着一副“庭中兰蕙秀，户外市尘嚣”的老对联，印证着当年培田商业街上的繁华

培田共有三条南北走向的街，商业街居中，街宽两到三米，一侧是水圳，路面铺砌河卵石。街道自然弯曲，水圳顺街道忽而在左，忽而在右，忽而隐藏起来，忽而钻出地面，恍如游龙一般。商业街两侧铺面密排，高低错落，招幌遍布，偶尔还有外乡串村的货郎光顾，商业气氛十分浓厚。

商业街上主要经营者为培田人，也有外乡在此租店经营的。培田村内商业繁荣，但商业街营业额有限，利润不多，大宗生意仍有赖外镇外地，如朋口镇、长汀、连城、福州、漳州、泉州，甚至远达湖广。《培田吴氏族谱·翼明公行略》载，吴良辅“仍往浦城贸易”。《培田吴氏族谱·恭祝罗太恭人九旬开一庆》也载，五亭公“两赴秋闱，顾以数奇不偶，遂进取作旎迁计，历漳龙，游湖广”，这种记载在族谱中很多。民国以后，过往客人已经很少，但村中商业街一直保留至20世纪50年代。

培田商业街景之一

培田商业街景之二

升星村内的商业街

聚福号杂货铺

好客来杂货铺

第三节　商业建筑类型

培田村的商铺都不大，肉店、杂货店和豆腐店较多

理发店

培田村的商业建筑可分为三类。

一是与日常生活紧密相关的店铺　如肉铺、酒店、杂货店、理发店、豆腐店、茶店、纸店、香烛店、首饰店等。店堂建筑沿街道两侧排开，体量不大，单开间至三开间不等，砖木结构，朴实简洁。它们多为上下两层，底层为开敞式的朝向街面的门脸，木板排门，白天门板全部卸下打开。走在街上，店内商品一目了然。楼上为储藏室兼卧室，有的铺面后还另有小院，供住宿或充当作坊。也有将窗台做成适宜的售货柜台的。为吸引客人，店铺都有招幌，各式各样，有写在墙上的，也有用实物悬挂为幌子的。棺材铺占地较大，不临街，利用现成的住宅进行商业活动。

二是较大型的服务行业　如轿行、客栈、十响锣鼓班、银楼等，占地大，不经营门市，为了安全，不临街，采用商、住结合形式。

博雅斋为经营笔墨纸张的小店

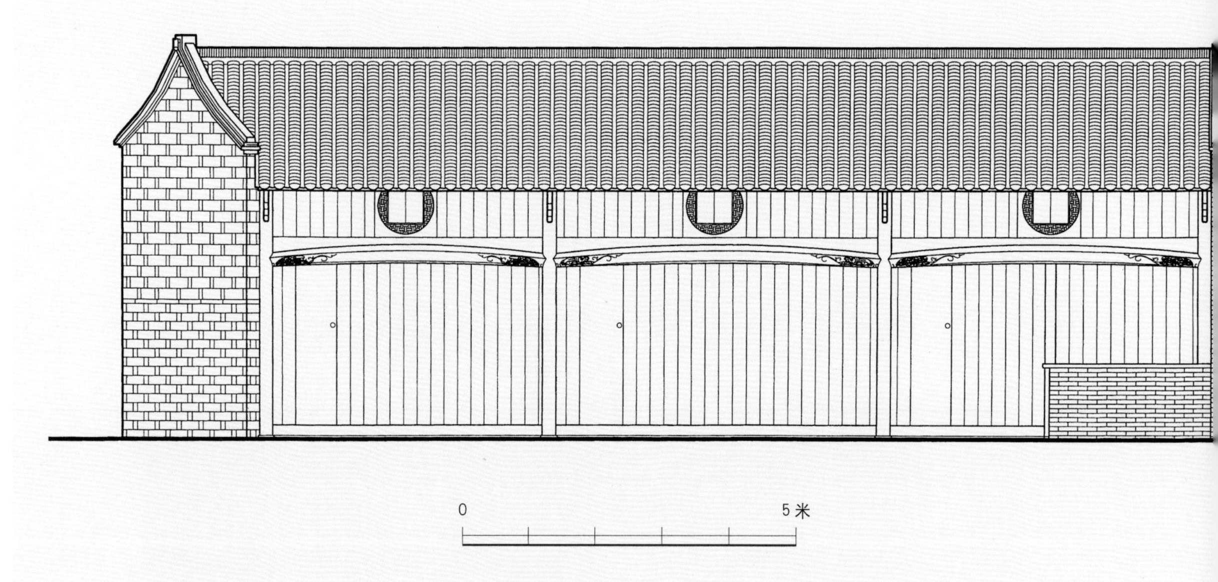

豆腐店立面图

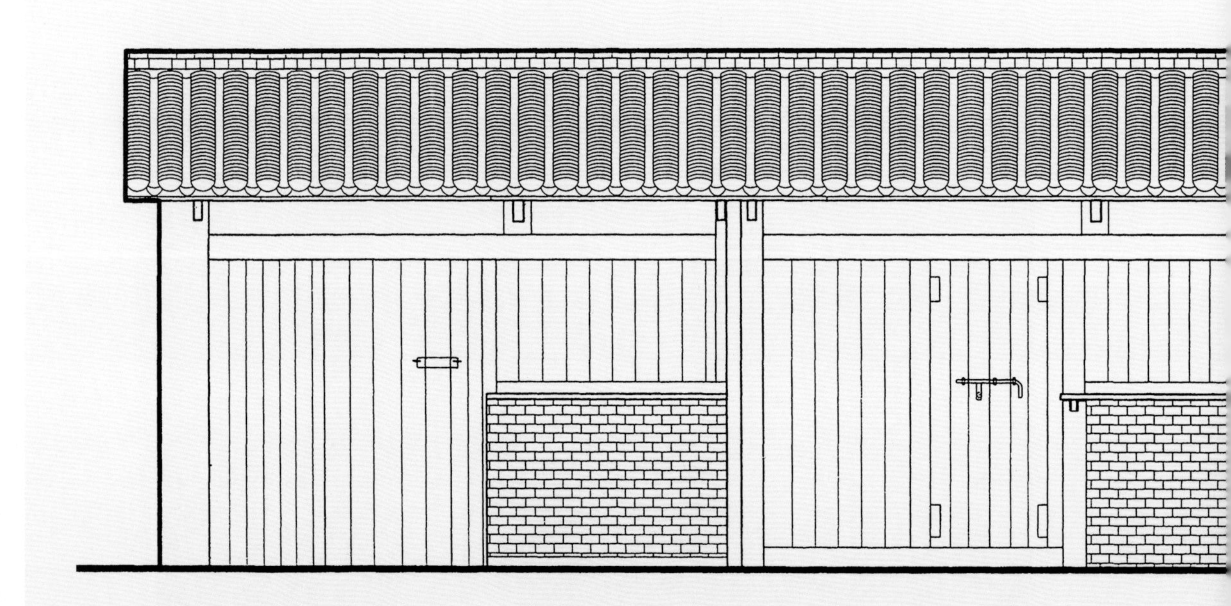

博雅斋店铺立面图

商铺多为板门，白天卸下，晚上装上

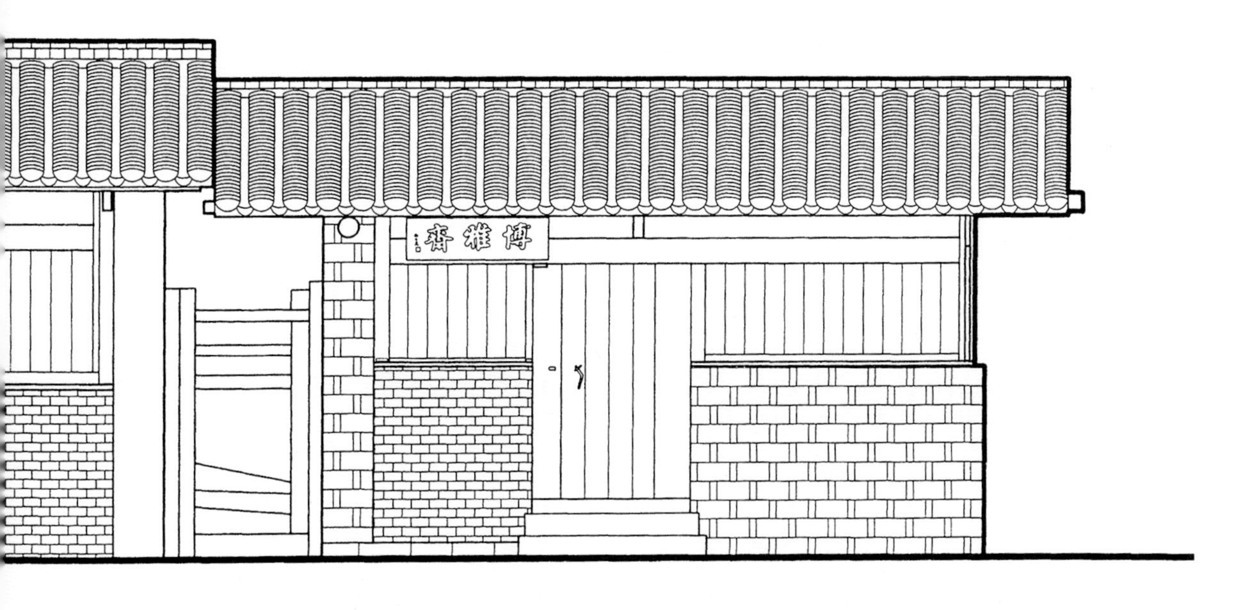

老店铺现改为住宅

有些住宅，甚至祠堂，就被用来经营这类行业。例如，一训公祠位于村北商业街的西侧，坐北朝南，三合形，正楼九开间，左、右厢房各四开间，均上下两层。由于东西方向很长，便在三合形院的南侧，即正楼的中轴位置建起一座单层的三间两厢的院落，南侧正中开大门，门额上题“一训公祠”，大门左右对联为“祖宗虽远祭祀不可不诚，子孙虽愚经书不可不读”。一训公祠的后面即是正楼的中间三间，成为一训公祠的第二进。为此，正楼九开间的三合形院落被分隔为三段，形成了三个独立的院落。正中作祠堂，左右两院本为居室，商业繁荣，往来客人多了，便开辟为客栈，可容五六十人住宿吃饭。

银楼称“星堂”，位于村西部修竹楼的北侧，清初吴纯熙建造，现为住家，基本保存完好。银楼坐西朝东，前后两进，均为三开间。有前院，有前廊，有后天井。一进单层，当心间为厅堂，左右为卧室。二进为三开间，两层，

一训公祠客栈院内现状之一

一训公祠曾作为客栈

培田村内的银楼（又称“星堂”），现改为住宅，格局未变

底层较高，楼上低矮。银楼建筑质量较高，全部采用青砖实墙，且后天井后墙与楼上屋檐同高，楼上前窗上还做有木栅栏。据说二进曾作银库，但后部改动较大，已很难辨认。严密的防范措施，足以反映出银库的特征。

一训公祠的南侧，现存几栋早期的夯土建筑，原均为四合院，院子很大，曾作为轿行、十响锣鼓班场地等，近几十年来，已在社会大变动中面目全非。其他较大型的服务业用房多已改造或拆毁。

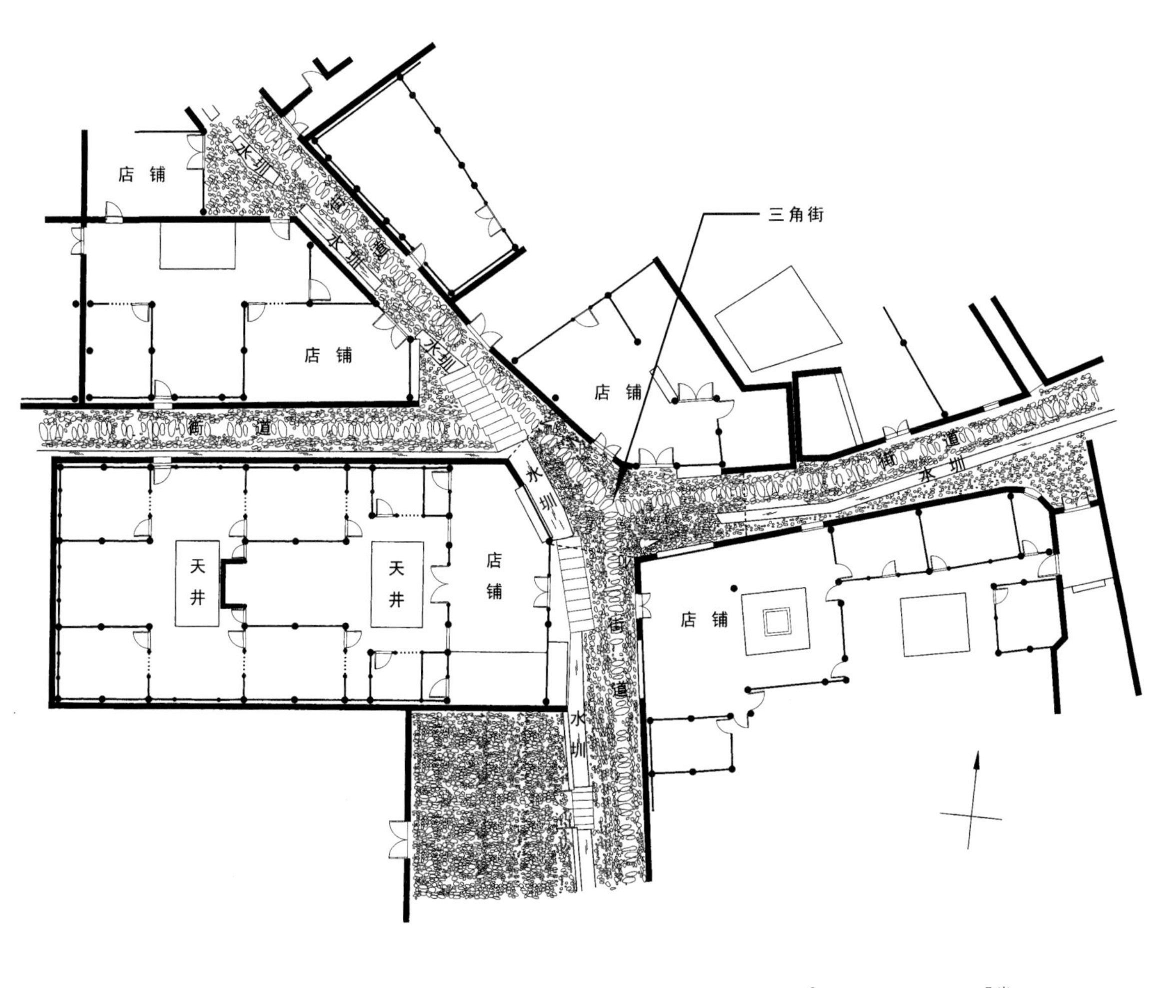

三角街总平面图

三角街北巷

三角街西巷

三角街东巷

三角街南巷

村内的小卖部

村人在小卖部前玩牌娱乐

村中还常有些外来的货郎，卖些紧缺的商品

村人在做生意的空闲时常常相聚一处，谈生意，谈生活，谈时事

村人在街上摆摊做生意

三是各种作坊 如竹器厂、蓝靛坊及纸坊等。这些作坊通常建在山中，为的是采集原料和便于使用流动水将产品带到商业街或其他地方销售。

明清时期，长汀、宁化、连城一带已成为福建四大主要产纸地区之一。清《临汀汇考》载："汀境竹山，繁林翳会，蔽日参天，制纸远贩，其利兼盈。"民国十五年《宁化县志》载："南区之寺背岭（今治平乡）、安乐各村；东区之泉上、乌村（今湖村镇）各村；西区之坑子里（今济村乡）各村，颇有蓄苗竹者，不以制笋，而以造纸。"培田村位于汀、连两县的大山之间，子弟们在外赚了钱，除了回乡建房，其余就是大量购买山场。《培田吴氏族谱·谱系表》载，十九世祖"坫，更讳俊英，字杰轩，号仕豪。……生道光二十九年（1849年）已酉十二月二十一戌时。国学生，辛卯科应乡试，卒光绪二十八年（1902年）壬寅九月十九辰时。……公刚方勤敏，遍蓄山场，杉竹之利，冠乎一乡"。山场多产竹，不但产鲜笋，还可制成笋干销售，也是重要的造纸原料。清代中末期培田附近山上大小纸坊三百多座，其中属吴氏家族的大小纸坊最多时有几十座。现在还能数出来的有寺角三座、上溪一座、上地一座、下地一座、陂头一座、大坑一座、梨子凹两座、白庵孜一座、大南坑一座、小南坑一座、大茶山一座、赖地一座、田源四座。①据村人吴培新说，罗坊的坪上、富地一带共有纸坊三十一座，其中吴昌同就拥有十九座。为外来人订购土纸方便，村里靠近义和圩集市开了一家早珍号纸店，主要经营批发。可见培田当年造纸业的繁荣。

位于山里的纸坊是竹木搭建的草顶简易房，现大多已毁。村人一说起造纸来都十分自豪，侃

① 吴来星、吴培新等提供。

侃而谈，因为这项产业曾为吴氏家族带来了不少的收入。而造纸工们的技能也着实令人钦佩。

“砍竹麻”（幼竹）是造纸第一道工序。每年谷雨过后五六天至立夏前，满山遍野是幼嫩的毛竹，正是砍竹麻的好日子。头一天开砍必须举行“敬山”仪式。凌晨天蒙蒙亮，山民便上山挑选一根最大的毛竹，奉为“竹母”，在上面刻上“开山大吉”四个字，然后在竹子前杀鸡，将鸡血淋在竹母四周，另将一些鸡血淋在一张纸上，把纸叠成小长块，并将纸捆绑在竹母上。然后点烛焚香，向竹母恭恭敬敬地拜上三拜，敬告竹母，子弟要开砍了。竹麻砍下后集中，削去青皮，锯成1.6—1.7米的段，破开竹筒，然后捆成把，运到事先用石头砌好的“湖塘”，即水池内。池内撒上石灰，在里面沤泡50—60天。待竹麻脱去油脂后经洗漂、剥料、压平几个环节就开始“踏料”。踏料劳动强度很大，由两个健壮的工人一手攀住架在上方的木杠，保持身体平衡，一边侧转身子，光着脚用力踩踏脚下木槽里已沤烂的竹子。由于吃力，工人们边干边随着踏料的节奏喊着高亢的号子，别具一种雄浑、刚劲的韵味。“踏料”工序完成后，竹子已成纸浆，即可“炒纸”。炒纸要有一定的技术，先把纸浆放在池中，再用长方形的绷有丝网的“细箩”在池中打捞竹纤维，即纸浆，纸浆要分布得薄而均匀，才能做出上好的纸张。村人说当年培田的纸薄而有韧性，销售到汀州、连城，一部分从朋口镇上船可销到潮州等地，很受欢迎。

培田人用纸十分讲究，凡宗祠印刷族谱的纸、民间账簿纸，或印刷书籍等，多用苦竹造。这种纸色泽白而光润，最重要的是可防虫蛀，能保存数百年不霉不烂。培田清乾隆、光绪年间刻印的吴氏族谱就是用的苦竹纸，至今保存完好。

第十章　各类公共建筑

第一节　公益性建筑
第二节　庙宇及道堂
第三节　其他公共建筑

第一节　公益性建筑

1. 拯婴社

受重男轻女的传统观念的影响，培田村历史上常有抛弃、溺杀女婴的事件发生。宗族曾多加劝阻，但屡劝不止。清嘉庆年间，族人吴昌迪在村内倡建拯婴社。培田《培田吴氏族谱·拯婴社表》曰："岁壬申（1812年）予（吴昌迪）虑无以善后，邀捐田亩结拯婴社，议成交契有日矣。因租务繁冗，推董理无肯独肩。予细思总理不如分理之逸，独拯何如众拯之多，爰将田亩归之各捐户。独拯者拯犹觉少，众拯者拯必实多。吾愿后之善心者仿是法而行之。"[①]为拯救那些被弃的女婴，村人纷纷响应。拯婴社建立后，不断向村民宣讲保护女婴的道理，《拯婴社表》告知族人："天下有不欲身而子，子而孙之人哉？顾身所从来者母，无母则无身；子所从来者妻，无妻则无子；孙所从来者媳，无媳则无孙。夫母也，妻也，媳也，皆人未溺之女也。"还明确规定，"兹告四邻有生女苦养而愿养者，社内报明给钱五百，薄助布姜。不愿养者将女送至，给助如前，即抱配别姓乳娘为媳。其畏累多者，着人送

① 引自《培田吴氏族谱·拯婴社表》。

唯一见证东太义仓的就是这块保留下来的门额

至，报明某姓，给赀抱配如前。幸勿投之杀盆，留出一条生路。庶多一女，必多一母。多一母，必多数子。”

拯婴社位于村落中街中段西侧，坐西朝东，三开间两层，左右各一间厢房。一层当心间为厅堂，左、右次间及楼上为婴孩的抚育房，厢房是厨房。房子十分简陋，也不大，但从建成到1949年这段时间里，拯婴社共拯救了上百个女婴，为冲破重男轻女的陋俗，做出了重要贡献。

2. 义仓

培田土地多，是产粮区，除大户各家自有粮仓外，家族中还建有家族性义仓和房派义仓两类。《培田吴氏族谱·约立义仓疏》载：“朝廷功令设常平仓，所以救荒而赈贫也。自官吏畏难不能遍及。而四方之民又不早自为计。是以凶年一值，富闭粜，贫苦籴，奸宄窃发，弊窦丛生，慨之者久矣。”《东溪公义仓记》中也将建立义仓的目的说得很清楚：“义仓者所以积谷而济荒也，所以济荒而安贫也。而吾

培田村的东太义仓位于绳武楼内，此建筑现已部分塌毁

谓安贫在是、保富亦在是，何也？年荒岁饥，贫而愿悫者固将转于沟壑，贫而桀惊者岂甘坐以待毙，如是，而富者仓盈逾亿，其能长保无恙乎？……是义仓固统贫富所攸赖也。”

郭隆公义仓是吴氏家族性义仓，建于清光绪年间，位于衍庆堂右侧的绳武楼内，坐北朝南。这座楼原为改善衍庆堂右侧风水而建，面阔七开间，上下两层，中间是天井。为防潮防鼠，粮仓墙体下部用大石块砌筑，上部采用夯土墙，顶铺青瓦。地面用三合土夯实，上面再铺上木地板。每一开间隔成一个粮仓，地面和四周均为木板壁，犹如一个大箱子，前面是用于存取粮食的实板门。粮食在仓内散放，粮食多的时候，将袋装粮食放在外侧，散粮放在里面。义仓由专人管理，定时晾晒检查。

郭隆公义仓除了荒年赈济家族中的贫困户外，另一项重要功能是捐助家族义学。二十世祖廪生吴煐在光绪二十八年（1902年）写的《郭隆公义仓义学记》中载："同治间东溪公、石泉公两房始各立义仓，而义学仍未之立，然所立义仓或藉公项而设，或由集腋而成，非出一人仗义而独捐也。……以始祖八四公祭田不足，慨然捐田租贰拾余石以益之。又思吾乡虽有义仓，而实业无多，恐形支绌。且有仓学户完纳立捐义仓、义学田。字壹纸交众执照。"

除了家族性义仓外，培田村还有房派义仓，如东溪公义仓、石泉公义仓，均始建于清同治年间，主要是承担荒年房派内的济荒安贫。东溪公义仓为十八世祖久亭公吴昌启所建。十九世祖吴震涛在《培田吴氏族谱·东溪公义仓记》中载："东溪公义仓创之者谁？伯父久亭公也。岁同治己巳倡议将所理东溪公新丁社及在敬公衣色社两处，移出谷本贰百余斗，当众分领生息，春借秋偿。厥后积有赢余，原本归赵，续置田租壹拾余石。迨伯父弃世，巨堂兄接理，尚克承其先志，嗣因家政冗繁，将数退理（原文如此），讵料后董不克胜任，几至借谷者谷本无偿，耕田者田租未纳，岌岌乎有瓦解之势。余忧之，特起而维之。庚寅之春，乃应侄等将簿账领出众理，当日核计，仓谷仅存壹百贰拾斗，幸诸人同心协力，洁己奉公，谷无偿者催其租偿，未纳者追其纳，迄今十有六载，增置田租典税贰拾余石，借项赈银壹百余两，现存仓谷贰百石有奇。近因东溪公春祭席费不敷，每岁垫银数两，年终宰猪，视借谷之偿欠，定颁胙之多寡，以昭赏罚而资激劝，约费银贰拾余两，支用可谓繁矣。愿同事诸人矢公矢慎有始有终，庶支用虽繁而赢余仍不少，可济荒，可安贫，并可保富。”

义仓的粮食大部分由村中豪绅富户捐输，《培田吴氏族谱·恭祝罗太恭人九旬开一大庆》载，五亭公[①]贤妻罗太恭人，“远近有义举，率倾囊乐助，脱簪珥以益之。当封翁在日，焚券捐尝诸善事，太恭人实内助焉。……今寿登大耋，其好施更有加也。招诸子曰：‘吾乡义仓，幸尔父与诸先辈筹划已豫，惟义学未兴，尚留缺憾。吾愿捐腴田数十亩而以岁入之租充修脯之费。诸子克受教，完其志。’”粮食有限，为让义仓不空，凶荒之年能无偿地赈济贫苦百姓，就要增加义仓的粮食储备。除了不断有人捐输外，义仓在平日可向百姓有息贷粮，“春则照丁分领，秋则薄息交收。其后置产增业救荒”[②]。这种办法既保证了义仓充足的粮食来源，也可缓解百姓日常困难生活的压力。现在，房派义仓多已毁坏严重，绳武楼义仓已部分倒塌。

第二节　庙宇及道堂

培田村历史上曾有许多庙宇，有镇守水口的文武庙、护佑航运的妈祖庙、客家守护神玲瑚公王庙、五显神庙，以及保农业五谷丰登的五谷庵和土地坛，还有佛教的般若堂和道堂等，此外在庙宇中奉祀的神仙齐全，各司其职，“有求必应”，涵盖了人们生产、生活的各个方面。众多的庙宇渐次毁坏，今仅剩下文武庙、妈祖庙和土地坛。

1. 文武庙与孔圣会

明初，培田村南的村水口

① 吴昌风，讳灿书，字化云，号五亭。国学生，诰封昭武大夫。生于嘉庆二十一年(1816年)丙子二月初九，卒于光绪十八年（1892年）壬辰十月十七日。

② 引自《培田吴氏族谱·约立义仓疏》。

边建有一座单层的方形建筑，叫“关爷亭”，后被洪水冲毁。清乾隆乙亥年（1755年）为关锁水口，振文运，利科甲，族人吴鸿飞倡议并捐资在关爷亭的基址上建起坐南朝北两层歇山顶的文武庙。庙上下两层，底层三开间，当心间祀武圣关公，称为“武庙”。右次间是开敞的廊子，左次间是通向二层的楼梯。二层称为“文庙”，中间祀厅，四周是一圈敞廊。祀厅中供奉着文圣孔子的牌位；因为此前还一同供祭过文昌帝君的牌位，村人又称文庙为“文昌阁”。

文武庙前有一个院子，木板的院门上是威武的门神彩色画像，衬在红色围墙上格外显眼。客家人既崇文又尚武，吴鸿飞倡建文武庙后，人们就讨论如何安置这两尊神，是主文的神安楼上，还是主武的神安楼上，颇费一番思量。经讨论，族人一致认为：

位于培田村口的文武庙全景

文武庙大门

文武庙底屋供奉着武圣关公，二层供奉着文圣孔子

“闻之三王祭川必先河而后海，诚以河为百川之源也。乃溯河源者动云出于昆仑，是昆仑又为河所发源矣。若孔子者上承虞夏商周之统，下衍濂洛关闽之传，固道统中之昆仑也。夫道德之盛至孔子而极，而祀典之设亦至孔子而隆。”[①]最终决定将“大成至圣先师”孔夫子及主掌文运的文昌帝君安放在楼上，神龛两侧联为“文章重千载，圣教衍万年”，“文明兴师远，昌盛继世长”；将“千古一人”的关圣帝君安在楼下，大殿神龛题联为“一生不负桃源义，千古长存蜀汉忠”。小院大门上题“忠心昭日月，正气壮河山”。在文武庙建好后，特意挖了两个水塘，象征着文武同辉。将对应文庙的椭圆形水塘建在大门前，而将对应武庙的月形水塘建在了庙背后。《培田吴氏族谱》记载，文武庙“每修皆大发，诚敬必高升”。如此一来，文武庙的香火兴盛起来。每逢年节或有子弟出门求学、经商，都要来此焚香祷告，以求文武圣贤的庇佑。后来关圣帝君庙里又增加了个土地爷，门外则多了一副联——“年年风调雨顺，岁岁五谷丰登”。文武庙成了众神庙。

文武庙建得十分讲究，屋宇檐牙高啄，雕梁画栋，四周有参天大树护拥。登楼远眺，山水田野映入眼帘，使人心旷神怡。村中文人常常到此游赏，吟诗作赋。文武庙成为培田新八景之一，吴爱仁有《杰阁吟风》诗赞曰：

一望云霄势欲冲，
巍巍高阁插空中。
披襟快我开怀抱，
琢句惊人夺化工。
檐际抑扬鸣铁马，
天边往复送霜鸿。
凭栏益壮凌云志，
直拟扶摇万里风。

① 引自《培田吴氏族谱·孔圣会序》。

升星村内正对路口的店铺原为"妈祖庙"

诗前有注："阁峙吾乡之水口。阁上一望，人烟在前，风景壮丽，洋洋大观。"

村中成立孔圣会，主管每年孔子诞日的祭祀和兴文助学。清乾隆四十一年（1776年），村中的文化人在宗族的支持下成立了孔圣会。《孔圣会序》曰："……爰于丙申冬杪，其捐赀，倡立一会，于每岁孔子诞辰，恪恭祭祀。又按月聚族中之能文者而课之，并请正于名公钜儒品其甲乙，稍示愧厉，一以昭圣功，一以育人才。凡所为破谫陋之习，开文明之运。"

2. 妈祖庙

汀、连一带山川密布，河流众多，水路比陆路交通发展要早得多。汀江内河航运在唐代已经初步开发。宋代，汀州所属六邑由食浙盐改为食福盐和漳盐。由

距培田村十几公里的罗坊乡的云龙桥边，现仍有一座妈祖庙。近年人们又在庙前造了一尊高大的汉白玉的妈祖雕像，满足人们对妈祖的崇拜

于长汀、上杭、连城、武平四县改食潮盐，汀江及朋口溪上的船运业日渐增多。除运销食盐，以食盐换取山货外，又将闽西、赣南出产的竹木扎成排，经汀江、韩江漂流至潮汕销售。经营竹木者的组织称“木纲会”。汀江沿岸盛产竹木，又由于河源溪是朋口溪的重要支流，培田、上篱两村很早就有专门从事航运的船工和排工，培田曾有排工十几人，上篱村最多时有排工六十多人。这一带水运河道险阻多，尤其是汀江在上杭境内就有龙滩（又名龙口滩）、乌鸲颈滩、濯滩、南蛇滩等险滩三十余处，永定境内亦有穿针滩等险滩九处；其中，穿针滩“河道狭窄，仅能容一船而下”，水流急而快，驶船俨若穿针，稍有偏差就船毁人亡。当地人赞颂机智勇敢、操作熟练的船工们，有“纸船铁艄公”之说，又有“铁艄鸡”的称号。

清代，朋口溪上的木帆船发展到二三十艘，汀州、潮州之间舟楫往来、人员互流日益频繁，内河航运的险阻困苦使得汀州、潮州有了共同的妈祖信仰，长汀建造了三妃庙。宋修《临汀志》记：“三胜妃宫在长汀县南富文坊。乃潮州祖庙灵惠助顺显卫英烈侯博极妃，昭贶协助灵应惠佑妃，昭惠协济灵顺惠助妃。（北宋）嘉熙年创，今州县吏运盐纲必祷焉。”这里所记“灵惠助顺显卫英烈侯博极妃”即妈祖。妈祖姓林名默，人称林默娘，福建莆田湄洲人。林默早慧，知书达礼，生前曾多次于海上救人，相传死后亦常“显圣”“示梦”“示神灯”，救助海舶、舟人于危险之中。1127年被封为“崇福夫人”，此后又得官方封号为“灵惠夫人”“灵惠昭应夫人”等。民间多以“妈祖”“天妃”“天后”“天上圣母”称之。

为保护排工的安全，上篱村很早就在村内主街十字路口上建起一座供奉妈祖的天后宫，而培田村一直没有。清康熙年间，培田村人吴光廷出海，乘大船往琼岛贸易，“漂洋遇飓浪，淹死无数，公幸免”[①]，他在幻觉中见到天妃，得救后为感激天妃娘娘的恩德，也为保护所有航行者的安全，遂捐资在培田建起天后宫，相传，乾隆年间特意从莆田湄洲请来妈祖神像，又称“妈祖庙”。

天后宫位于培田村河源溪的西岸，坐西朝东，正对万安桥。早期的天后宫规模很小，只是一座小亭。《万安桥记》载：“构亭桥首，专祀天后塑像金身，期藉神庥，永平褰裳濡首之憾。”以后扩建成三间，有前廊，全部敞开，不设门窗，当心间前檐柱上题联：“坤仪配地，后德参天。”次间前檐柱对联为“全仗慈心一片，长依懿德千秋”，横批为“神存海晏”。前金柱上题联：“工贾士农尽是神州赤子，津梁舟楫咸瞻海岛英灵。”凡走水路做生意的人，出门前都要到天后宫焚香，以求天妃娘娘的保佑。

① 引自《培田吴氏族谱》。

后来在其左次间内供奉起送子娘娘，神龛上有联："求子求女凡心得偿，积德积善天理无亏。"又在右次间供起赵大元帅，即财神爷，神龛上有联："身骑黑虎通天下，手执金鞭过五洋。"天后宫于是成了群神共聚的地方，香火很盛。逢初一、十五，人们都来烧香敬神，出门前更要烧一炷平安香。

天后宫曾经历多次修缮重建。1949年以后，天后宫倒塌。现存的天后宫是20世纪80年代重建的，三开间，屋顶为三山式，中间高两边低，用彩色琉璃装饰，屋脊上是双鱼吻。虽然建筑十分简洁，但比一般小庙要高大气派许多。

3.般若堂

般若堂建于明万历二十一年（1593年），为十世祖吴在中所建。在中公，讳正道，号肖泉，为人秉义正道，好学不倦，不但书法出众，而且诗词歌赋、文章尺牍也很精通。中年时，在中公为了博览群书，加深学业，选择在村东四公里的云霄寨上，鸠工筑室，独自一人潜心学问。以后人们在吴在中曾读过书的厅堂内塑起一座"接引弥陀"塑像，此读书处因此被称为"般若堂"。"般若"，梵文意为"智慧"。《培田吴氏族谱·接引弥陀序》有记："接引弥陀原云霄山般若堂之像也。其山耸拔，四面陡绝，唯一径可通，登临舒啸，恍若置身云表，诚吾乡八景之魁也。伯祖肖泉公因中年淡于名利，欲托处幽静，鸠工筑室于此，名为般若堂。伯祖坐卧其中，号为得一道人。爰塑佛像，皈依顶礼，盖有年矣。迨岁月久而堂毁，移厥像于本坊庵左之方丈，金身蒙晦，令人感喟。予伯祖裔孙不忍忘先人之遗，施田庵中，历为装饰，俾对我佛祖犹对我伯祖，庶几上承前征，下垂后裔，永祈佛像降福焉耳。"

般若堂已毁。当年堂前所植紫玉兰已成片，堂后所栽丹桂、紫荆也依旧茂盛，花开不断。山上还有一湾泉水。培田八景诗中有吴正道《云霄风月》七律一首：

绝顶云封冷露浓，
堂开般若忆遗踪。
摊书午倦风侵榻，
味道更深月挂松。
嘉帽豪情凭独赏，
庾楼清兴有谁从。
于今访景人何在？
为爱青山不改容。

目前，云霄山已成为连城旅游胜地之一。

4. 大和山道堂

大和山道堂建于清咸丰年间，位于培田村北三公里叫大坑山的地方，现保存一座三开间大殿和几间横屋。道堂最初由培田附近的廖、赖、林、张四姓人共建。有人说大和山道堂信奉的“空中道”，又称“真空道”，是从广东传入的，也有说是江西传入的。大殿有联：“无定相真空作体，极慈心实性为真。”修习《无定相真经》、《无极真经》和《报恩真经》。清代末年大和山道堂衰败，道士皆无，仅剩下一处空空的院落。

民国时期，这座大和山道堂成了戒毒所。

民国初年军阀混战，经济萧条，商业停滞，在外乡经商的培田人大都回到家乡。这时龙汀、永连、连宁公路的修通又使培田村内的商业萎缩，村中闲人多，无所事事，于是凑在一起喝酒、玩牌、赌钱、吸鸦片。地方政府也强迫农民种植鸦片，并按户征收高昂的种子税。鸦片的大范围种植致使吸食鸦片之风日盛。据村人吴日高先生[①]讲，那时培田吸鸦片的人很多，最初是抽着玩，以后就上了瘾，不抽不行

① 吴日高，1937年生于培田，其太祖是十九世祖吴拔桢，祖父是二十世祖吴建德。吴建德有五个儿子，长子吴纯初，次子吴穆初，三子吴秉初，四子吴致初，五子吴道初。吴日高为吴纯初长子。

了。吴日高的爷爷吴建德有五个儿子，他们三代同堂住在一起。吴日高的父亲吴纯初是长子，性情懦弱，二叔十分能干，曾任保长，家里的财政就由二叔一人掌管。当时三代同堂，家里共十几口人，经营着三家店铺，一个肉铺和两个杂货铺，出租土地每年还有几百石租谷的收入，日子过得十分富裕。民国年间，二叔吴穆初染上了赌钱和吸鸦片的恶习，每天晚上都在村中街三角店处摆桌设赌场"押铜宝"，吴穆初做宝官当庄家，不管谁输谁赢他都有钱赚，玩累了就回家吸大烟解乏。吴穆初家里备有大烟床，为了舒服，他经常让侄子吴日高给他烧烟泡，侄子小，烧不好，就让自己的三弟吴秉初来烧，时间一长，哥儿俩都染上了烟瘾，厉害到一晚上要抽掉三箩筐谷子（一筐六十斤）的烟钱，家里的财产很快就被消耗光了。到1945年前后，抽鸦片的钱不够，不抽又不行，吴穆初只好在春季提前收取秋收时的租谷费，时间长了佃农们不干，吴穆初就将租谷折半或折三成提前收取，或干脆卖掉田产，1949年时连干饭都吃不上了，只得整日喝掺着野菜的稀粥。村中因吃鸦片致死的人也不少。吴穆初的叔公吴乃青，1927年留法回乡后协助处理家族事务，看到这种情况非常气愤，坚决禁赌禁烟，促使宗族公布了有关禁赌禁毒的规章。这一时期，乡绅们也写了许多文章加以告诫，如吴泰均的《烟癖箴》《与幡然兄弟戒烟书》，吴茂林的谕世专咏《戒吃鸦片十五绝》，历数鸦片种种危害，帮助那些瘾君子戒毒。吴茂林在诗中写道：

芙蓉别种产天方，
流毒中华剧可伤。
沉溺于人甚花酒，
莫随时好漫轻尝。
缓烘猛煮炼成膏，
珍贵如丹价值高。
入口无裨饥渴急，
消糜资产等燎毛。
终日昏昏废百为，

筠筒灯火镇[1]相随。
横陈榻上生如死，
地坼天崩懵不知。
口中嘘吸手中挑，
刮髓剜精不用刀。
有甚嗜痂同饮鸩，
分明祈死自煎熬。
……

吴乃青还亲自到村中劝戒鸦片，但有些人已成瘾，无法控制。其实，在宣统二年（1910年），连城县已“开办去毒支社，后成立戒烟所，负责禁止吸鸦片”[2]。培田吴氏家族为了帮助族人戒毒，便利用空闲的大和山道堂僻静的环境，将一些子弟送去，在那里通过空腹餐气，静坐练功，饮茶诵经，求进万物皆空的意境，以达修身养性和戒毒的目的。据说，在大和山道堂经过修炼确实使不少培田子弟戒掉了毒瘾，大和山道堂一时又重新兴盛起来。

培田村的土地坛

① “镇”即整日。柳永《定风波》词：“镇相随，莫抛躲。”

② 《连城县志》，连城县地方志编纂委员会编，群众出版社1993年出版。

5. 土地坛

除以上几座较大的庙宇外，培田村里和四周山上还有许多小土地坛。这些土地坛大多没有建筑物，或只是个土台，或只是用几块砖垒起的小神龛。紧邻文武庙东北侧有座保佑培田全村的社坛，即土地坛，是一个高约一米的土台，土台北有约二十平方米的小宇坪，每逢初一、十五，人们就在小宇坪上设供，焚香磕头。山上和田里的土地坛没有小宇坪，不设供，只焚香祭祀。

第三节　其他公共建筑

1. 朱子惜字社与字纸炉

培田人崇文重教，读书人多，除了每个书院、学塾内藏书，许多人家中也有数量不等的书籍。据说当年吴乃青的卧室除了一张床和衣龛外，四周放的都是书。这些藏书为培田学子提供了大量的精神食粮，开阔了他们的眼界，增长了他们的学识，也营造出家族中浓厚的文化氛围。

为珍惜书籍和字纸，尊重知识和文化，咸丰年间由村中有威望的文化人、乡绅们共同创建起“朱子惜字社”。朱子惜字社前身为修学社。“缘道光八年（1828年），阖邑修文庙，八四公题大捐一名，计边百元，文昌社派五十，上下门合派五十，而上门所派二十五实公乐捐者。尔时诸公计议，美举凑成又虑美之弗传也，复各劝谷一斗生息置产，每冬至前致祭八四公，既效绩先师，亦追隆始祖成美举也。历廿余年，因怀畛域之心，遂起瓜分之议。予等不忍美举之就湮也，鸠同志五人，后加劝三人，将分回钱交化行叔手生息，更名曰‘朱子惜字社’。盖闻道统开于尧舜，非孔子无以集其大成，道学晦于嬴秦，非朱子无以注其精蕴。前庚作而后庚述，非虚语也。仰尼山而忘考亭，岂得为是乎。吾乡孔圣之社久立，朱子之社未与，此后每逢九月十五紫阳诞辰，特祭朱文公，接祭八四公。”[①]

朱子惜字社成立后，乡绅们每每看到村人不爱惜字纸，心情十分不悦，他们认为“字纸乃圣贤面目，千金之产片楮为凭，万里之音数行可达，士农工商无人不用，名物象数无处能遗，其有功于人大矣。顾乃不知敬惜，其鼠秽虫伤簏耗尘封无论已，甚至糊窗裹物拗条拭垢，手丢脚踏污贱不堪，瓦砾粪堆龌龊已极，触目曷胜伤心。夫敬圣贤先须敬字，惜字即惜圣贤。兹除祭需外，所有余资，每朔望雇工收买人家废纸，捡拾道途弃纸”[②]。村内陆续建起了三座字纸炉。

村民形容字纸炉造型很像小塔，高约1.3米，塔上部写有“敬惜字纸”字样，中间是烧纸的炉膛。自从有了字纸炉后，村人更加爱惜书籍及字纸。

2. 万安桥

培田历史上曾有五六座桥，其中万安桥作为汀连官道上必经之桥，十分重要。据乾隆年间巫兆夔撰写的《培田吴氏族谱·万安桥记》载：“闽中桥名万安，不一而足。宋蔡襄晋江之建甲天下，而吾汀亦有二焉。一距城西五十里曰古城；一在宣河吴家坊，距城南百二十里。聚族于斯，则尽绮里季之苗裔也。山吐其秀，水凝其清。”万安桥建造年代较早，前引文载：“丙子（1756年）初冬，予道经其地，熟闻人敦愿悫，户习诗书，意古之所谓郑公乡者，殆其伦欤？越明年，吴子一滋来游吾门……因知其先世辟土丕基即造万安桥，以壮一坊门户而通长、连往来要津，高广如度，既固且宁，其所由来久矣。”

万安桥初建为小木板桥，

① 引自《培田吴氏族谱·朱子惜字社序》，“八四公题大捐一名”，大约是空有其事，仅表对始祖的尊敬而已。

② 引自《培田吴氏族谱·朱子惜字社序》。

河源溪与万安桥

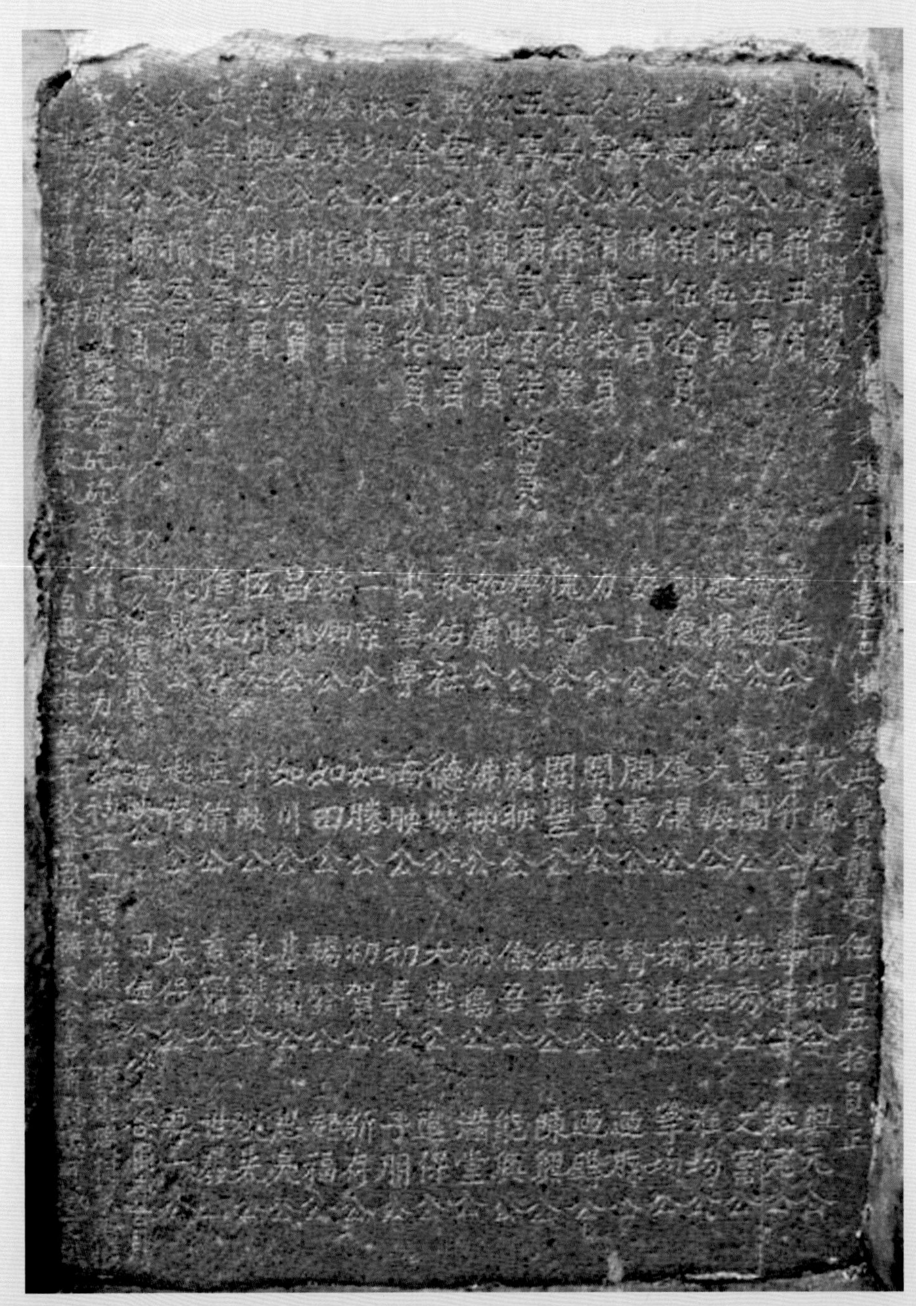

胪第庵石碑现嵌在胪第庵一侧的墙壁上，记录了吴氏家族修建胪第桥捐资的数额　吴念民提供

“中间溪水泛滥，迭毁迭修”，后建成石墩木梁的廊桥。《培田吴氏族谱·万安桥记》曰：“不惜百金赀费，相承累叶，故能遗之以安，于今为烈也。近年渐即于圮。吴氏后贤鸠金筹画，仍旧制而更新之，灿然改观，越数月而工落成。构亭桥首，专祀天后塑像金身，期藉神庥，永平褰裳濡首之憾。自兹以往，溪获安澜，人蒙利涉，一桥之成，亿万逸豫。而吴氏子若题柱，若济川，间世杰出，康又生民，何渠不与端明后先辉映哉？抑有为之前厥美斯彰，有为之后其盛可继，原桥之所以兴恒惕乎？桥之或抵于废则绸缪未雨，固宜念兹在兹矣。”

建廊桥时，由于河溪底部为沙石层，桥墩很难固定，几次建好都被大水冲毁。于是人们利用“水中千年松不烂”的经验，

距培田村十几公里的罗坊乡云龙桥

将松树横排扎成木排后埋入水下做桥的基础，然后在木排上打木竖桩做桥墩，再于松木桩的基础上用条石垒砌成桥墩。为减少阻力，使流水顺畅，桥墩砌成燕尾形分水。桥墩之上架松木梁枋，铺桥板，桥廊盖青瓦屋顶。桥上柱间设美人靠，桥东端内侧挂“万安桥”大匾。整个廊桥朴素、结实、壮观。据说，后来一位风水先生路经培田，说村东不宜建廊桥，平桥宜于引龙脉，否则不利桥东人家。待再次修复时，人们就改廊桥为普通的石板平桥了。培田八景诗中有《平桥望月》诗之一：

平桥同眺话如兰，
古木分明映碧渊。
万里无云天一色，
森森苍翠欲参天。

20世纪60年代，为了走拖拉机，村民将石板桥拓宽并加上石栏杆。

云龙桥桥亭

万安桥早期为廊桥，后改建为石板桥，20 世纪 80 年代以后为了走拖拉机将桥面拓宽，改为现在带栏杆的石拱桥

3. 石牌坊

培田有两座石牌坊：一座在水口松树冈，为跨街旌功牌坊；一座在万安桥东一百五十米处，即“乐善好施”牌坊，亦跨街而建。

旌功牌坊 牌坊为旌表吴拔桢获武进士，于1894年修建。

石牌坊位于村南水口处，为三间四柱五楼式，坐北朝南，全部采用青石构件，素雅壮观。牌坊有五个两面坡的小庑殿顶，出檐不大，十分简洁，正中屋脊上为一个葫芦宝顶。朝南当心间之上立匾额，书有醒目的黄色“恩荣”二字，为烘托“恩荣”的气氛，匾额之下的两层额枋，一层为浮雕双狮舞绣球，一层为浅刻双凤朝阳图案。

牌坊当心间两柱前面有题联：“世有凤毛，叠荷宸慈颁紫綍；身随豹尾，曾陪仙仗列黄麾。”牌坊背面也有题联：“凤阙书名寿于金石，鹰扬奏绩铭诸

（上）石牌坊是村界的标志，出了牌坊即为村外

（中）培田的旌功石牌坊，是为表彰武进士吴拔桢而建。它是培田村南村口的标志，是培田吴氏家族的骄傲

（下）恩荣牌楼

（右）石牌坊、文武庙和茂密的风水林共同组成培田村口风水建筑群

鼎钟。”为了使石牌坊牢固，四根石柱前后都有高大的抱鼓石，气派而庄重。

牌坊的左侧是文武庙，右侧是竹木茂密的护砂坡——松树冈，石牌坊位于两者中间，犹如一把大锁，起到了进一步关锁水口的作用。人们出村入村都要穿过它，石牌坊此时又作为培田村口的重要标志。

“乐善好施”坊 这座牌坊是朝廷为表彰吴昌同乐善好施之义举而敕建。吴昌同，字化行，号一亭，生于清嘉庆二年（1797年）丁巳九月初二，一生乐善好施。《培田吴氏族谱·一亭公牌坊呈稿》载：“据呈已故善士吴昌同独捐巨款在省垣建立试馆，并捐资倡办一切善举，洵属仗义疏财，深堪嘉尚，候即据情申详请旌。福建汀州府胡批：‘……查有已故四品封职吴昌同仗义轻财，敦宗睦族捐赀设馆，本支之赴试者，咸乐安居，置业收租，合族之与考者，并蒙分惠。’如输军米、育遗婴、创建桥梁、捐修书院、积谷以备歉岁、施茶以利行人，均属有益于地方，不独见称于宗族。所捐较巨，核例既符，洵为里党之善人，宜沐褒扬之盛典，应详请照例旌奖给予‘乐善好施’字样，令其自行建坊，以资激劝。”呈稿经逐级上呈后，终于得到朝廷“着照所请”的朱批。

“乐善好施”石牌坊建于万安桥东村口处。坐北朝南，为三间四柱五楼式，与旌功牌坊的形式相同。朝南当心间的字牌上刻醒目的“乐善好施”四个大字。中间两根石柱上有联：“恩颁闾阖，九天焚黄足光增绮里；诏锡綍纶，四字飞白更荣逾玉堂。”朝西当心间联为：“世重博施轻财仗义，家承至德睦族敦宗。”牌坊采用青石构件，牌坊石柱前后的石抱鼓及额坊上有狮子舞绣球浮雕，比起恩荣牌坊要高大华丽得多，是培田村东部入口的重要标志。

第十一章 建筑装修及装饰

第一节　大木装饰
第二节　小木装修雕饰
第三节　砖木门楼
第四节　部分砖石作装饰
第五节　地面装饰

培田村主要的住宅和宗祠建筑的装修和装饰，从大木构架、小木门窗装修、门楼样式到院落铺地图案，都很细致，培田人尽量在有限的条件下把它们做得最好，充分体现了主人的意愿和情趣。装饰题材广泛灵活，内涵深厚，而且技艺十分精巧，很具地域特色。题材以动物、植物、器物、几何纹样及戏曲场面为主，有些还饰以彩绘，使建筑富丽堂皇，气派不凡。

培田村的装修及装饰包括以下几部分：大木装饰，小木装修，砖、木门楼和一些装饰地面的铺设。

第一节　大木装饰

培田村四周大山林木资源丰富，几百年来这里建房大都采用传统的木结构体系，木柱，木梁枋，木板壁。夯土墙、石墙和青砖墙大多只起围护作用。

建筑中轴部分的厅房多为三开间，是整幢建筑的核心部位，等级最高，是最能体现家族实力和文化品位的地方，不论建筑规模大小，厅堂都格外讲究。厅堂有上、中、下之分，中厅装饰最精，明间装饰等级最高，两侧次之。

三开间的厅堂各有四榀屋

前 厅　　　　　　　　中 厅

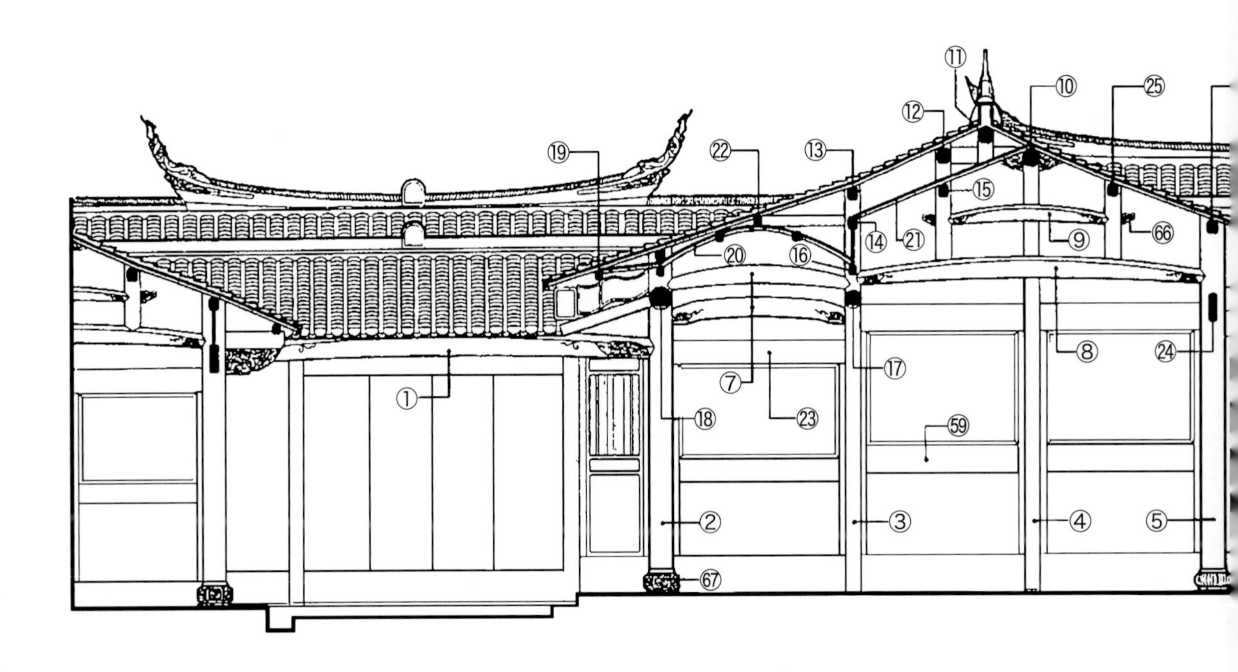

① 前上由
② 扇柱
③ 布柱
④ 栋柱
⑤ 后步柱
⑥ 后中屏柱
⑦ 陪川梁
⑧ 一川浮架
⑨ 二川浮架
⑩ 栋梁
⑪ 借栋栋梁
⑫ 借大中梁
⑬ 借栋次梁
⑭ 前步梁
⑮ 大中梁
⑯ 卷棚承桷
⑰ 后由梁
⑱ 前由梁
⑲ 撩桁
⑳ 卷棚
㉑ 仰板
㉒ 卷棚顶承
㉓ 由枋
㉔ 后由枋
㉕ 后大中桁
㉖ 后小中桁
㉗ 后步桁
㉘ 后撩桁
㉙ 前落孔陪川
㉚ 前落孔一川
㉛ 前落孔二川
㉜ 撩桁
㉝ 步桁
㉞ 由梁
㉟ 前步桁
㊱ 小中桁
㊲ 大中桁
㊳ 栋桁
㊴ 后大中桁
㊵ 后小中桁
㊶ 后步桁
㊷ 后撩桁
㊸ 后撩骑桐
㊹ 后落孔一川
㊺ 后落孔二川
㊻ 落孔
㊼ 前步柱
㊽ 前小中柱
㊾ 前大中柱
㊿ 栋柱
(51) 后大中柱
(52) 后小中柱
(53) 后步柱
(54) 三川
(55) 二川
(56) 一川
(57) 陪二川
(58) 陪一川
(59) 水墙头
(60) 地脚
(61) 上牵
(62) 中牵
(63) 下牵
(64) 雨埕
(65) 梁镶
(66) 草尾
(67) 柱石
(68) 翘角（飞挑）
(69) 后撩桁骑桐
(70) 由枋
(71) 门板壁(鼓仔板)
(72) 屋主

培田居住建筑大木构件名称图

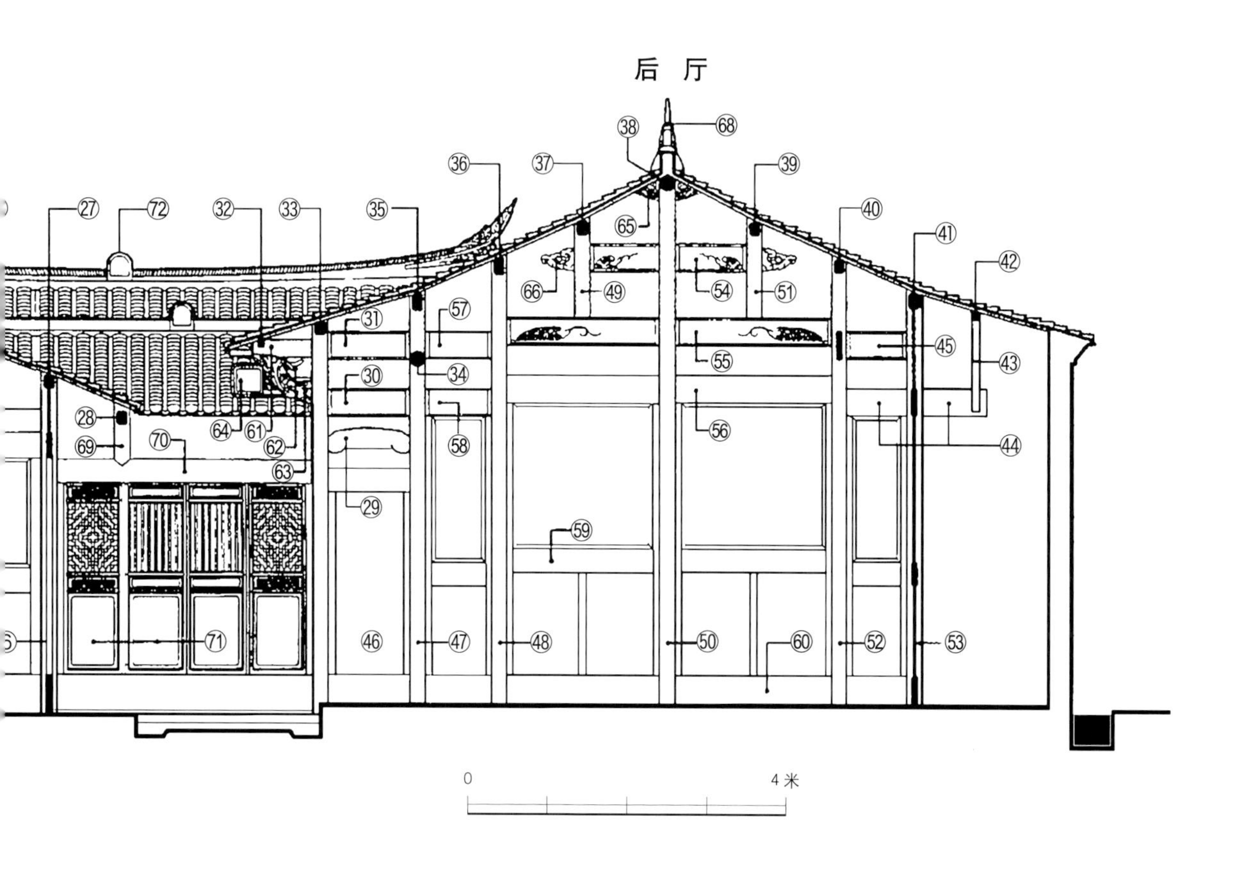

架，中间两榀称“中榀”，通常采用抬梁式，两山称“边榀”，为穿斗式。大木构架的柱子和梁枋用材都大而规整。中厅进深较大，在前檐柱与前金柱间多做卷棚轩。上厅作为祭厅，十分朴素，中榀梁架，以穿斗式为多。抬梁式的大梁为月梁，穿斗式的构架不做梁，而采用密排的“穿”（当地也称“川”），在距地面1.5米处开始做木墙裙到“地脚”。

双灼堂挑檐枋花托

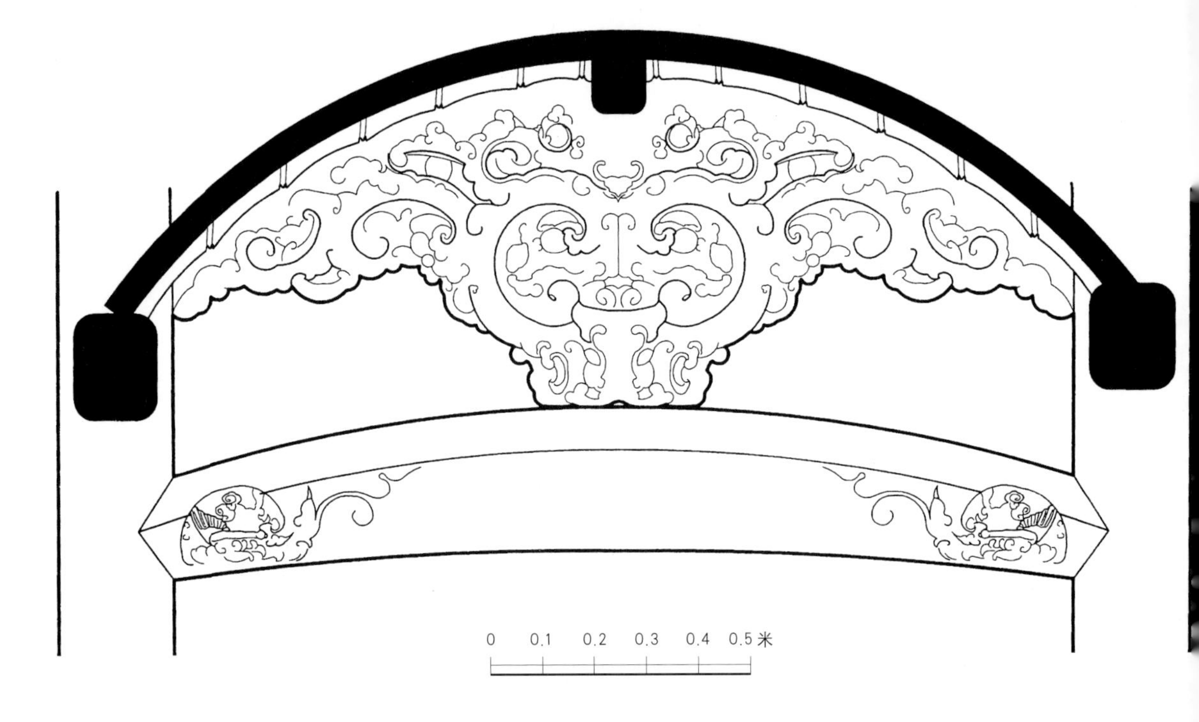

双灼堂前檐卷棚轩花板

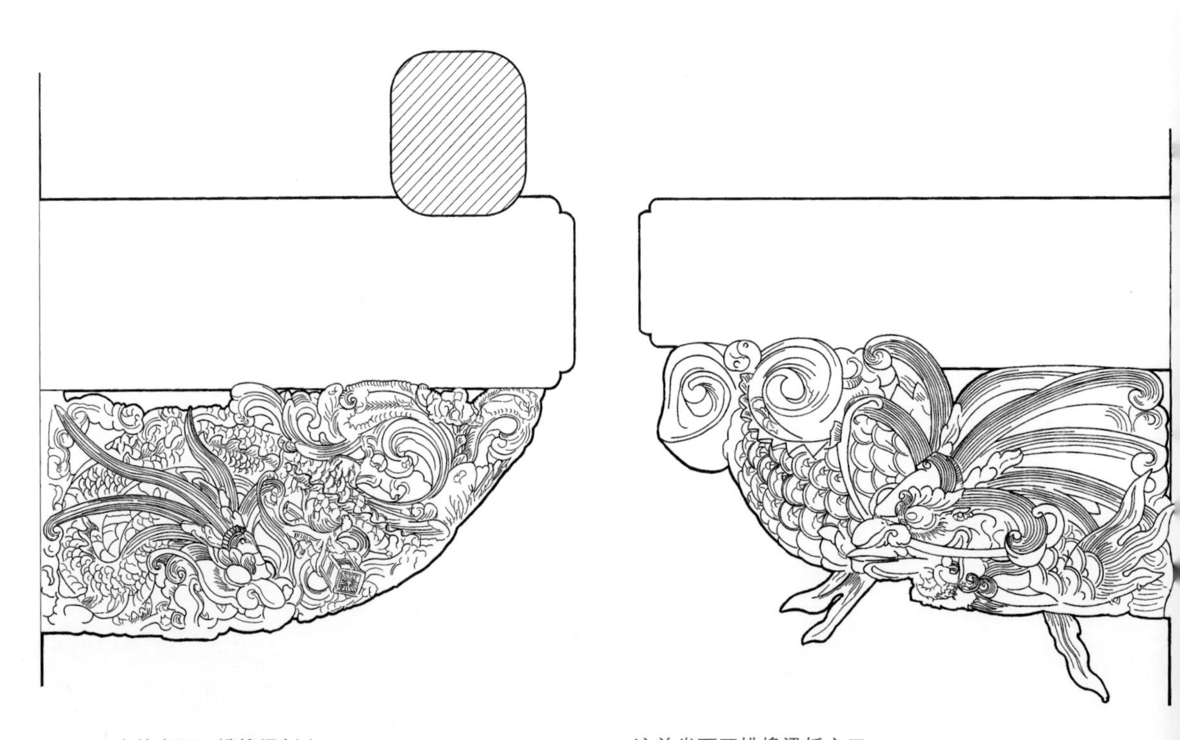

济美堂下厅挑檐梁托之一

济美堂下厅挑檐梁托之二

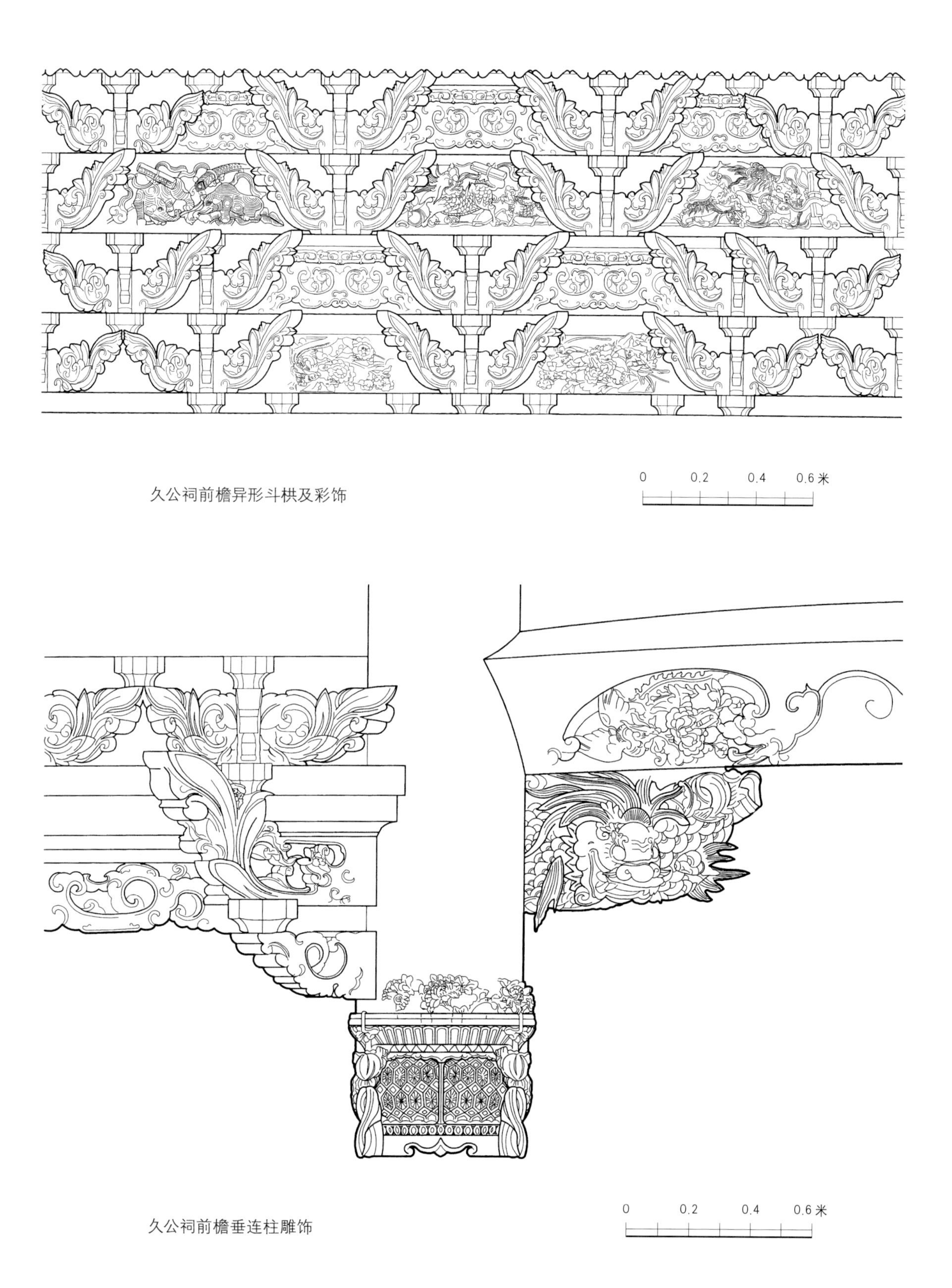

久公祠前檐异形斗栱及彩饰

久公祠前檐垂连柱雕饰

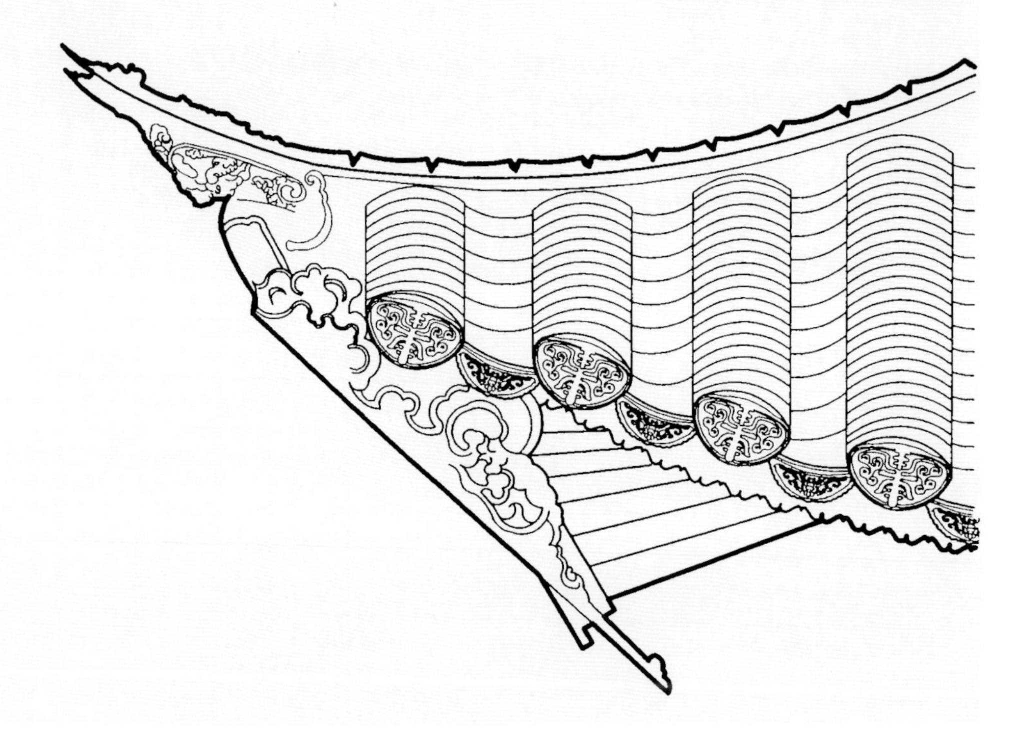

久公祠前檐翼角做法

久公祠屋脊脊饰

上、下两堂或下、中两堂的前檐枋和它们两厢的前檐枋（当地称浮梁或前上由）都做成月梁。月梁两端有一组雕饰，纹样有卷草或卷草龙；有喜鹊闹梅、松竹梅石、花开富贵等花卉纹样；有用各种动物组成的浮雕图案，如三羊（寓意“三阳开泰”）、群猪（为“诸事顺意”）、鲤鱼（“年年有余”）、双狮戏珠、龙凤呈祥等；还有人物戏曲场面，人物形象鲜活生动。为了与前檐枋细密的雕饰配套，前檐枋两端下方的梁托也雕饰着各种精美的图案。前檐枋的雕饰集中在两端，中部没有，匠人往往着意从梁或枋两端细密的雕饰图案中再浅刻出两条卷草形的叶脉，俗称“草尾”，来装饰梁枋，在保证结构功能的同时，使之不显呆板，展现了月梁的饱满生动和优美流畅的曲线。

厅堂边榀的穿斗式结构，用料都小于中榀。“穿”本身没有雕饰，只在檩子与柱子接合处，有用来稳定檩子的承托构件“栋架头”，并在“穿”的端头进行简单的雕饰。穿斗架的构图和比例以及装饰都很漂亮，透空处为白色粉壁，与木架颜色形成鲜明对比。有时为加大色彩的反差，还特意在穿（川）、木裙板、地脚的边沿涂上一道褐色或黑色的条带，穿斗架本身就成了一种非常好的装饰图案。

大木构架上另一个重点装饰的地方是中厅前檐廊的卷棚轩，轩顶由弧形的椽子一根根排列，檐廊的梁架镶嵌一组花卉、宝瓶、人物或动物图案的花板，既起结构作用，又是重要的装饰构件。卷棚轩位于前檐，光线足，装饰效果很突出。

直接承托檐檩的构件，即挑檐梁，下面通常有一个雕刻精美的花托，这也是大木构架装饰的重点。另外，在穿斗式屋架中，起横向拉接作用的构件称为“牵”，它有上、中、下三个构件，通常在中牵和下牵两构件上做一些雕刻装饰，采用素木色，与白粉墙相衬格外清雅。

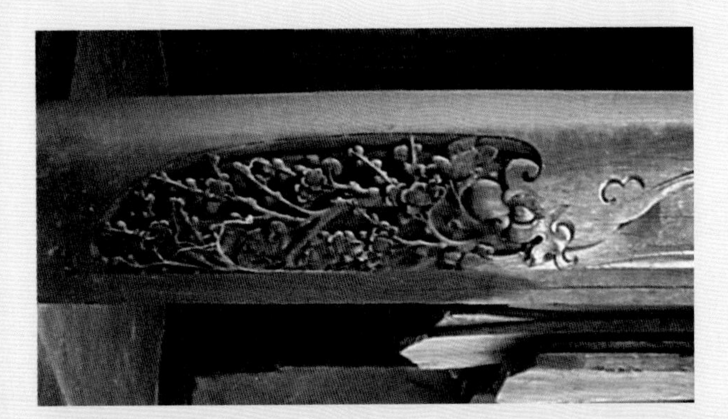

梁头雕饰为梅花，岁寒三友之一

梁头雕饰为兰花，意寓清雅高洁

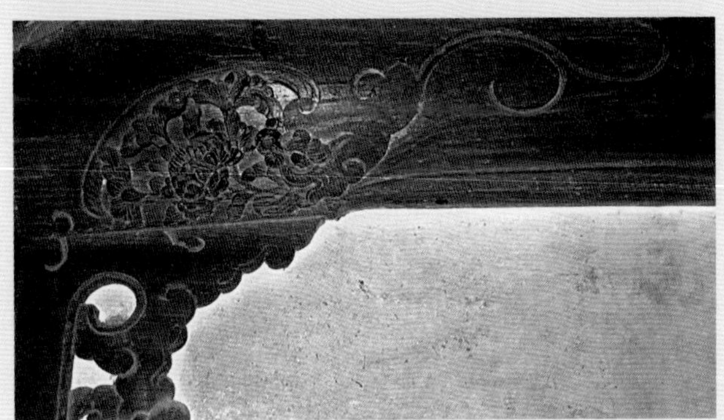

梁头雕饰为牡丹，意寓吉祥富贵

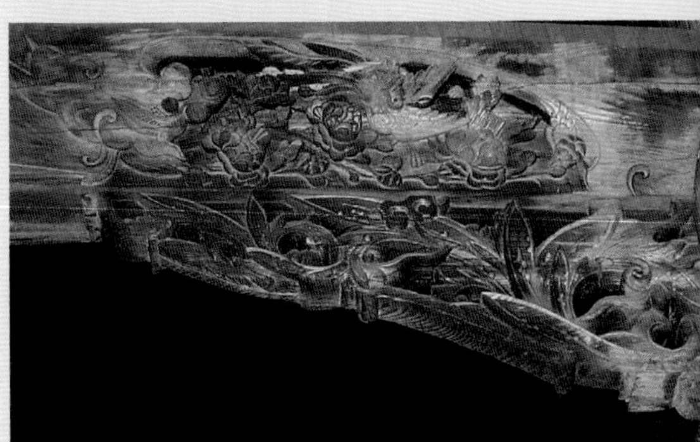

梁头雕饰为凤戏牡丹图

梁头雕饰为三只羊，象征“三阳开泰”

梁头雕饰为猪，意寓“诸事顺意”

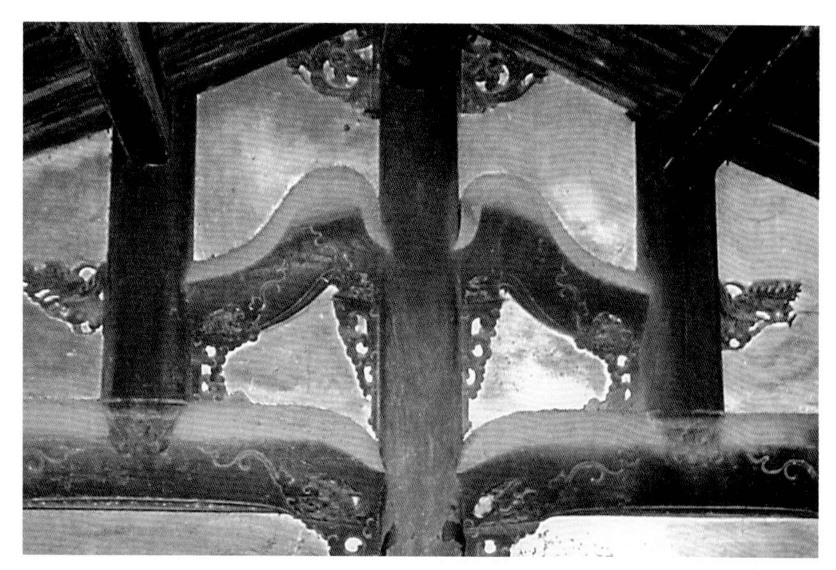

厅堂台梁式的屋架，利用素木色彩与白粉墙对比，装饰性更强

卷棚轩招财进宝花梁

卷棚轩平安富贵花梁

木构建筑最怕失火，因此挑檐梁的花托和“牵”的装饰构件多雕成卷草龙、鳌鱼或龙头鱼尾的形象。也有直接雕成鱼龙口吐莲花，象征呼风唤雨；也有龙凤呈祥图案，非常精彩。

横屋比厅房建筑等级低，高度也略低。大木梁架大都采用穿斗式架构，只有少数横屋花厅的厅房采用抬梁式，但用料省而雕饰少。有些作储藏室用的横屋则完全是草架，梁柱也七歪八拐，十分简陋。

鱼龙雕饰的挑檐枋

雨挡灰塑

雨挡灰塑与木雕

垂莲柱之一

垂莲柱之二

升星村住宅前檐花梁

第二节 小木装修雕饰

培田建筑装饰中的门窗等小木装修十分精彩华丽，雕刻工艺高超，蕴含丰富的文化教育内涵，寓教化于其中。

小木装修雕饰的位置主要集中在厅房的槅扇门、槅扇窗，有的太师壁（当地称“天子壁”）也进行装饰。在两进式的房子中，左、右厢如有装修则门窗也雕饰，但等级较厅堂略低，通常为步步锦式，或在步步锦中间做一个主题雕饰。横屋及花厅内的门窗大多为最简单的步步锦式或直棱窗。

门窗槅扇的装饰题材最为丰富，草木植物、花鸟鱼虫、钟鼓鼎彝、文房四宝、鹿狮百牲、八仙法器、山水亭阁、人物故事、文字图案，应有尽有。许多槅扇雕饰还饰有鲜艳的彩色，有的沥粉贴金，更显得华丽富贵，辉煌无比。

下面就济美堂和如松堂两

方形步步锦槅窗

圆形步步锦槅窗

吴拔祯中武进士后，进士匾便悬挂在务本堂，成为吴氏家族的骄傲，以及村人文化教育的典范

窗花板"八骏图"之一

窗花板"八骏图"之二

花板"双狮贺喜"

生肖图

幢建筑的雕饰分布和特色进行说明。

济美堂　建于清末，是吴昌同生前建造的七座华堂之一。吴昌同出身清贫，十七岁学理财，走遍大江南北，后来自己持家营业，在两湖开钱庄，汀州办油行，在潮汕、福州经营纸业，赚了不少钱，捐万金于福州建起宣河试馆，以方便乡人到省府应试。回乡后为颐养天年建宅称“济美堂”，取《左传·文公十八年》当中“世济其美，不陨其名”之意，一是显示自己的成功，一是鼓励子孙在前人的基础上继续发扬光大。这幢宅子做工精细，建造质量很高，是整个培田村雕刻最多、保存最好的一座。上厅、中厅、下厅各有八扇雕饰华丽的窗扇，而中厅太师壁上的四块槅扇是培田村保留下来的仅有的三层透雕，十分珍贵。

济美堂为前后三进带前院的住宅。走进院落，首先见到的是雕饰繁复华丽的下厅槅扇门，有格心、天头、束腰及裙板。天头为浅浮雕花卉，束腰为博古器物，也采用浅浮雕。格心是槅扇工艺的重点，由透空卷草纹图案组成，每根卷草纹头上都异化成一个龙头纹样，中间是卷草纹构成的一个大字，左次间四扇分别为孝、弟、忠、信，左次间四扇分别为礼、义、廉、耻。为了使字形不混在纹饰中，特将字体饰成蓝色，十分醒目。这一排槅扇组成的大面积雕饰，艺术效果强烈，更体现了以程朱理学教育后人的良苦用心。于下厅次间做连排槅扇门的房子，在培田还有很多，如敦朴堂、进士第、在宏公祠、久公祠、衡公祠、厥后堂、工房住宅等，其中厥后堂的花槅扇上刻“孝悌忠信”；久公祠格心上为“龙光射斗”；衡公祠为“福禄寿禧”；有的是卷草纹图案，如敦朴堂、进士第、在宏公祠。

济美堂中厅装饰十分讲究，中厅太师壁做成镂空雕花槅扇，三层镂空透雕，工艺精美，雕饰繁复，色彩醒目。镏金太师壁正面由四块槅扇组成，有天头、格心和束腰。格心雕的是一段段戏曲场景，场面有大有小，有动有静，空间有高有低，有近有远；其中人物有男有女，有老有少，有文有武，有耕有读，造型生动，这么多的人物场景雕饰在一起，却层次分明，并不混乱。背面四块槅扇上刻："公之刚方戆直如长孺，公之举案齐眉如伯鸾"；"公之三徒成名如陶朱，公之让产分甘如薛包"；"公之指囷济饷如子敬，公之尊贤育士如燕山"；"公之彩舞四贵如石奋，公之颔点不尽如汾阳"。"长孺"指性格刚直的汉朝御史大夫韩安国；"伯鸾"指与妻相敬如宾备受后人推崇的梁鸿；"子敬"是三国东吴厚道慷慨的鲁肃；"薛包"是东汉侍中，著名的孝子；"陶朱"是春秋时越王勾践的谋臣、后来成为富商的范蠡；"燕山"是五代时后周以重教举贤扬名天下的谏议大夫；"石奋"是汉景帝时人，他和四个儿子都官至二千石，被称为"万石君"；[①]"汾阳"指平定安史之乱的郭子仪。这八副联既是吴昌同的自勉，又是对吴昌同的旌表，更是吴昌同为后代子孙树立的人生榜样。[②]

太师壁的四槅扇虽然雕饰繁密，但整体效果十分完整。为了突出格心，天头板统一做成简单的浅雕饰卷草，格心板的仔框还配上一道窄窄的红边，束腰板为器物和博古纹样。一般为避免从中厅直接看到后厅，太师壁都是素木实板壁，不做装饰。济美堂中厅太师壁做透空雕饰，

① 吴昌同与石奋一样也有四个儿子，且均登科及第，或五品或三品。

② 《培田辉煌的客家庄园》，陈日源主编，国际文化出版社2001年出版。

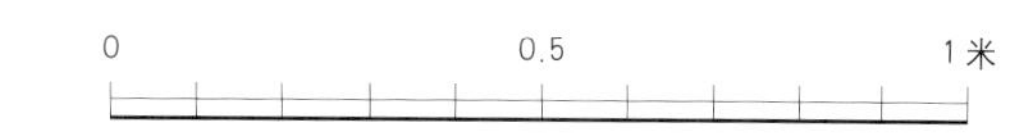

上）济美堂下厅左侧厢房槅扇

下）济美堂下厅右侧厢房槅扇

三层，每一层均十分细密，不但看不到后厅，还增加了中厅及后厅的华丽程度，正如继述堂厅堂联所描绘的“一室太和真富贵，满堂春色大荣华”的气象。

中厅两侧次间大屋间的前窗是重点装饰部位，通常大屋间在前檐开门，与槅扇窗共同组成厅堂立面的装饰。济美堂的大屋间门开在前檐，做一窗一门，槅扇采用步步锦式。

后厅是祭厅，厅的左、右次间也称“大屋间”，每间四扇槅扇窗，格心以步步锦衬底。格子中间为花卉、动物等图案。格心下的束腰板雕十二生肖，十分生动。类似这种雕饰做法的住宅在培田还有很多，只是内容不同。

横屋内的装饰等级是建筑中最低的，窗格子通常均为步步锦式，有些槅扇在天头或束腰上略加修饰，如琴棋书画表现对文化的崇尚和追求，梅兰竹菊表现人的志行高洁，蝙蝠谐音“福”，鹿谐音“禄”，戟谐音“吉”，花瓶代表平安，牡丹代表富贵等。

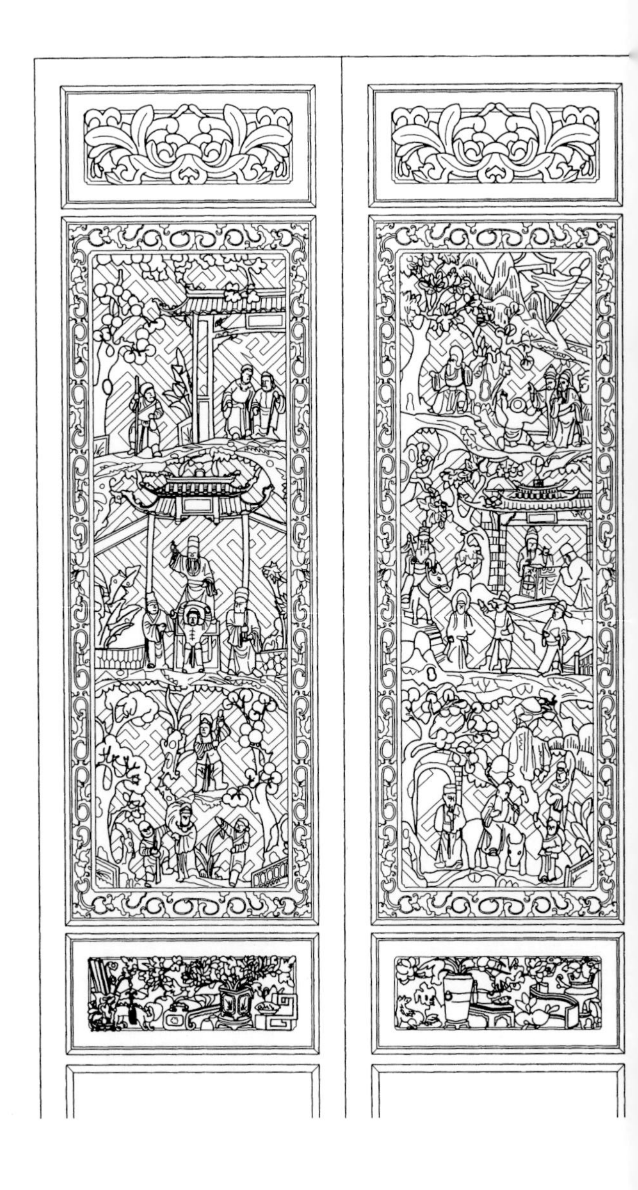

济美堂中厅太师壁槅扇

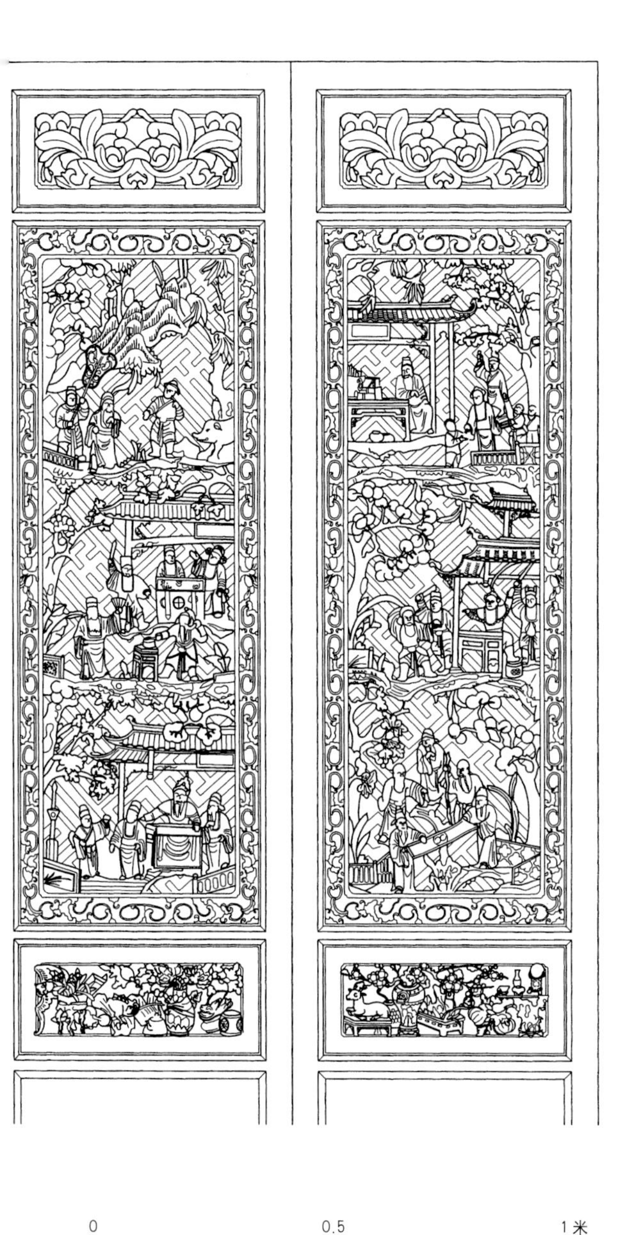

所含的意义包括教化、吉祥、言志，寄托着农业社会中乡村百姓最朴素的价值观。

如松堂　建于20世纪20年代晚期，为前后两进带前院的中型住宅，上下两厅，四合院式，外门楼的门楣上曾悬挂“大夫第”金匾。金匾在“文化大革命”中被毁。下厅有前廊，明间有大门，次间做四扇木槅扇门。上厅两次间各做四扇木槅扇窗，采用竹节式竖向窗棂，窗扇天头以卷草为主，束腰为素板无图案。太师壁为素木板，没有装饰雕刻。横屋内的窗扇使用步步锦图案。

整个如松堂的小木装修比起济美堂来要简单得多，但大木构件上的装饰仍然十分华丽。

培田村锁头屋、八间头等小型住宅内的小木装修更简洁，通常大屋间的窗饰以直棱窗或步步锦为主，多为方形支摘窗。稍讲究点的在步步锦中央镶入以花卉或人物为主题的开光雕饰。

0 0.2 0.4 0.6 0.8 1米

济美堂上厅左侧厢房槅扇

0　0.2　0.4　0.6　0.8　1米

济美堂上厅右侧厢房槅扇

双灼堂左侧大屋间窗槅扇

双灼堂右侧大屋间窗槅扇

务本堂一进右次间窗槅扇

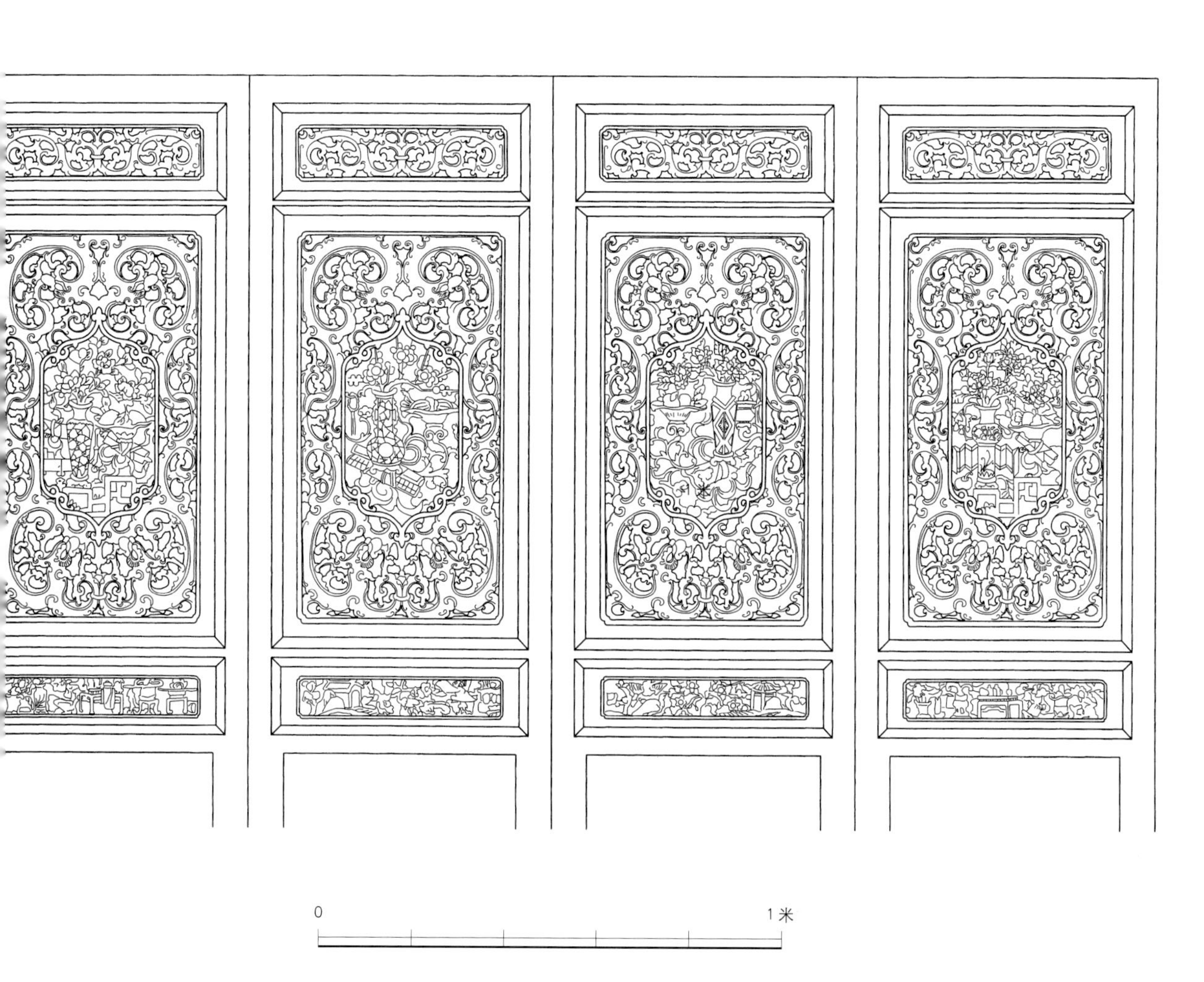

务本堂二进右次间窗槅扇

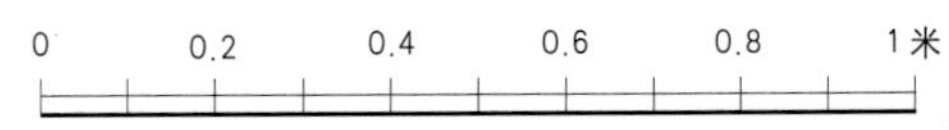

敦朴堂左侧下厅窗槅扇

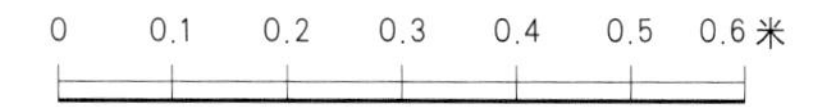

久公祠外槅扇窗门

第三节　砖木门楼

除商业建筑外，培田村的每组住宅不论大小都建有门楼，有的独立建造，有的与第一进建筑合一而成。人们常用门楼比作人的脸面，可见门楼对一组住宅，即一个家，是何等重要。培田就有“三分厅堂，七分门楼”的说法。门楼反映的是整座建筑的质量和规模，也是宅主身份的象征，代表着主人的财力形象。

另外，门楼也是主掌着宅主及其后代的命运的风水楼。一般住宅都要寻求一个好风水，以祈人丁兴旺，财源滚滚。这个好风水的一个重要环节就是门楼的方位。按风水说，门楼朝顺水方向则“钱财外流”，不吉。据说，正对着逆水方向也不好，会人丁不旺。所以村中宅门多根据宅主的生辰八字取与逆水成一定角度，又对着村中水圳来水的方位。出于地形原因，整个住宅的方向与大门的方向大都不一致，从而使村落景观变化更加丰富。

培田的门楼有两类，一是木门楼，一是砖门楼。

1.木门楼

培田全村仅有三座木门楼，一座是衍庆堂门楼，一座是久公祠门楼，还有一座是衡公祠门楼。

衍庆堂门楼　为六世祖郭隆公于明代后期所建，现基本保持原状。它是整个建筑的前院门，坐南朝北，单开间前后坡，铺青瓦。门楼不高，也没有装饰。木板门扇，上有门簪，饰湖蓝色彩绘，当地称“门当”。门柱内、外有石抱鼓，当地称“户对”，鼓的上部雕一对小狮子。

久公祠门楼　久公祠为五品奉直大夫吴久亭公的专祠，又称“敬承堂”。大门楼三开间，明间屋顶最高，两次间叠落，均为翼角高翘的庑殿顶。每间前檐均有垂花柱。屋顶下是层层交错的异形斗栱。明间额枋上悬挂着“久公祠”大匾，浅色花岗岩檐柱上阴刻着红色对联，上题：“祖训书墙牖，家声继蕙兰。”

垂花柱下端为花篮式，下额枋为月梁，梁两端雕饰着繁密的花卉。次间在斗栱之下做花板，上饰云纹。村中纯木构建筑上很少饰颜色，久公祠却色彩华丽。门楼斗栱饰朱红色，栱眼壁原来还有一幅幅彩画，后因多次修缮，彩画所存无几。连檐涂深绿色，屋瓦用黄色琉璃，朱漆大门上还画着两个威武的彩色门神像。整座建筑辉煌而壮观。

衡公祠门楼 与久公祠门楼做法相同的还有紧邻的衡公祠。祠中斗栱的栱眼壁间仅存两幅彩画，一为《空城计》，一为《张松献图》，线条清晰，色彩鲜明，人物栩栩如生。可以想见，原有的那些彩绘，曾把这个门楼装点得多么华丽。

2.砖门楼

砖门楼有两种，院门楼和宅门楼。院门楼即院落的大门，宅门楼则贴建在住宅下厅入口处。在培田村，这两类门楼随处可见，其中保存得较好的有十八座，大都为青砖四柱三间三楼式。门楼平面有一字形和八字形两种，有十分简朴、不做灰塑装饰的，也有装饰得十分精美华丽的。

砖门楼模仿木结构的形式，从上到下可分做出檐屋顶、檐下梁枋、字牌、下枋几个部分。下有砖柱。门头的出檐多用叠涩法砌出砖线脚，挑出墙面承托屋顶；线脚下面用砖代替斜撑支托。屋顶为庑殿式，翼角飞檐，翘得颇高，正脊还附有鳌鱼或卷草，形态十分生动。村内有少数门头屋檐平缓，两头略有升起，造型端庄。檐下梁枋由几层组成，最上一层是挑檐部分，下面是字牌部分，是专用作刻字的地方。工房门楼字牌上题“绮里巩联”，继述堂正门楼上题“三台拱瑞”，侧门楼上题“亦爱居”。大屋门楼题“斗山并立”。字牌四周有雕饰或绘画。下枋最下面是石门框木板门。培田村八字门楼尽管规模大小和精细程度不同，但建筑形式基本一样，做法也大同小异。

敦朴堂雕花砖门楼

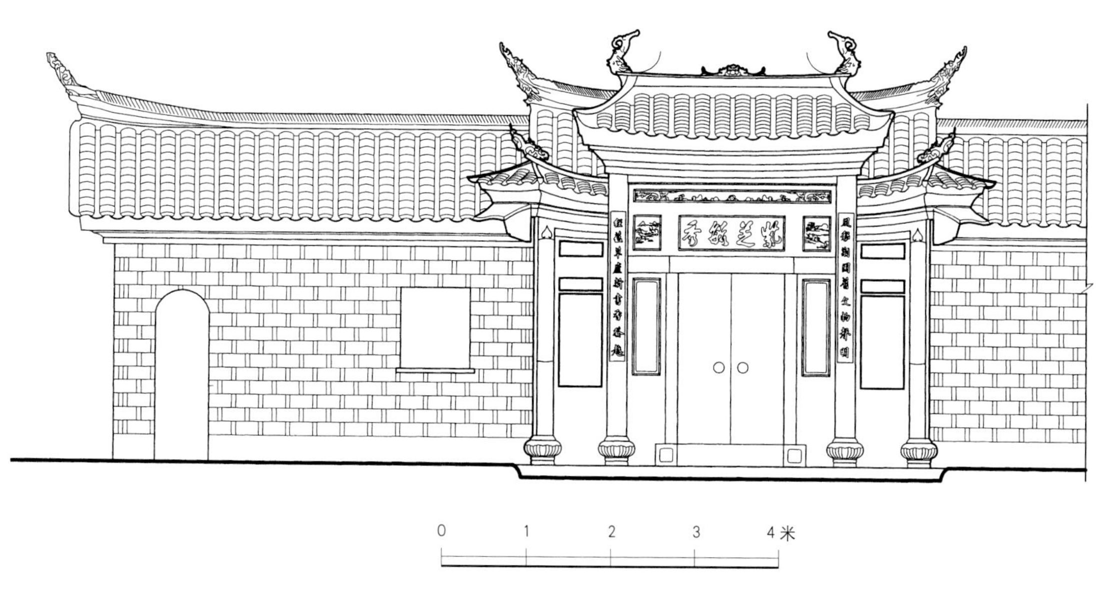

敦朴堂砖门楼立面

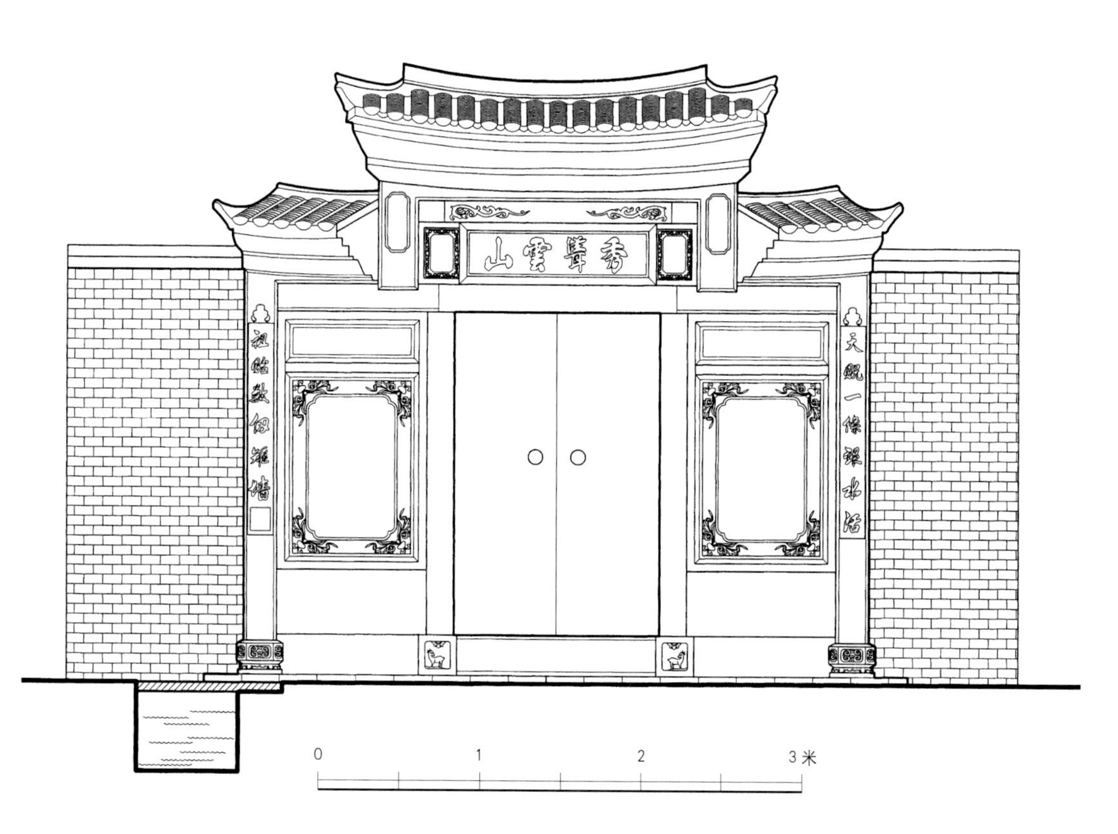

务本堂砖门楼立面

工房门楼 工房是清代末年建造继述堂时工匠们居住的，它的门楼是培田村砖门楼中最普通、最具代表性的一种。

工房门楼为八字门，四柱三间三楼式独立门楼。明间为门洞，两次间为白粉墙。两次间两边又加筑一道平面呈四十五度斜出的矮墙，以增添大门的气势。培田村目前还有四座这样的大门楼。八字门大门洞上方和两边矮墙墙头都有装饰。墙头装饰比较简单，有用雕砖做成的线脚与横枋，上面是仰、俯瓦，顶上有瓦垒的屋脊，墙身四周用清水灰砖做框，中央部分抹白灰，墙下设墙基。大门装饰的重点集中在门头部分。

双灼堂门楼 双灼堂是吴华年①在民国初年所建，后由吴华年之四子吴乃青居住。双灼堂的门楼是培田住宅中较小的一座，为一字形，四柱三间三楼式独立门楼。其做法与八字形四柱三间三楼式相仿，只是次间左右直接与院墙相连。

双灼堂的门楼为庑殿顶，屋角飞檐高翘，屋脊用精细陶饰做成鳌鱼形鸱吻，次间屋顶脊上饰昂首吞云喷雾的双龙。

门楼字牌石刻“华屋万年”，头尾二字嵌进房子主人的名字，门柱联为“屋润小康迎瑞气，万金广厦庇欢颜”，虽然不甚工整，却道出了吴华年乃至中国广大农民对有屋住、有饭吃、有较宽裕的生活理想的追求。而这座豪宅建筑正是小康生活的体现。

在宣和乡一带，每个村子都有许多这样的砖门楼，如距培田四十五公里的芷溪村，砖门楼随处可见，而且质量和形式都比培田的要高，尤其是灰塑堆饰十分精美，上面大多还饰以彩绘，更显华丽。芷溪杨姓宅祠合一的澄川公祠，正门是高过十米的石雕门楼。据说，这些材料都是当年富商用大船从广东运来，由新

① 吴璋，培田吴氏第十九世。学名华年，字桃生，号灼其。生于清咸丰三年（1853年）癸酉五月二十九日，卒年不详。

泉的工匠组装并描绘细部彩画最后完成的。芷溪村杨家的门楼不仅体量巨大，且雕刻细致、题材丰富，都非培田可比。地处深山的培田，要建造一座四柱三间三楼的砖门楼，所花的财力和时间要比交通相对便捷的芷溪村多得多。据说，培田的砖门楼大多是组装过芷溪村砖门楼的新泉杨家坊的工匠所建，因此，芷溪村与培田的砖门楼尽管规模大小和精细程度不同，但基本上用的是同一个模式。

第四节　部分砖石作装饰

培田建筑的华丽不仅表现在木雕上，其屋脊、山墙、墀头、柱础、砖石窗等砖石作也都十分讲究，建筑从内到外都透着一种精细劲儿。

1. 屋脊

屋脊的做法有两种，一种称为“游脊”。做法是首先用青砖砌出屋脊脊座，以板瓦竖起来密排压在脊座上，用青灰固定，在

琉璃镂空屋脊

屋脊上塑花和堆塑脊头。

另一种叫作“漏花式屋脊”，简称“花脊”。一般用砖砌出脊座后，中间用青瓦叠成花纹或用预制的彩色琉璃花砖填充，上面再压一层顺砖。琉璃花砖有的用一种颜色，有的用黄、蓝、绿三种相配，如济美堂下厅、中厅及厢房屋脊都是用三色寿字纹样花砖组成，细巧，空灵，华丽。

镂空屋脊

通常花脊比游脊要高，两端的起翘也比游脊高，上翘形似燕尾，用铁骨架，有单尾形，有双叉燕尾形，也有鳌鱼形配以卷草云纹的，但只用在厅房上。由于风水的原因，脊的正中常建有一个方形的“神主”，也有的称为“太子亭”。里面雕刻着狮子、麒麟等瑞兽，或是神仙和圣贤，起镇宅作用。

脊塑的塑造费工，费时。首先要用铁条扎出翘角等的骨架，用铁钉将其固定在脊上，将石灰、黏土、红糖、鸡蛋清等按比例调成可塑的灰土，在铁制龙骨上堆塑，待完全成形后再用雕的手法进行加工和修饰。

为了使建筑风格一致，在封火墙檐口有简单的雕饰、绘画或题诗，如济美堂、如松堂和双灼堂的封火墙檐口及后墙檐下都绘有一溜彩画，有花草虫鱼、山水人物，或题以诗词之类。这些装饰，不仅为住宅添彩，更显出一派文雅的气息。

同一住宅中，厅房屋脊华丽，而两厢要朴素简单一些。

2. 柱础

柱础有一定的等级之分。厅堂内中厅等级最高，直径最大，有鼓形的和六角形、八角形的。下厅和上厅柱础略小于中厅，有鼓形、瓜柱形和方形。柱础上雕饰很丰富，有琴棋书画、八仙法器、富贵花卉及瑞兽图案等。横屋厢房柱础等级最低，以素面的鼓形和方形为主。

3. 砖窗和石窗

砖窗和石窗透光通风，用在厨房和厢房后檐的外墙上。砖窗和石窗比木窗更坚固耐用，利于防盗，受温度、湿度、虫蚀等影响较小，用于厨房也有利于防火。外墙上用砖窗和石窗则显美观大方。

培田的砖窗和石窗有方有圆，还有各种象形图案。窗棂图案主要以吉祥的汉字或略呈图案式的镂空动物形象作为题材。有“福”“寿”“禧”“禄”“云”等字，其中“福”“寿”两字变体很多。动物图案以龙、蝙蝠等为主，有草龙、五蝠，也有将动物与文字结合形成“双龙福字”

小石狮

寿字漏花窗

忠字漏花窗

信字漏花窗

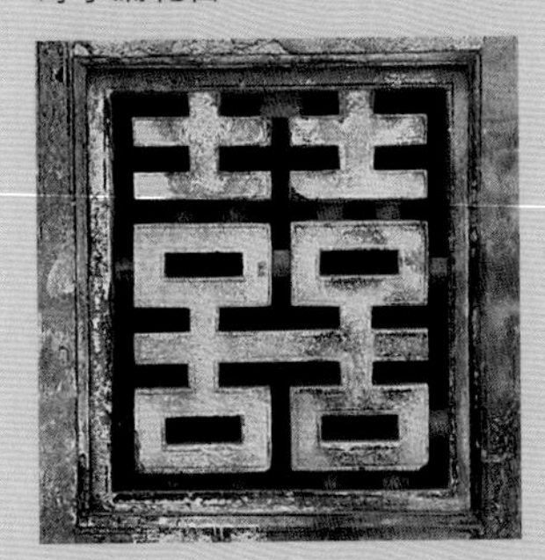

喜字漏花窗

福字漏花窗

福字龙纹花窗

万字漏花窗

棱条砖窗

席纹花窗

图案的。十世祖乐庵公祠在大门两侧有圆形寿字窗，或用绿色透花琉璃砖镶嵌在青砖墙上。

大住宅中都有花厅，花厅的照墙也多砌砖花或镂空花琉璃砖。

在大面积的青砖墙上，优美的砖窗和石窗及其精巧镂空的窗棂，均极富装饰性。

抱鼓石与石狮

4. 砖石杂件

石狮　培田社会等级较高的建筑的大门口，大都有雕刻精美的石狮子，如进士第、继述堂、大屋和上篱的祖祠等。石狮子体量都不大，或位于住宅院门，或位于住宅第一进大门两侧，石狮下面是须弥座，石狮蹲其上，总高约1.3米。也有很矮或没有须弥座的，总高不足1米。尽管石狮子高低大小不一，但姿态都栩栩如生，活泼可爱，给房子增添不少趣味。

桅杆　凡中了进士的人，都可在自家门前竖起一对桅杆，可为木桅杆，也可为石桅杆。现培田都阃府和升星炎德公祠前都还保存着一对石桅杆。都阃府的桅杆因吴拔桢受皇帝的旌表，以巨龙盘绕为装饰，十分华丽，称为“盘龙柱”。桅杆下粗上细，立于石座之上，由夹杆石加固，夹杆石上有小石狮雕饰。桅杆的上方有两个石斗。据说一个斗为举人，两个斗为进士。都阃府的主人吴拔桢为武进士，桅杆上有两斗，顶雕笔锋。上篱祖祠前的桅杆与都阃府的桅杆基本相同，但没有任何装饰。

雨挡　由于正房都高于厢房，下雨时，正房次间上的檐溜

山墙灰塑悬鱼

山墙灰塑剑狮

双灼堂建筑上的瓦当，滴水纹样

济美堂墙饰

双灼堂建筑中的彩绘

水会落到厢房屋面上，因此会溅湿正房次间前檐的木构件，木构架很易糟朽。为了解决这个问题，在厢房屋面上的适当位置，用砖建起一段矮墙来挡溅起的雨水，称“雨挡”。在雨挡的头上及两侧，作砖雕或绘以戏曲故事工笔画。有些雨挡在端头还镶上一个蹲坐的小石狮。

山墙装饰 建筑的山墙上端大多有灰塑的悬鱼、阴阳鱼、虎头、卷草及草龙。继述堂为避邪还在山墙上装饰口含宝剑的狮子头。

第五节 地面装饰

培田的建筑大都用河卵石铺砌天井地面，干净整洁，卵石组成的吉祥图案，表达一种美好的愿望。

厅前的天井是地面装饰最讲究的，厅前用精致的河卵石铺出“卐”字纹样。如济美堂厅前天井，巧绘梅花鹿，左右配砌着两个盘长纹，象征着“福禄双全”。大屋、衍庆堂、继述堂等厅前天井的装饰图案也都用盘长纹组成。双灼堂则为三个古钱穿结的图样。

都阃府是前后两进式住宅，大门前是河卵石铺成的古老钱纹样，培田许多房屋前都有，如济美堂、敦朴堂、双灼堂、大屋、工房门楼等，象征着入宅财源滚滚，出宅财源茂盛。前院正中是一幅用精致的河卵石铺成的圆形的“鹤鹿同春”图。传说中秋万籁俱寂之时在此地一旁静候，还可以听见鹿鸣，看见鹤舞。第一进厅堂在夯土地面未干硬前用绳子勒出花卉和“方胜”图案，原厢房位置地面还有狮子舞球的图案，这在其他建筑中均未见到。

都阃府曾是培田住宅中最漂亮的一座。20世纪90年代中失火焚毁，仅剩一块空地，但这块空地上留下的精美的地面装饰却是那样丰富！

后 记

2003年3月间，我和学生们一起到培田进行测绘、调研。连城冠豸山旅游管理中心罗炳州主任把我们安排在村中条件最好、环境最佳的南山客栈住宿。南山客栈位于培田卧虎山西北的南坑口内，在南山书院所在的山坳里。书院在山坳的南坡，南山客栈在北坡，两座建筑一南一北，相距不足百米。山坳自成一体，竹木蓊郁，秀色悠然，犹如世外桃源。清晨，在百鸟啁啾的啼唱中我们醒来，第一眼看到的，是窗外变幻着的如水墨画般的景致。清新的空气，至今让我们留恋；柔滑的南坑井水，不仅洗去了劳碌，滋润了肌肤，更使我们整日都感到精力充沛。

就在我们到达培田的第三天，天气转阴，下起了绵绵春雨，气温骤降，南方阴湿寒冷的气候，使我们这些从北京来的客人几夜不能很好入睡。不少同学在户外测绘时将手冻伤，不得不戴起手套工作。即使这样，大家仍被这小村田园诗般的景色、完整的村落格局、多样的建筑类型、丰富的家族历史和深厚的文化底蕴深深吸引和打动。大家兴致高昂，忘却了寒冷带来的一切烦恼和不适，全身心投入到测绘、调研工作中。

经过近二十天的现场工作之后，我们回到北京，开始了绘制图纸、整理资料的工作。正当各项工作顺利而有序地进行时，一

学生们在测绘久公祠

场“非典型性肺炎”疫情袭来，北京是疫区，为避免疫情传播，保证学生的安全，2003年4月24日，学校决定实施封校隔离管理，这使培田的调研总结工作受到了一些影响。但在同学们的努力下，到6月下旬“非典”疫情缓解时，终于按时完成了培田的全部测绘图和他们各自的毕业论文，并顺利地通过毕业答辩。

这段紧张的教学工作刚刚告一段落，我又要按计划带三年级学生到河北蔚县进行“古建筑测绘实习”。谁知就在测绘实习出发的前一天，我不慎跌伤骨折，实习不能去了，培田的最后总结

每年农历二月初三是整个河源里祭奉"玱瑚侯王"的日子，这天一早人们要到河源乡马埔村的玱瑚庙去请玱瑚侯王，然后在河源十三坊巡回游神

主持郑重地将神牌、器物移交给培田、升星两村人

工作也停了下来。“伤筋动骨一百天”，待到伤势稍有好转，我又带学生到了浙江省实习，一直忙到2004年1月中旬。此时学校已放寒假，距春节也只有三四天了，但终于可以坐下来静心完成培田的工作。寒假里除了必要的家人聚会外，其他时间全部用来整理资料，撰写文稿。

春节期间，我接到了培田村吴来星先生的信，里面有一个大红请柬，邀我参加2004年农历二月初三（即2月23日）培田村十三年一次的迎奉玱瑚侯王的盛大活动。同时也接到了培田人、北京工业大学教授吴熹先生同样的邀请。这个消息真是令人高兴，我接受了邀请决定再次去培田，一方面可以了解迎奉玱瑚侯王的民俗活动，补拍一些民俗活动的照片，另外可以继续调研补充一些资料，弄清一些问题。

就在到达培田当天，迎奉玱瑚侯王的盛大活动已经开始，宣和乡附近的村落纷纷洒扫庭院，杀鸡宰鹅，村口还插上了彩旗，喜气洋洋。乡亲们说，五代十国时，王审知治理福建的“闽国”，给福建带来了几十年的安宁，人民得到了休养生息，王审知为此得到百姓的崇敬和爱戴，死后被奉为“玱瑚侯王”。迎奉玱瑚侯王的活动始于明代初年，当时河源里的先人就在马埔村建起第一个

玲瑚侯王的雕像被请进了神轿，隆重浩大的游神活动开始了

参加这次活动的人约有四五万人之多，游行队伍长达十里

家家门前为迎神都备好了酒，郑重地点燃了香烛

村民正在一丝不苟地做祭神花馍

“玲瑚侯王庙”。玲瑚侯王享祀至今已有六百多年的历史。

为什么王审知被奉为玲瑚侯王神？为什么会在河源里建玲瑚侯王庙？现已无人知晓。但民间传说，王审知所娶的王妃就是长汀任村的闺女，叫任大明。当时河源里就属于长汀。任大明武艺高强，擅长鞭法、勾拨和飞镖之术，曾协助王审知征战，建立功勋，成为长汀人心目中的女中豪杰。

王审知成为“玲瑚侯王”后，民间为他配娶的神王妃则是河源里的张家营村人，这无疑成为河源里人的骄傲。也许正是长汀、河源里与王审知有这么亲密的关系，河源里的先人才将玲瑚侯王庙建在了这里，一方面请玲瑚侯王世代保佑河源里的百姓，另一方面也为纪念出自河源里的神王妃。

河源里迎奉玲瑚侯王的仪式热闹非凡，鞭炮声、火铳声此起彼伏，绿色的田野上彩旗、神牌和各种大型彩色抬阁排成了长长的迎奉队伍，弯弯转转长达二三里。据说当日参加活动的约有五六万人。天刚擦黑，大型游龙灯活动开始了。龙灯非常漂亮，均是各家各户自己设计制作的。有由上面装着五六只灯笼的若干板子连接而成的板凳龙灯，长十几米或二十几米，在夜空中游戈，犹如一条条火龙腾空飞舞；也有大大小小如鱼、蚌、虾、蛇、龙、兔、马及各式器物等形状的花灯。培田人吴茂林在《培田吴氏族谱·元宵花灯会引》中写道：“窃惟传柑令节，三阳之泰运方昌；插柳佳辰，万姓之欢心正洽。是以都下弛金吾之禁，五夜笙歌；民间结火树之花，千门忭舞。虽游观之戏具，亦太平盛世也。方今帝治修明，天章炳焕。德洋恩湛，快睹日月于中天；巷舞途歌，普照光华于下里。爰集同人，共联灯会。乘三冬之暇日；分六艺之余工。各骋妍思；互□秘巧。绘以生花之笔，花样维新；镂以吐锦之才，锦光倍丽。条分缕析，细密比之雾縠冰绡；绣错绮交，绚烂逾乎龙章凤彩。团栾如织，抛来天上之球；攒簇成丛，开遍人间之种。亭亭分皓月之华，光明似昼；习习杨风之细，袅娜如生。”孩子们追逐花灯跑上跑下，火铳手们轮换放铳，忙得满头大汗，在家守候的老人们忙着准备家里的午夜饭。整个村子都沉浸在热烈、吉祥、喜庆的气氛中。以后的两天里，虽然没有了花灯，但从早到晚，火铳、鞭炮声不断，前往八四公祠祭拜玱瑚侯王的人仍然络绎不绝。

在迎奉玱瑚侯王活动的时间空隙，我又与吴来星、吴念民、杨仁生、吴熹诸位先生会面，向他们了解了更多培田村的情况。后来，我在写作过程中，几位先生还多次写信为我解答各种问题。尤其是吴来星先生，从一开始就给了我极大的帮助，他将自己多年搜集整理的与培田相关的资料以及所写的文章提供给我，而且有问必答，有时遇到搞不清楚的，他就找村民们调查之后再将情况告诉我，工作细致认真，一丝不苟。这次再版修订文稿，吴念民先生给了我很大的帮助。网络给我们提供了便利的沟通条件，你来我往讨论、质疑、再讨论，直到把问题弄清楚。近年，吴念民先生将出现在图书、杂志及报刊上有关培田村中的误传、附会等进行探讨研究，每搞清楚一处就发一篇博客。他说：“虽然很多的历史情况我们不很清楚，但只要清楚地知道的，就一定要客观真实。要尊重历史，尊重祖先，对历史和祖先负责。”他认真的精神令我敬佩。

此外，对连城县冠豸山风景旅游管理中心主任、副主任对我们研究工作的热情支持和帮助，一并表示感谢！

在培田村的写作中得到了陈志华老师的指导和建议，在此深深地感谢。参加培田村测绘的学生有：赵星华、蔡沁文、王喆、李磊、黄妙艳、于立彬、吴轶秦、刘起周和脱亚宁。乡土建筑的研究工作是艰苦的，但意义是重大的，谢谢他们为乡土建筑研究做

师生们在云龙桥畔。（从左到右为赵星华、刘起周、李秋香、蔡沁文、黄妙艳、李磊、脱亚宁、吴轶秦、王喆、于立彬）

出的贡献！

《培田村》第一次出版，至今已经十年之久。这十年间“留得住乡愁”已成为传统村落的代名词，如何留住和深层认知“乡愁”，保护好传统村落成为目前最关切的问题，而传统村落的深层研究，无疑是开启发掘“乡愁”历史文化最核心本质的部分，它能为人们及时补充文化遗产中的精神养料，以供快速发展的社会文化肌体健康成长。近年来，乡村旅游越来越热，为了赚钱招揽客源，一些村落舍弃了自身的特点去效仿他人，明知错误却有意为之，还美其名曰为了乡村文化的

在培田村调研测绘期间，我和同学们住在幽静的南山客栈，它和南山书院相望，令人时时感受到厚重而悠久的乡间文化

复兴。村落的物质文化遗产遭到破坏，文化历史信息错位严重。文化可以拿来赚钱，但是打着传统文化的幌子去破坏和篡改它是不行的，只有大家了解了什么是真正的传统文化，树立起正确的文化价值观，才能获得一个真正健康的社会文化传承体系和良好的氛围。因此，《培田村》再版也是应当前文化形势的需要。此书的研究虽是历史长河中的一滴水，但它却带着那个时代的各种信息和味道，希望让更多人通过它了解乡土中国的点滴，唤起更多人心底渐远的“乡愁”，保护好我们共同的家园，根之所在。

李秋香

2017年5月1日

劳动节于清华大学

作者简介

李秋香，清华大学建筑学院高级工程师，1989年起从事乡土建筑的研究及传统村落的保护工作。主要专著有《新叶村》《中国村居》《石桥村》《丁村乡土建筑》《闽西客家古村落——培田》《川南古镇——尧坝场》《高椅村》《郭峪村》《流坑村》《十里铺》等，主编乡土瑰宝系列书籍《宗祠》、《庙宇》、《文教建筑》、《住宅》（上、下）和《村落》等。